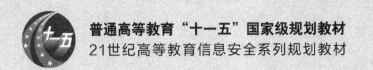

**普通高等教育"十一五"国家级规划教材**

21世纪高等教育信息安全系列规划教材

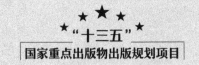

"十三五"

国家重点出版物出版规划项目

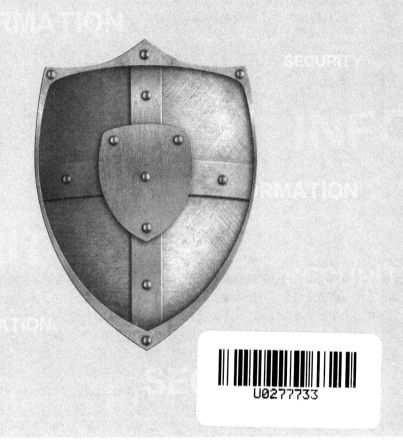

U0277733

# 信息安全概论

## （第2版）

徐茂智 邹维◎编著

人民邮电出版社

北 京

图书在版编目（CIP）数据

信息安全概论 / 徐茂智，邹维编著. -- 2版. -- 北京 ： 人民邮电出版社，2020.9
21世纪高等教育信息安全系列规划教材
ISBN 978-7-115-52939-8

Ⅰ．①信… Ⅱ．①徐… ②邹… Ⅲ．①信息安全-高等学校-教材 Ⅳ．①TP309

中国版本图书馆CIP数据核字(2019)第281312号

## 内 容 提 要

本书系统全面地讲述了信息安全的基本概念、基本理论、相关技术和应用。全书共 13 章，首先介绍信息安全的基本概念和技术体系，在此基础上讲述了以数据加密、数字签名、身份识别为代表的密码保护技术和访问控制技术，并详细讲解了怎样用这些技术来保障系统安全、网络安全和数据安全；然后选择了一些重要的实用安全技术介绍事务安全与应用安全；最后对安全审计、安全评估与工程实现等内容给出了一个宏观上的论述。

本书注重知识的系统性，涉及信息安全的保护、检测与恢复的核心内容，在保证有一定深度的同时又照顾到内容的宽泛性，同时也对一些热门新技术如区块链、隐私保护等进行了介绍。

本书既可作为高等院校信息安全、网络空间安全专业的基础教材，又可作为数学、计算机、微电子专业的本科高年级学生、研究生的信息安全入门级参考书，对相关专业的研究人员和技术人员也有一定的参考价值。

◆ 编　　著　徐茂智　邹　维
　　责任编辑　邹文波
　　责任印制　王　郁　陈　犇

◆ 人民邮电出版社出版发行　　北京市丰台区成寿寺路 11 号
　　邮编　100164　电子邮件　315@ptpress.com.cn
　　网址　https://www.ptpress.com.cn
　　北京虎彩文化传播有限公司印刷

◆ 开本：787×1092　1/16
　　印张：17.5　　　　　　　　　　2020 年 9 月第 2 版
　　字数：418 千字　　　　　　　2024 年 9 月北京第 8 次印刷

定价：59.80 元

读者服务热线：(010)81055256　印装质量热线：(010)81055316
反盗版热线：(010)81055315
广告经营许可证：京东市监广登字 20170147 号

# 21世纪高等教育信息安全系列规划教材
## 编 委 会

# 第 2 版前言

信息安全受到国家的高度重视。2015 年国务院批准成立网络空间安全一级学科，是加强信息安全教育的一项重大举措。

本书第 1 版于 2007 年出版后，被国内多所高校采用作为教材，受到广泛好评。近年来信息安全技术得到迅猛发展，兄弟院校的任课老师也曾先后为本书提出很好的改进意见，此次修订是为适应当前教学的需要。

目前信息安全教材有数十种，在选材、内容组织上各不相同。基于多年的教学实践，编者认为，作为学生学习各类信息安全技术的基础课，"信息安全概论"教材应体现下列几方面的要求。

（1）全面性：信息安全从宏观上包括的主要内容应当有所涉及，从而为学生进一步学习研究专门的技术提供指导。

（2）基础性：讲述信息安全中通用的基础知识，为学生进一步研究和技术实践打下坚实的基础。

（3）系统性：需要建立恰当的体系结构，从而把相关知识进行合理的组织，而不是一些杂乱无章的知识堆砌。

（4）科学性：注重安全攻击的原理分析和安全机制的科学分析，利于培养学生的思维逻辑。

按照上述原则，本书各章内容的组织如下。

前 6 章是信息安全的基础理论部分。在第 1 章简要介绍信息安全发展历史的基础上，第 2 章从信息安全体系结构出发，将其分解为技术体系、组织体系和管理体系，然后依据安全策略或安全目标为主线将技术体系分为系统安全、数据安全和事物安全，而从工程实现角度分解为物理环境安全、计算机系统安全、网络通信安全和应用安全，使学生对信息安全有一个轮廓上的全面把握。其后，用 3 章篇幅讲述以数据加密、数字签名、身份识别和消息鉴别为代表的密码学基础概念和技术，它们是建立可靠的安全机制所必需的知识。第 6 章则详细介绍了访问控制理论和模型，包括计算机安全中的经典内容和一些先进的访问控制模型。

第 7 章与第 8 章对计算机系统安全和网络安全进行深入的讨论，对应于技术体系中的系统安全。

第 9 章讲述数据安全，重点讨论了数据安全的需求和保护数据机密性、完整性的相关技术，同时还对个人隐私数据保护方面进行了讨论。

第 10 章讲述事务安全，它是使用信息安全技术实现安全应用的核心元素和桥梁。我们选择了一些有趣和有潜在应用价值的题材进行了概述，包括百万富翁问题、平均薪水问题以及热门的区块链技术。其后的第 11 章则介绍怎样实现 Web 应用系统的安全和电子邮件的安全。值得说明的是这两章的内容选择实际上并没有必然性。

　　第 12 章介绍安全审计，它也是信息安全中的一个重要方面，在安全管理和入侵检测中扮演重要角色，同时也是计算机取证的一个重要来源。

　　第 13 章主要介绍了以 CC 为代表的信息安全评估体系和以 SSE-CMM 为代表的信息安全工程标准，旨在向读者展现信息安全工程实现和安全性评估所采取的流程，以及这些流程背后的严谨性和科学性。

　　本次对第 1 版进行了全面的修订，在保持原书基础性、系统性风格的同时增加了数字签名和数据安全方面的内容，也反映了信息安全领域的新技术和发展方向。书中配备了大量习题供读者思考，方便师生使用。

　　本书第 1 版编写中包含了北京大学叶志远老师、陈昱老师、韩心慧老师，清华大学的诸葛建伟老师和当时还是研究生的赵彦慧、梁知音、司端锋、张磊等同学的大量工作，本次修订过程得到了北京大学教材改革项目的重点支持，在此表示衷心的感谢。

　　由于信息安全技术发展迅速，加之编者水平有限，书中难免存在不足之处，恳请读者批评指正。

徐茂智

2020 年 5 月于北京大学

# 目　　录

# 信 息 安 全 简 介

本章首先回顾信息安全的发展历程，然后介绍信息安全的一些基本概念，再说明信息安全是什么、所关注的问题以及面临的挑战是什么，从而为读者对后续章节的理解提供背景和线索。在后续章节中再对这些概念进行细化，逐步揭示贯穿这些概念的内在逻辑。

## 1.1 信息安全的发展历史

密码技术在军事情报传递中悄然出现，并扮演着重要角色，这可以追溯到若干个世纪以前。在第二次世界大战中，密码技术取得巨大飞跃，特别是 Shannon 提出的信息论使密码学不再是一种简单的符号变换艺术，而成为一门真正的科学。与此同时，计算机科学也得到了快速发展。直到 20 世纪 60 年代，对于计算机系统，人们主要关注的还是它的物理安全，到 20 世纪 70 年代，随着计算机网络的出现，人们才把重心转移到计算机数据的安全上来。从此，信息安全技术得到持续高速的发展。本节将通过对一些重要历史阶段的回顾，来介绍信息安全的由来和研究领域的拓展。

### 1.1.1 通信保密科学的诞生

人类很早就在考虑怎样秘密地传递信息了。文献记载的最早有实用价值的通信保密技术是大约公元前 1 世纪古罗马帝国时期的 Caesar 密码。它把明文信息变换为人们看不懂的称为密文的字符串，当把密文传递到自己伙伴手中的时候，又可方便地还原为原来的明文形式。Caesar 密码实际上非常简单，需要变为密文（称为加密）时，把字母 A 变成 D、B 变为 E……W 变为 Z、X 变为 A、Y 变为 B、Z 变为 C，即密文由明文字母循环向后移 3 位得到。反过来，由密文变为明文（称为脱密）也是相当简单的。

1568 年 L.Battista 发明了多表代替密码，并在美国南北战争期间由联军使用，Vigenere 密码和 Beaufort 密码就是多表代替密码的典型例子。1854 年 Playfair 发明了多字母代替密码，英国在第一次世界大战中采用了这种密码，Hill 密码就是多字母代替密码的典型例子。多表、多字母代替密码成为古典密码学的主流。

与此同时，密码破译（也称为密码分析）的技术也在发展，并以 1918 年 W.Friedman 关于使用重合指数破译多表代替密码技术为重要里程碑。其后，各国军方对密码学进行了深入研究，但相关成果并未发表。1949 年 Shannon 的《保密系统的通信理论》文章发表在贝尔系统技术杂志上。这两个成果为密码学的科学研究奠定了基础。学术界评价这两项工作时，认为正是它们将密码技术从艺术变为科学。这是通信保密科学的诞生，关注的是保护信息机密性的密码技术。

### 1.1.2 公钥密码学革命

在 Shannon 的文章发表之后的 25 年内，密码学主要用于军事和外交场合的保密通信，与军火研究一样，被各个国家认为是一种绝密技术，因此密码学的公开研究几乎是空白。直到 20 世纪 70 年代初，由于密码加密技术在银行系统中得到重要应用，从而促进了密码学的公开研究。特别是 IBM 公司的 DES（美国数据加密标准）和 1976 年 Diffie-Hellman 公开密钥密码思想的提出，以及 1977 年第一个公钥密码算法 RSA 的提出，为密码学的发展注入了新的活力。

对传统密码算法的加密密钥和脱密密钥来说，从其中的任一个容易推出另一个，从而两个必须同时保密。而公钥密码的关键思想是利用计算难题构造密码算法，其加密密钥和脱密密钥两者之间的相互导出在计算上是不可行的。

公钥密码掀起了一场革命，因为它对信息安全来说至少有 3 方面的贡献。其一，它首次从计算复杂性上刻画了密码算法的强度，突破了 Shannon 仅关心理论强度的局限性。其二，它把传统密码算法中一对密钥的保密性要求，转换为保护其中一个的保密性及另一个的完整性的要求。其三，它把传统密码算法中密钥归属从通信两方变为一个单独的用户，从而使密钥的管理复杂度有了较大下降。

公钥密码提出后的几年中，有两件事值得注意。一是密码学的研究已经逐步超越了数据的通信保密范围，开展了对数据的完整性、数字签名技术的研究。另一件事是随着计算机及其网络的发展，密码学已逐步成为计算机安全、网络安全的重要支柱，使得数据安全成为信息安全的核心内容，超越了以往物理安全占据计算机安全主导地位的状态。

### 1.1.3 访问控制技术与可信计算机评估准则

20 世纪 70 年代，在密码技术应用到计算机通信保护的同时，访问控制技术的研究取得了突破性的成果。

1969 年，B.Lampson 提出了访问控制的矩阵模型。模型中提出了主体与客体的概念，主体是指引起信息在客体之间流动的人、进程或设备，客体是指信息的载体，如文件、数据库等。访问是指主体对客体的操作，如读、写、删除等。所有可允许操作的集合称为访问属性。这样，计算机系统中全体主体作为矩阵的行指标，全体客体作为矩阵的列指标，取值为访问属性，这样的矩阵就可以描述一种访问策略。这种模型称为访问控制矩阵模型。可以设想，随着计算机所处理问题的复杂性的增加，显式地表示和管理计算机系统的访问控制矩阵也越来越复杂，所以用访问控制矩阵来实施访问控制是不现实的。

1973 年，D.Bell 和 L.Lapadula 取得突破，创立了一种模拟军事安全策略的计算机操作模型，这是最早、也是最常用的一种计算机多级安全模型。该模型把计算机系统看成是一个有限状态机，为主体和客体定义了密级和范畴，定义了满足一些特性（如简单安全特性 SS）的安全状态概念。然后，证明了系统从初始安全状态出发，经过限制性的状态转移总能保持状态的安全性。模型使得人们不需要直接管理访问控制矩阵，就可以获得可证明的安全特征。

1985 年，美国国防部在 Bell-Lapadula 模型的基础上提出了可信计算机评估准则（TCSEC），通常称为橘皮书，将计算机系统的安全防护能力分成 8 个等级。它对军用计算机系统的安全等级认证起了重要作用，而且对后来的信息安全评估标准的建立起了重要参考作用。

由于 Bell-Lapadula 模型主要是面向多密级数据的机密性保护，它对数据的完整性或系统的其他安全需求刻画不够。所以，1977 年提出的针对完整性保护的 Biba 模型、1987 年提出的侧重完整性和商业应用的 Clark-Wilson 模型，可以看成在不同程度上对 Bell-Lapadula 模型进行的扩展。20 世纪 90 年代后期提出的基于角色的访问控制模型（RBAC）、权限管理基础设施（PMI）则使得访问控制技术在网络环境下能方便地实施。

### 1.1.4 网络环境下的信息安全

在冷战期间，美国想要建一种有多个路径的通信设施，一旦发生战争，网络需要有路径备份，不易被炸断。从而在 1968 年就开始设计一种称为 APANET 的网络。APANET 诞生后，经过了军事网、科研网、商用网等阶段。经过 50 多年的发展，APANET 逐步发展成了现在的互联网（Internet）。Internet 在技术上不断完善，目前仍然保持着强劲的发展态势。

在 20 世纪 80 年代后期，由于计算机病毒、网络蠕虫的广泛传播，计算机网络黑客的善意或恶意的攻击，分布式拒绝服务（DDOS）攻击的强大破坏力，网上窃密和犯罪的增多，人们发现自己使用的计算机及网络竟然如此脆弱。与此同时，网络技术、密码学、访问控制技术的发展使得信息及其承载系统安全的含义逐步完善。此外，人们研究杀毒、入侵检测等检测技术，防火墙、内容过滤等过滤技术，虚拟专用网（VPN）、身份识别器件等新型密码技术，这不仅引起了军界、政府的重视，而且引起了商业界、学校、科研机构的普遍研究热情。近年来，社会上已经开发出一系列相关的信息安全产品，它们被广泛应用到军方、政府、金融及企业中，标志着网络环境下的信息安全时代的到来，信息安全产业的迅速崛起。

### 1.1.5 信息保障

1998 年 10 月，美国国家安全局（NSA）颁布了信息保障技术框架（IATF）1.1 版，2002 年 9 月，又颁布了 3.1 版本。另外，美国国防部（DoD）于 2003 年 2 月 6 日颁布了信息保障的实施命令 8500.2，从而信息保障成为美国军方组织实施信息化作战的既定指导思想。

美国国防部对信息保障（Information Assurance，IA）的定义是：通过确保信息的可用性、完整性、可识别性、保密性和抗抵赖性来保护信息和信息系统，同时引入保护、检测及响应能力，为信息系统提供恢复功能。这就是信息保障的 PDRR 模型，PDRR 是指保护（Protect）、检测（Detect）、响应（React）和恢复（Restore）。

美国信息保障技术框架的推进，使人们意识到，对信息安全的认识不要仅仅停留在保护的框架之下，同时还需要注意信息系统的检测、响应能力。该框架还对实施提出了相当细致的要求，从而对信息安全的概念和相关技术的形成产生深远影响。

2003 年，中国发布了《国家信息领导小组关于信息安全保障工作的意见》，这是国家把信息安全提到战略高度的指导性文件，但不是技术规范。

## 1.2 信息安全的概念和目标

### 1.2.1 信息安全的定义

信息安全的概念随着网络与信息技术的发展而不断地发展，其含义也在动态地变化。

20 世纪 70 年代以前，信息安全的主要研究内容是计算机系统中的数据泄露控制和通信系统中的数据保密问题。然而，今天计算机网络的发展使得这个当时非常自然的定义显得并不恰当。

首先，随着黑客、特洛伊木马及病毒的攻击不断升温，人们发现除了数据的机密性保护外，数据的完整性保护以及信息系统对数据的可用性支持也非常重要。这种学术观点，是从保密性、完整性和可用性的角度来衡量信息安全的。它不仅要求对数据的机密性和完整性的保护，而且还要求计算机系统在保证数据不受破坏的条件下，在给定的时间和资源内提供数据的可用性服务。安全问题涉及更多的方面，也更为复杂。但这种安全概念仍然局限在"数据"的层面上。

其次，不断增长的网络应用中所包含的内容远远不能用"数据"一词来概括。例如，在用户之间进行身份识别的过程中，虽然形式上是通过数据的交换实现的，但是身份识别的目的是使得验证方"确信"他正在与声称的证明者在通信。识别目的达到后，交换过程中的数据就变得不再重要了。仅仅逐包保护这些交换数据的安全是不充分的，原因是这里传递的是身份"信息"而不是身份"数据"。还可以举出很多其他例子来说明仅仅考虑数据安全是不够的，信息安全与数据安全相比有了更为广泛的含义。

人们普遍认为，信息安全是研究保护信息及承载信息的系统的科学。

理想的信息安全是要保护信息及承载信息的系统免受网络攻击的伤害。这种类型的保护经常是无法实现的或者实现的代价太大。进一步的研究表明，信息或信息系统在受到攻击的情况下，只要有合适的检测方法能发现攻击，并做出恰当的响应（如发现网络攻击行为后，切断网络连接），或对攻击造成的灾难进行恢复（如对数据进行备份恢复）就足够了。检测、恢复是重要的补救措施。检测可以看成是一种应急恢复的先行步骤，其后才进行数据和信息恢复。因此信息安全的保护技术可分为三类：保护、检测和恢复。这一点与 IA 框架结构中的分类本质差异不大，但那里把信息安全技术分成两类：保护与恢复（恢复包含检测和响应）。

事实上，信息及其系统的安全与人、应用及相关计算环境紧密相关，不同的场合对信息的安全有不同的需求。例如，电子合同的签署需要不可抵赖性，而电子货币的安全中又需要不可追踪性，这两者是截然相反的要求。又如，有人可能认为把文件放到公共目录服务器上是安全的，而另一些人则可能认为将其保存在自己的计算机上还需要口令保护才是安全的。这种人们在特定应用环境下对信息安全的要求称为安全策略。

综上分析，信息安全定义如下所述。

信息安全是研究在特定的应用环境下，依据特定的安全策略，对信息及其系统实施防护、检测和恢复的科学。

该定义明确了信息安全的保护对象、保护目标和方法，下面将围绕这一定义加以说明。

## 1.2.2 信息安全的目标和方法

信息安全的保护对象是信息及其系统。安全目标（Security Target，ST）又由安全策略定义，信息系统的安全策略是由一些具体的安全目标组成的。不同的安全策略表现为不同的安全目标的集合。安全目标通常被描述为"允许谁用何种方式使用系统中的哪种资源""不允许谁用何种方式使用系统中的哪种资源"或事务实现中"各参与者的行为规则是什么"等。

安全目标可以分成数据安全、事务安全、系统安全（包括网络系统与计算机系统安全）三类。数据安全主要涉及数据的机密性与完整性；事务安全主要涉及身份识别、抗抵赖等多方计算安全；系统安全主要涉及身份识别、访问控制及可用性。

安全策略中的安全目标则是通过一些必要的方法、工具和过程来实现的，这些方法称为安全机制。安全机制有很多，但可以从防护、检测和恢复三个角度进行分类。防护机制包括密码技术（加密、身份识别、消息鉴别、数字签名）、访问控制技术、通信量填充、路由控制、信息隐藏技术等；检测机制则包括审计、验证技术、入侵检测、漏洞扫描等；恢复机制包括状态恢复、数据恢复等。

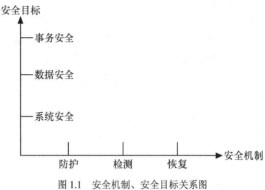

图 1.1　安全机制、安全目标关系图

安全机制与安全目标关系如图 1.1 所示。

安全目标在不同的文档中经常有不同的表述。例如，在第 2 章的 OSI 安全体系结构中，它被称为安全服务。因为在 OSI 网络分层体系结构中，低层是通过向高层提供服务实现安全通信功能的，从而很自然地把各层上达到的安全目标称为安全服务。有时安全目标又称为安全功能，强调了安全目标的实现过程。

## 1.3　安全威胁与技术防护知识体系

安全目标分为三类，即系统安全（包括网络安全与计算机安全）、数据安全和事务安全，它们之间有一定的层次关系。

如图 1.2 所示，网络和计算机所组成的系统作为信息的承载者，其安全性是基本的要求，

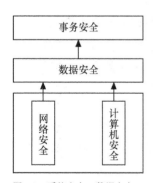

图 1.2　系统安全、数据安全、事务安全层次图

而后，才能实现其上运行的数据的安全目标，但最终目标则是为各种应用事务提供安全保护。下层的安全为上层的安全提供一定的保障（assurance）和基础，但未必能提供全面的安全服务。这就是说，在实现上层的安全性中经常需要下层的安全作基础，但上层的安全并非总能通过对下层的功能调用来实现，而需要用专门的安全机制来实现。

从管理角度看，上述层次关系是相当重要的。虽然各层次所采用的安全机制或技术可以有重复，但它们之间的区别是显著的。例如，一组计算机或一个局域网，无论其上是否承载着重要的数据和事务，其安全性都应当得到保障；而对于一些穿梭于计算机和网络间的数据，就要有明确、可靠的机制来保障它们的机密性和完整性，而这些安全隐式地要求我们对计算机安全和网络安全至少要有初步的保障。同样道理，事务安全隐式地要求我们对数据安全、计算机安全和网络安全至少要有初步的保障。下面我们从分析可能出现的威胁来理解这些层面上的安全问题。

### 1.3.1 计算机系统中的安全威胁

计算机系统是用于信息存储、信息加工的设施。计算机系统一般是指具体的计算机系统，但是我们有时也用计算机系统来表示一个协作处理信息的内部网络。后者有时被称为网络计算机。

计算机系统面临着各种各样的攻击，这些攻击主要有下列几种类型。

**1. 假冒攻击**

假冒是指某个实体通过出示伪造的凭证来冒充别人或别的主体，从而攫取授权用户的权利。

身份识别机制本身的漏洞，以及身份识别参数在传输、存储过程中的泄露通常是导致假冒攻击的根源。例如，假冒者窃取了用户身份识别中使用的用户名/口令后，非常容易欺骗身份识别机构，达到假冒的目的。

假冒攻击可分为重放、伪造和代替三种。重放攻击是先把消息记录下来，然后发送出去，利用身份识别机制或协议中的漏洞进行欺骗。伪造攻击是指提供冒充主体身份的信息，以获得对系统及其服务的访问权力。代替攻击则通过分析截获的消息，构造一种难以辨别真伪的身份信息取代原来的消息，破坏正常的访问行为。

假冒成功后，典型的情形是先改写授权数据，然后利用这些信息进行非授权访问。一旦获得非授权访问，造成的损坏程度就要由入侵者的动机来决定了。如果幸运的话，入侵者可能只是计算机空间中一名好奇的漫游者。但大多数情况下机密信息通常都会被窃取或破坏。

**2. 旁路攻击**

旁路攻击是指攻击者利用计算机系统设计和实现中的缺陷或安全上的脆弱之处，获得对系统的局部或全部控制权，进行非授权访问。

例如，缓冲区溢出攻击，就是因为系统软件缺乏边界检查，使得攻击者能够激活自己预定的进程，从而获得对计算机的超级访问权限。

旁路攻击一旦获得对系统的全部控制权，所带来的损失将是不可预估的。

**3. 非授权访问**

非授权访问是指未经授权的实体获得了访问网络资源的机会，并有可能篡改信息资源。

假冒攻击和旁路攻击通过欺骗或旁路获得访问权限，而非授权访问则是假冒和旁路攻击的最终目的。如果非法用户通过某种手段获得了对用户注册信息表和计算机注册表信息的非授权访问，则它又成为进一步假冒攻击或旁路攻击的基础。

**4. 拒绝服务攻击**

拒绝服务攻击的目的是摧毁计算机系统的部分乃至全部进程，或者非法抢占系统的计算资源，导致程序或服务不能正常运行，从而使系统不能为合法用户提供服务。目前最有杀伤力的拒绝服务攻击是网络上的分布式拒绝服务（DDOS）攻击。

**5. 恶意程序**

计算机系统受到上述类型的攻击可能是非法用户直接操作实现的，也可能是通过恶意程序如木马、病毒和后门实现的。

（1）特洛伊木马

特洛伊木马（Trojan horse）是指伪装成有用的软件，当它被执行时，往往会启动一些隐藏的恶意进程，实现预定的攻击。

例如，木马文本编辑软件，在使用中用户不易觉察它与一般的文本编辑软件有何不同。但它会启动一个进程将用户的数据复制到一个隐藏的秘密文件中，植入木马的攻击者可以阅读到此秘密文件。可以设想，随意从网上或他处得来的一个非常好玩的游戏软件里面植入了木马进程，当管理员启动这个游戏，则该进程将具有管理员的特权，木马将有可能窃取或修改用户的口令，修改系统的配置，为进一步的攻击铺平道路。

（2）病毒

病毒和木马都是恶意代码，但它本身不是一个独立程序，它需要寄生在其他文件中，通过自我复制实现对其他文件的感染。

病毒的危害有两个方面，一个是病毒可以包含一些直接破坏性的代码；另一方面病毒传播过程本身可能会占用计算机的计算和存储资源，造成系统瘫痪。

（3）后门

后门是指在某个文件或系统中设置一种机关，使得当提供一组特定的输入数据时，可以不受安全访问控制的约束。

例如，一个口令登录系统中，如果对于一个特殊的用户名不进行口令检查，则这个特殊的用户名就是一个后门。后门的设置可能是软件开发中为了调试方便，但后来忘记撤除所致，也可能是软件开发者有意留下的。

上面对计算机可能存在的一些攻击进行了描述。这些攻击中所利用的系统弱点主要包括两个方面：一是系统在身份识别协议、访问控制安全措施方面存在弱点，不能抵抗恶意使用者的攻击；二是在系统设计和实现中有未发现的脆弱性，恶意使用者利用了这些脆弱性。

## 1.3.2　网络系统中的安全威胁

计算机网络系统是实现计算机之间信息传递或通信的系统，它通过网络通信协议（如TCP/IP）为计算机提供了新的访问渠道。网络环境同时还增加了对路由器、交换机等网络设备和通信线路的保护要求。

处于网络中的计算机系统除了可能受到上 1.3.1 小节提到的各种威胁外，还可能会受到来自网络中的威胁。此外，网络交换或网络管理设备、通信线路可能还会受到一些仅属于网络安全范畴的威胁。主要威胁列举如下。

### 1.　截获/修改

攻击者通过对网络传输中的数据进行截获或修改，使得接收方不能收到数据或收到代替了的数据，从而影响通信双方的数据交换。

这种攻击通常是为了达到假冒或破坏的目的。

### 2.　插入/重放

攻击者通过把网络传输中的数据截获后存储起来并在以后重新传送，或把伪造的数据插入到信道中，使得接收方收到一些不应当收到的数据。

这种攻击通常也是为了达到假冒或破坏的目的。其通常比截获/修改的难度大，一旦攻击成功，危害性也大。

### 3.　服务欺骗

服务欺骗是指攻击者伪装成合法系统或系统的合法组成部件，引诱并欺骗用户使用。

这种攻击常常通过相似的网址、相似的界面欺骗合法用户。例如，攻击者伪装为网络银行的网站，用各种输入提示，轻易骗取用户的如用户名、口令等重要数据，从而直接盗取用户账户的存款。

**4．窃听和数据分析**

窃听和数据分析是指攻击者通过对通信线路或通信设备的监听，或通过对通信量（通信数据流）的大小、方向频率的观察，经过适当分析，直接推断出秘密信息，达到信息窃取的目的。

**5．网络拒绝服务**

网络拒绝服务是指攻击者通过对数据或资源的干扰、非法占用、超负荷使用、对网络或服务基础设施的摧毁，造成系统永久或暂时不可用，合法用户被拒绝或需要额外等待，从而实现破坏的目的。

许多常见的拒绝服务攻击都是由网络协议（如 IP）本身存在的安全漏洞和软件实现中考虑不周共同引起的。例如，TCP SYN 攻击，利用了 TCP 连接需要分配内存，多次同步将使其他连接不能分配到足够的内存，从而导致了系统的暂时不可用。

计算机系统受到上述类型的攻击可能是黑客或敌手操作实现的，也可能是网络蠕虫或其他恶意程序造成的。

上面对网络系统中可能存在的一些威胁进行了描述。这些威胁所利用的系统弱点主要包括三个方面：一是网络通信线路经过不安全区域，并且使用了公开的标准通信协议，使得非法窃听和干扰比传统的通信场合更容易实施；二是在网络环境下身份识别协议比单机环境下更难实现；三是在网络通信系统设计和实现中未发现的脆弱性更多，攻击者更容易利用这些脆弱性。

## 1.3.3　数据的安全威胁

数据是网络信息系统的核心。计算机系统及其网络如果离开了数据，就像失去了灵魂的躯壳，是没有价值的。

无论是上面提到的敌手对计算机系统的攻击还是对网络系统的攻击，其目标无非是针对上面承载的信息而来的。

这些攻击对数据而言，实际上有三个目标：截获秘密数据、伪造数据或在上述攻击不能奏效的情况下，破坏数据的可用性。

关于数据安全的攻击与防御是信息安全的主要课题，也是本书的重点。

## 1.3.4　事务安全

除了前面讲的网络安全、计算机安全和数据安全外，信息安全还包括事务安全。为了把问题说明白，先介绍一个非常重要的概念——事务。

事务（transaction）的概念首先出现在数据库管理系统中，表示作为一个整体的一组操作，它们应当顺序地执行，仅仅完成一个操作是无意义的。而且在一个事务全部完成后，甚至遇到系统崩溃的情形，操作结果都不能丢失。系统还必须允许多个事务的并行执行。

实际上，在几乎所有的信息系统中，事务都是最基本的概念。例如，在网上转账协议中，从一个账户上转出一笔资金，同时转入另一个账户就是一个事务。仅仅完成其中的一个操作是不允许的。几乎所有的网络应用协议都可以看成是由一个一个的事务组成的，事务的正确执行要满足如下的 ACID 性质。

原子性（atomicity）：一组动作要么全部执行，要么全部不执行。

一致性（consistency）：一个应用系统可能会设置若干一致性条件，事务执行后应当保持一致性。

孤立性（isolation）：当两个以上的事务同时执行时，它们的执行结果应当是独立的。

持续性（durability）：一个事务完成后，其结果不应当丢失，甚至遇到系统崩溃的情形也是如此。

事务构成了各种应用的基本元素。事务实际上总可以看成是发生在若干实体之间的交互。在网络环境下，事务是以协议的形式出现的，因而完善的协议也应当满足 ACID 性质。如果这些实体之间已经建立了信任关系，则事务的安全性就表现为数据安全（机密性、完整性与可用性）。如果完成事务的各方之间没有建立信任关系，则事务安全保护就变得复杂了，因为事务的性质决定了其非常容易受到攻击。常见的攻击有如下几种。

**1. 字典攻击**

字典攻击最早出现在对网络口令识别协议攻击中。虽然在事务（协议）交互中没有出现口令的明文，但因口令的变化量太小，攻击者可以构造一本可能出现口令的字典，然后逐个验证字典条目，最后破解用户的口令。这种攻击有时可推广到其他应用场合。

**2. 中间人攻击**

假设完成事务的几方包括 A、B，攻击者如果伪装成 A 和 B 交互，同时伪装成 B 和 A 交互，则攻击者可使 A 和 B 按照他的意愿行事，或者能获得相关事务中的机密信息。

**3. 合谋攻击**

合谋攻击中的攻击者可能是事务的参与方，也可能不是，买通事务的若干参与方共同欺骗其余的参与方，以获得非法权限或利益。

事务攻击还有选择明文攻击、选择密文攻击、预言者会话、并行会话攻击等。这些事务攻击，实际上是使用了参与方在身份识别、抗抵赖方面的缺陷，或者更一般的攻击者利用了多方计算协议的设计或实现漏洞。

## 1.3.5 技术防护

前面从攻击的角度分析了信息及其系统所面临的各种威胁。我们可以针对每一种具体的攻击拟定一种技术防御措施。然而，通过漫长的研究，人们发现信息安全技术按照一些安全目标分类，可以更加高效地规划和实施防御方案。安全目标和安全机制在 1.2 节中已经谈过。这里将各种安全目标在攻击防护中的作用列举如下。

（1）机密性：保护数据不泄露给非授权用户。保护数据的机密性可有效地抵御攻击者进行窃听和数据分析。

（2）完整性：保证数据不被非授权地修改、删除或代替，或能够检测这些非授权改变。保护数据的完整性可有效地抵御攻击者对通信或计算机系统中数据的截获、修改、插入、重放攻击，对系统程序数据的完整性保护在一定意义上还能保证系统对病毒、网络蠕虫的免疫能力。

（3）身份识别：提供对于某个实体（人或其他行为主体）的身份的证实。因为身份识别通常是实体或系统之间交互的第一道屏障，不论在系统安全方面还是事务安全方面都非常重要，它能抵御假冒、服务欺骗、字典攻击和中间人攻击等攻击，强健的身份识别也为其他安全目标的实现奠定了基础。

（4）访问控制：保护信息资源不被非授权使用或控制。访问控制在有效地抵御攻击者进行非授权访问、旁路和后门攻击的同时，还能有效地抵御如木马、病毒等恶意程序的侵害、窃听和数据分析。

（5）抗抵赖：保证实体参与一次通信或访问操作后，不能对自己的行为事后否认。它实际上提供了数据源发证明和交付证明的非常强的一种形式，这在应用领域是相当重要的。

（6）可用性：保证授权用户能够对所需的信息或资源的访问。可用性能抵抗拒绝服务攻击。

上面归纳的六种安全目标已经基本覆盖了现有的攻击。但应当说明的是，六种安全目标绝对没有覆盖未来发现的攻击行为。这一点同其他学科不大一样，因为攻与防本身是在不断变化发展的。

## 1.4 信息安全中的非技术因素

从信息安全对安全策略的依赖性，已经知道保护的信息对象、所要达到的保护目标是人通过安全策略确定的。另外，信息保护中采用的技术和最终对系统的操作都是人来完成的。不仅如此，在信息安全系统的设计、实施和验证中也不能离开人，人在信息安全管理中占据着中心地位。图 1.3 所示表示了人在信息安全中的地位。

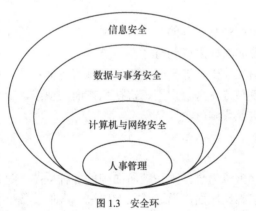

图 1.3　安全环

### 1.4.1　人员、组织与管理

任何安全系统的核心都是人。在信息安全这样的技术领域，这一点显得尤其突出。因为如果人不按照操作指南使用系统，他可能会轻而易举地跳过技术控制。例如，在计算机系统中一般是通过口令来识别用户的，如果用户提供正确的口令，则系统自动认为该用户是授权用户。假设一个授权用户把他的用户名/口令告诉了其他人，那么非授权用户就可假冒这个授权用户，而且无法被系统发现。

我们知道，非授权的外部用户攻击一个机构的计算机系统是危险的。而一个授权的内部用户攻击一个机构的计算机系统将更加危险。因为，内部人员对机构的计算机网络系统结构、操作员的操作规程非常清楚，而且通常还会知道足够的口令跨越安全控制，而这些安全控制已足以把外部攻击者挡在门外了。可见，内部用户的越权使用是一个非常难应对的问题。

未受训的员工通常会给机构的信息安全带来另一种风险。例如，未受训员工不知道文件数据备份到磁盘上之前需要做一下验证。当系统遭到攻击后，该员工可能才发现他所备份的文件无法读出来。这是由于错误的流程造成数据的丢失。

如果系统管理员对系统的安全相关配置上出现错误，或未能及时查看安全日志，或用户未正确采用安全机制保护信息，都将会使得机构的信息系统防御能力大大降低。

未受训除了指技术方面外，还有社会工程学方面的含义，这方面的例子有很多。例如，一个员工可能会依照一个电话请求，改变自己的口令，这时攻击者将获得极大的攻击效果。设想一种情况，攻击者用某种借口说动这个员工的上司半夜给此员工打电话。未警觉的员工碍于情面没有拒绝这一请求，结果他修改了密码并告知攻击者，导致关键信息的泄露。

由此可见，对使用者的技术培训和安全意识教育是非常重要的。

安全虽然能限制损失风险，但安全通常不会给组织机构带来显式的经济效益。安全防护体系的建设反而是需要花费一定经费的。组织机构一般都认为在安全上的投资是一种浪费，而且为系统添加安全特色通常会使原先简单的操作变得复杂从而降低处理效率。比较糟糕的是，直到安全问题带来的真实的损失发生前，这些组织机构都认为做了正确的选择。

正确的做法是，提前对系统的安全性及风险进行评估。例如，在一个没有安全防护的网络证券交易系统中，完成一次交易需要 2 秒。而实施安全控制需要投入一笔资金，同时会使完成一次交易的时间延长到 3 秒。那么，证券交易运营商必须做一个计算：信息安全系统的建设资金与交易产出损失的总价值与原来没有安全保护的系统所面临的金融损失和商誉损失相比，哪个更大一些？这将成为该机构决策的重要依据。

机构一旦建立起信息安全责任和权力基础，信息安全才能同机构的其他工作一样正常展开。然而，机构开展信息安全建设，起初可能会面临一系列的问题。例如，首先是缺乏专业人才，或仅有的人才又不是专职工作的；其次，安全建设需要资金支持，需要进行安全需求论证、系统设计、工程实施，需要培训运行人员，需要建立规章制度等。

信息安全不仅要求组织和内部人员有安全技术知识、安全意识和领导层对安全的重视，还必须制定一整套明确责任、明确审批权限的安全管理制度，以及专门的安全管理机构，从根本上保证所有人员的规范化使用和操作。另外，在一个组织中，对人员的行为进行适当的记录是一项行之有效的方法。

## 1.4.2 法规与道德

法律会限制信息安全保护中可用的技术以及技术的使用范围，因此决定安全策略或选用安全机制的时候需要考虑法律或条例的规定。

例如，中华人民共和国国家密码管理委员会颁布的《商用密码管理条例》（1999）规定，在中国，商用密码属于国家秘密，国家对商用密码的科研、生产、销售和使用实行专控经营。也就是说，使用未经国家批准的密码算法或产品，或使用国家批准的算法但未得到国家授权认可都属于违法行为。因此，如果我们要采用密码算法保护本单位的商用信息时，需要采用国家授权的产品。欧盟颁布的个人隐私保护法案《通用数据保护条例》（GDPR）（2018）规定，从 2018 年 5 月 25 日开始，世界各地的公司在收集欧盟公民的政治倾向、宗教信仰、性取向、健康信息等个人资料时，都必须征得用户同意，并解释其用途；欧盟公民有权随时查阅、修改、删除这些个人资料。如果出现涉及个人数据泄露的安全漏洞，公司须在 72 小时内向有关部门报告。如果不遵守这些规定，涉事公司将面临高达 2 000 万欧元或占年营业额 4% 的巨额罚款，哪个金额更高就以哪个为准，企业负责人还可能面临牢狱之灾。因此公司在使用欧盟公民的个人数据时需要使用可靠的加密和访问控制措施。

此外，社会道德和人们的行为习惯都会对信息安全产生影响。一些技术方法或管理办法在一个国家或区域可能不会有问题，但在另一个地方可能会受到抵制。例如，密钥托管在一些国家实施起来可能不会很艰难，而在有些国家就曾因为密钥托管技术的使用被认为侵犯了人权，而被起诉。信息安全的实施与所处的社会环境有紧密的联系，不能鲁莽照搬他人的经验。

人们的习惯或心理接受能力也是很重要的。例如，一个公司要求其员工提供其 DNA 样本以便进行身份识别，虽然没有法律问题，但可能得不到员工的认可。采用这种安全机制，比没有采用任何安全机制还坏。这使人们错误地认为他们的资源受到了保护，而忽略了其他技术上或管理上的补救措施，导致这些资源没有得到任何保护。

# 小　　结

本章从信息安全的历史介绍了信息安全的四个发展阶段，即保密通信、计算机系统、网络与信息安全和信息保障。同时，还详细介绍了信息及其承载系统所面临的威胁和防护问题，明确了信息安全的保护对象、保护目标和方法。最后通过对人、组织、管理、法规和社会道德等方面的讨论，特别强调了安全意识、技术教育和管理的重要性。

# 习　题　1

1. 对 Internet，描述几种导致拒绝服务的攻击，你认为应当怎样应对这些攻击？

2. 信息安全中安全目标为什么分成系统安全、数据安全和事务安全？试各举一例说明它们的差异。

3. 非授权访问将产生哪些后果？应当怎样防范？

4. 两个用户建立通信的过程中需要考虑哪些安全目标？通信的数据传送过程中需要考虑哪些安全目标？

5. 你用计算机上网浏览、转账中应当注意哪些威胁？例如，有些网站让你设置口令，你有哪些风险？为什么？

6. 你是否在不同用途的账户中采用相同的口令，其安全漏洞是什么？而当你在不同账户中使用不同口令时，是否还有安全漏洞？为什么？

7. 你曾受到过哪些安全攻击，造成怎样的损失，当时是怎样处理的？现在看来你会用哪种方法处理？

8. 在马路上有人问你的手机号，你会告诉他吗？进一步讲，如果还有一个人问你的手机口令，你会告诉他吗？如果上述情况发生在网络上，你会怎样？哪个更不安全一些？

9．试描述安全检测与恢复的含义。

10．简述技术因素和人为因素在信息安全中的地位。

11．试描述一下近年来发生的信息安全攻击事件中采用的攻击手段。

12．网络系统中的安全威胁有哪些？分析这些威胁发生的技术因素和人为因素。

# 第 2 章

# 信息安全体系结构

技术、组织与管理对信息安全策略实现来说，都是非常重要的。信息安全体系就是从管理、组织和技术上保证安全策略得以完整、准确地实现，包括必要的技术体系、组织体系和管理体系，以及它们之间的合理部署和关系配置。信息安全体系对我们理解和把握信息安全技术非常重要。图 2.1 所示为由技术体系、组织体系和管理体系三块挡板构成的一个安全防护三棱锥。只有三个侧面都坚实可靠，而且非常紧密地联结在一起，才能实现严密的防护。

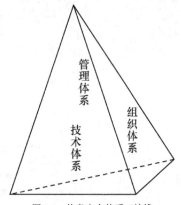

图 2.1　信息安全体系三棱锥

体系结构实际上是被普遍认可的一种概念或结构。例如，居住楼房是一种建筑（体系）结构，其目的是为家庭提供居住的场所。这种体系结构下至少应当包括卧室和卫生间，一般还会包括客厅、厨房，还有楼道、楼层、地板、下水管等相关概念。其结构是由方砖、钢筋、水泥按照一定的方法组成的。这些概念对商家、住户和商业机构来说都是约定成俗的共识。而窑洞则是能供家庭居住的另一种结构，所采用的材料及结构与楼房不同，对人们需求的满足性也有差异。不同的体系结构的许多概念也不尽相同，如"灶台""炕"对窑洞来说是个基本概念，而对楼房却没有意义。

体系结构的概念可以使人们在大的方面进行交流，而不同权益者可以关注不同的细节。例如，住户仅关心在楼房建设中使用的水泥标号（表示其强度），而房地产开发商除了关注水泥的标号外，还需要关注水泥的采购价格等，而外形设计者可能仅关注水泥的颜色。由此可以看出研究体系结构的重要性。

信息安全的技术体系结构是研究在特定应用环境或类别下，采用良定义的信息安全机制，构建、实现相关的安全目标或安全服务的科学。

这里的应用环境可分为物理环境、计算机系统平台、网络通信平台和应用平台四种。

良定义的信息安全机制是指那些技术或模块，它们能够实现一个或若干特定安全目标。这些安全机制有明确的定义和易判定的外延，与别的模块有明显的区别。例如，加密模块是使用密码技术，在密钥的控制之下，对数据实行加（脱）密变换，从而实现对数据机密性的保护。而一个访问控制模块则是通过授权和过滤（或代理）技术，实现对数据或系统的使用控制。它们的定义明确，外延易判定，从而是良定义的机制。良定义的信息安全机制通常简称为安全机制。

不同的应用环境对安全的需求是有差异的。给定的一类应用对安全的需求可以归结为一些基本要素，称为安全目标（也称为安全服务）。这些安全目标可以通过合理配置安全机制来实现。具体的应用安全性则是通过调用这些安全服务完成的。安全体系结构层次如图 2.2 所示。

与技术体系结构的机理类似，信息安全的组织体系结构是从管理机构、岗位和人事三个方面保障一个组织能够有效地按照一定的规则运行，实现一些特定的组织安全目标。而信息安全的管理体系结构则是从法律管理、制度管理和培训管理方面约束人员的行为，实现一些特定的管理安全目标。

| 应用系统安全 |
| 安全目标 |
| 安全机制 |

图 2.2　安全体系结构层次

本章将分别从技术体系、组织体系和管理体系，描述信息安全的体系结构。它为本书后续章节的内容提供了一种有用的框架。

## 2.1　技术体系结构概述

我们回顾一下购买计算机，实现个人信息化的经历。首先，要拥有一台计算机的硬件并安装了 Windows 或 UNIX 操作系统，获得了一个系统平台。其次，围绕着计算机工作所需要的电缆、网线、网卡、打印机、电脑桌、房间等一系列东西，构成了一个物理环境。然后，需要安装 TCP/IP 协议栈等网络通信平台。最后，又需要安装 IE 浏览器、邮件客户软件 Foxmail、网络服务软件 WebServer 等网络应用软件，可能还会安装一些如 Word、C 编译器等本地应用软件或开发工具。为了更好地使用搭建的信息系统，还需要和网络服务商、个人、银行等签署相关协议，阅读国家的有关网络和信息系统的规定。

除了个人信息系统外，信息系统还有商业信息系统和办公信息系统等多种系统。它们都可以划分为物理环境、计算机系统平台、通信设施和应用平台四个层面。信息系统安全的技术体系结构也分为物理环境安全体系、计算机系统平台安全体系、网络通信平台安全体系和应用平台安全体系。

### 2.1.1　物理环境安全体系

物理环境安全，是通过机械强度标准的控制，使信息系统所在的建筑物、机房条件及硬件设备条件满足信息系统的机械防护安全；通过采用电磁屏蔽机房、光通信接入或相关电磁干扰措施降低或消除信息系统硬件组件的电磁发射造成的信息泄露；提高信息系统组件的接收灵敏度和滤波能力，使信息系统组件具有抗击外界电磁辐射或噪声干扰能力而保持正常运行。

物理环境安全除了包括机械防护、电磁防护安全机制外，还包括限制非法接入、抗摧毁、报警、恢复、应急响应等多种安全机制。

### 2.1.2　计算机系统平台安全体系

系统平台安全，是指计算机系统能够提供的硬件安全服务与操作系统安全服务。因为对于用户而言，计算机既是本地计算资源提供者，又是本地和网络计算资源的管理者，所有的应用和网络连接都需要计算机平台的支撑，系统平台安全在整个信息安全领域中所占的位置是十分重要的。

计算机系统在硬件上主要通过存储器安全机制、运行安全机制和 I/O 安全机制提供一个可信的硬件环境，实现其安全目标。

操作系统安全是计算机系统安全的关键。操作系统通过为应用程序提供执行环境，并为用户提供基本的系统服务，从而支撑用户信息的存储、处理和通信。操作系统一般由系统内核和外壳组成，内核实现操作系统最主要、基本的功能，而外壳主要为用户管理和交互提供可视化的图形界面。在计算机发展的初期，人们关注的是操作系统的功能。而随着多用户系统和网络通信的发展，操作系统自身的安全性显得越来越重要。

操作系统的安全是通过身份识别、访问控制、完整性控制与检查、病毒防护、安全审计等机制的综合使用，为用户提供可信的软件计算环境。

### 2.1.3　网络通信平台安全体系

网络通信体系的建立受到了 Internet 发展的大力推动。国际标准化组织（ISO）在 1988年发布的 ISO 7498-2 作为其开放系统互连（OSI）的安全体系结构。它定义了许多术语和概念，并建立了一些重要的结构性准则。OSI 安全体系通过技术管理将安全机制提供的安全服务分别或同时对应到 OSI 协议层的一层或多层上，为数据、信息内容和通信连接提供机密性、完整性安全服务，为通信实体、通信连接和通信进程提供身份鉴别安全服务。这些服务是通过多种安全机制的使用获得的。但 OSI 安全体系结构把访问控制、防抵赖服务放入到网络通信体系中阐述显得不合乎情理。这些安全服务理应属于应用领域，而不是放到通信的应用层上。事实上，访问控制、防抵赖服务在目前的技术标准里也没有实例。在下节中还要专门对网络通信的安全体系进行研究。

### 2.1.4　应用平台安全体系

虽然应用是计算机网络蓬勃发展的内在动力，但是对应用安全体系的研究还很不充分。主要原因是应用级别的系统千变万化，而且各种新的应用在不断推出。相应地，应用级别的安全也不像通信或计算机系统安全体系那样，容易统一到一些框架结构之下。对应用而言，将采用一种新的思路，把相关系统分解为若干事务来实现，因此事务安全就成为应用安全的基本组件。通过实现通用事务的安全协议组件，以及提供特殊事务安全所需要的框架和安全运算支撑，从而推动在不同应用中采用同样的安全技术。通过这种重用精选的、成熟的安全模块最终保证应用安全系统的安全。

目前，通过国际标准化组织的努力，提出了若干体系结构方面的标准。比较有影响的是国际标准化组织（ISO）的开放系统互连（OSI）安全体系结构（ISO 7498-2）、高层安全模型（ISO/IEC 10745）；互联网工程任务组（IETF）的安全体系结构 IPSec 和传输层安全 TLS 等。

## 2.2　安全机制

信息安全中安全策略要通过安全机制来实现。安全机制可以分为保护机制、检测机制和恢复机制 3 个类别。下面对常用的安全机制的概念进行说明。

### 2.2.1　加密

加密技术能为数据或通信信息流提供机密性，同时对其他安全机制的实现起主导作用或辅助作用。

加密算法是对消息的一种编码规则。这种规则的编码与译码依赖于称为密钥（Key）的参数。用户使用编码规则在密钥控制下把明文消息变换成密文，也可以使用译码规则在密钥控制下把密文还原成明文消息。通常编码和译码也称为加密和脱密。没有正确的密钥无法实现加密/脱密操作，从而使非授权用户（没有密钥）无法还原机密信息。加密算法通常分为两类：传统密码和公钥密码。

### 1. 传统密码

传统密码也称为对称密码，其特征是可以从加密密钥导出脱密密钥，反之，可以从脱密密钥导出加密密钥，二者统称为"保密密钥"，一般情况下两个密钥相等。算法的使用要求加密者和脱密者相互信赖。目前用得比较多的传统加密算法有 TDES（三重数据加密标准）、AES（高级加密标准）等。

### 2. 公钥密码

公钥密码也称为非对称密码，其特征是从加密密钥无法算出脱密密钥，或者从脱密密钥无法算出加密密钥。因此，公开其中之一不会影响到另一个的保密性。通常把公开的那个密钥称为"公开密钥（或公钥）"，而把自己保存的密钥称为"私有密钥（或私钥）"。这种密码体制不要求加密和脱密双方的相互信赖。目前用得比较多的公钥加密算法有 RSA（Rivest、Shamir、Adleman 1976 年提出）算法、ECC（椭圆曲线密码）算法等。

不论是公钥密码算法还是传统密码算法，一般假定密码算法是公开的，即假定敌手知道密码算法。因为只有在非常有限的情况下才能做到算法本身的保密，如军事部门、国家重要职能部门使用的密码算法等。在使用范围较大的情况下做到算法的保密几乎是不可能的。因此一般只假定密钥的保密性，而允许加密算法与脱密算法公开。

加密机制的使用提出了密钥管理的需求，从而派生出了密钥管理机制。加密和密钥管理将在第 3 章中讨论。

## 2.2.2 数字签名

数字签名是一类公钥密码算法。

数字签名包括两个过程：签名者对给定的数据单元进行签名，然后接收者验证该签名。签名过程需要使用签名者的私有密钥（满足机密性和唯一性），验证过程应当仅使用公开密钥，而且通过公开密钥不能计算出签名者的私有密钥。签名是利用签名者的私有密钥对数据单元计算校验值，而验证则利用公开密钥检验该签名是否由签名者的私钥所签署。其特征是只有掌握了私钥的人才能计算得到签名值，从而实现了防抵赖的性质。

数字签名算法与公钥加密算法类似，是私有密钥或公开密钥控制下的数学变换。有一些公钥加密算法和数字签名算法可以相互转化或导出，但大多数的签名算法与加密算法是采用独立的思路设计的。

## 2.2.3 访问控制

访问控制机制使用实体的标识、类别（如所属的实体集合）或能力，从而确定权限，授予访问权。实体如果试图进行非授权访问，将被拒绝。访问控制机制基于下列几种技术。

### 1. 访问信息库

授权中心或被访问的实体，对访问控制的访问规则，保存着一个访问信息库。该信息库由层次化的或分散式的访问关系组成，描述被访问的实体（如数据）所允许的其他实体（如人）对其进行的操作（如读操作）。访问信息库也称为访问控制列表。

### 2. 识别信息库

识别信息库保存与合法访问者身份相关的口令、拥有物以及相关特征的信息，以便进行身份识别。

### 3. 能力信息表

授权中心或进行访问的实体，维护一种称为"能力"的访问控制列表，表述一个正在进行访问的实体（如人）允许访问的全部实体（如数据），以及能进行何种操作（如读信息）。

### 4. 安全等级

该技术为进行访问的实体和被访问的实体划分相应的安全等级和范围，制定访问交互中双方安全等级、范围必须满足的条件（称为强安全策略）。这种机制与访问控制表或能力信息表机制相比，信息维护量小，但设计难度大。

此外，在访问控制中有时还需要考虑时间及持续长度、通信信道等因素。

## 2.2.4 数据完整性

数据完整性分为两类消息的鉴别：数据单元的完整性鉴别和数据流的完整性鉴别。

数据单元的完整性鉴别是数据的生成者（或发送者）计算的普通分组校验码、用传统密码算法计算的鉴别码、用公钥密码算法计算的鉴别码，附着在数据单元后面。数据的使用者（或接收者）完成对应的计算（可能与生成者的一样或不同），从而检验数据是否被篡改或假冒。

在连接模式的数据传输中（如 TCP），保护数据流的完整性除了计算鉴别码外，还需结合时间戳、序列号、密码分组链接等技术，从而抵抗乱序、丢失、重放、插入或修改等人为攻击或偶然破坏。

在无连接模式的数据传输中（如 UDP），与时间戳机制的结合也可以起到防重放的作用。

## 2.2.5 身份识别

在 OSI 安全体系结构中，身份识别称为鉴别交换。

各种系统通常为用户设定一个用户名或标识符的索引值。身份识别是后续交互中用户对其标识符的一个证明过程，通常是用交互式协议实现的。常用的身份识别协议有如下几种。

### 1. 口令

验证方提示证明方输入口令（password），证明方输入后由验证方进行真伪识别。

### 2. 密码身份识别协议

使用密码技术，可以构造出多种身份识别协议。如挑战-应答协议、零知识证明和数字签名识别协议等。

### 3. 使用证明者的特征或拥有物的身份识别协议

此身份识别协议指使用如指纹、面容、虹膜等生物特征，身份证、IC 卡等拥有物的识别协议。当然这些特征或拥有物至少应当以很大的概率是独一无二的。

上述三类分别是基于知识、能力和特征的身份识别技术。身份识别要求只有合法的个体能够出示身份证明，并且其出示证据的权利不能被侵犯。如果验证方是可信的，则只要保证证明方出示的证据不被第三方窃听和模仿即可。如果验证方是不可信的，则最需要防范的就是验证者通过验证（成功或失败）而对证明方出示证据权利的侵犯。

身份识别机制的选择通常与使用环境相关，而且可能需要与时间戳、同步时钟、公证、两方或三方握手协议结合起来使用，以获得所需要的安全级别。

### 2.2.6　通信量填充与信息隐藏

通信量通常会泄露信息。为了防止敌手对通信量进行分析，我们需要在空闲的信道上发送一些无用的信息，以便蒙蔽敌手（当然填充的信息经常要使用机密性服务），这就称为通信量填充机制。在专用通信线路上，这种机制非常重要，但在公用信道中则要依据环境而定。

信息隐藏则是把一则信息隐藏到看似与之无关的消息（如图像文件）中，以便蒙蔽敌手，通常也要和密码技术结合才能保证不被敌手发现。

通信量填充和信息隐藏是一组对偶的机制，前者发送有"形式"无"内容"的消息，而后者发送有"内容"无"形式"的消息。

### 2.2.7　路由控制

路由控制是对信息的流经路径的选择，为一些重要信息指定路径。例如，让信息流通过特定的安全子网、中继或连接设备，或绕开某些不安全的子网、中继或连接设备。这种路由可以是预先安排的或者作为恢复的一种方式而由端系统动态指定。

与前面讲的加密机制、通信量填充和信息隐藏机制相比较，这两种机制通过改变信息内容保护信息的机密性，而路由控制则是一种一般的通信环境保护。恰当的路由控制可以提升环境的安全性，从而可能会因此简化其他安全机制实施的复杂性。

### 2.2.8　公证

在两方或多方通信中，公证机制可以提供数据的完整性，发方、收方的身份识别和时间同步等服务。通信各方共同信赖的公证机构，称为可信第三方，它保存通信方的必要信息，并以一种可验证的方式提供上述服务。

通信各方选择可信第三方指定的加密、数字签名和完整性机制，并和可信第三方做少量的交互，实现对通信的公证保护。例如，证书权威机构 CA，通过为各通信方提供公钥证书和相关的目录、验证服务，实现了一部分公证机构的职能。

除了上述这些安全机制外，OSI 安全体系结构还采用了普遍性安全机制。

### 2.2.9　事件检测与安全审计

事件检测对所有用户的与安全相关的行为进行记录，以便对系统的安全进行审计。

与安全相关的事件检测，包括对明显违反安全规则的事件和正常完成事件的检测。其处理过程首先是对事件集合给出一种定义，这种定义是关于事件特征的描述，而这些特征又应当是易于捕获的。一旦检测到与安全相关的事件，则进行事件报告（本地的和远程的）和存档。

安全审计则在专门的事件检测存档和系统日志中提取信息，进行分析、存档和报告，是事件检测的归纳和提升。安全审计的目的是改进信息系统的安全策略，控制相关进程，同时也是执行相关的恢复操作的依据。

对分布式的事件检测或审计，要建立事件报告信息和存档信息的语义和表示标准，以便信息的自动化处理和交换。

目前，经常提到的漏洞扫描和入侵检测都属于事件检测和安全审计的范畴。

### 2.2.10　安全恢复

对事件的检测和审计报告提交到事件处理管理模块后，如果满足一定的条件，则触发恢复机制。恢复机制通常是由一系列的动作组成的，其目的是在受到安全攻击或遇到偶然破坏的情况下，把损失降到最小。

恢复包括对数据的恢复和对网络计算机系统运行状态的恢复。对于数据的恢复而言，为了有效地恢复，通常需要事先使用关联的数据备份机制。网络计算机系统运行状态的恢复是指把系统恢复到安全状态之下，状态恢复可分为以下 3 种。

（1）立即恢复。

（2）当前恢复。

（3）长久恢复。

立即恢复是指立即退出系统，如切断连接、关机等，其效果没有持久性；当前恢复是指针对具体实体停止当前的活动，如取消用户的访问权、终止和一个用户的交易等，其效果覆盖当前一段时间；长久恢复则执行把攻击者写入"黑名单"、更换用户密码等操作，其效果是长久的。

### 2.2.11　安全标记

安全标记是为数据资源所附加的指明其安全属性的标记。例如，安全标记可以用来指明数据的机密性级别。安全标记常常在通信中与数据一起传送。安全标记可能是与被传送的数据相连的附加数据，也可能是隐含的信息。例如，使用一个特定密钥加密数据所隐含的信息，或由该数据的上下文所隐含的信息；例如，数据来源或路由隐含。显式安全标记必须是清晰可辨认的，以便对它们进行适当的验证。此外，它们还必须安全可靠地依附于与之关联的数据上。这种安全机制对几乎所有的安全机制实现都是需要的。

### 2.2.12　保证

保证（assurance），也称为可信功能度，是提供给某个特定的安全机制的有效性证明，保证使人们相信实施安全机制的模块能达到相应的目标。

对安全机制的保证，通常通过对机制的规格说明、设计和实现三个过程的可信度来提供。

例如，规格说明对机制的功能给出准确的形式化描述，设计将准确地把规格说明内容转换为功能模块，并保证无论在何种环境下设计将不允许违反规格描述的条款，最后需要忠实地按照设计实现安全机制。

保证提供的是安全机制之所以是安全的所依据的假设条件，如果你相信这些条件能满足，则安全机制就是可信的；反之，如果不相信这些条件能得到满足，则这个安全机制未必是可信的。

## 2.3　OSI 安全体系结构

国际标准化组织（ISO）于 1988 年发布了 ISO 7498-2 标准，它是该组织提出的开放系统互连（OSI）参考模型的安全体系结构部分。1990 年国际电信联盟（ITU）把它作为 X.800 推荐标准。我国则把它作为 GB/T 9387.2—1995 国家标准。

OSI 安全体系结构的目标有以下两个。

（1）把安全特征按照功能目标分配给 OSI 的层，以加强 OSI 结构的安全性。

（2）提供一个结构化的框架，以便供应商和用户据此评估安全产品。

OSI 安全体系结构对于构建网络环境下的信息安全解决方案具有指导意义。其核心内容是为异构计算机的进程与进程之间的通信安全性，定义了五类安全服务、八类安全机制以及安全服务分层的思想，并描述了 OSI 的安全管理框架，最后描述了这些安全服务、安全机制在 7 层中的配置关系，从而为网络通信安全体系结构的研究奠定了重要基础。

现在先介绍 OSI 的 7 层网络模型。

## 2.3.1　OSI 的 7 层网络与 TCP/IP 模型

计算机网络把计算机连接起来，使得各种计算设备可方便地交互和共享信息资源。网络设计中采用了分层结构化设计思想，如图 2.3 所示，即将网络按照功能分成一系列的层次。相邻层中较高的层直接使用较低的层提供的服务实现其功能，同时又向它的上一层提供服务。提供的服务是通过相邻层的接口来实现的。

层次化结构有效地实现了各个层次功能的划分并定义了规范的接口，使得每一层的功能简单，易于实现和维护。例如，它使网络的设计者不需要把注意力放在具体物理传输媒介和具体应用细节上，而专注于网络的拓扑结构。

每一层中的活动元素称为实体，位于不同系统上同一层的实体称为对等实体。不同系统之间的通信可以由对等实体间的逻辑通信来实现，对某一层上的通信所使用的规则称为该层上的通信协议。协议按照所属的层次顺序排列而成的协议序列称为协议栈。图 2.4 所示为 OSI 的 7 层协议模型。

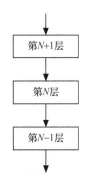

图 2.3　网络功能的层次化结构

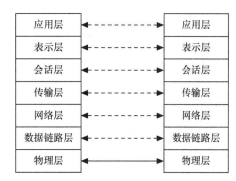

图 2.4　OSI 的 7 层协议模型

事实上，除了在最底层的物理层上进行的是实际的通信之外，其余各对等实体之间进行的都是虚通信或逻辑通信。高层实体之间的通信是调用相邻低层实体之间的通信实现的，如此下去总是要经过物理层才能实现通信。$N+1$ 层实体要想把数据 $D$ 传送到对等实体手中，它将调用 $N$ 层提供的通信服务，在被称为服务数据单元（SDU）的 $D$ 前面加上协议头（PH），传送到对等的 $N$ 层实体手中，而 $N$ 层实体去掉协议头，把信息 $D$ 交付到 $N+1$ 层对等实体手中。

关于上面 7 层协议模型中各层的含义，可参看其他计算机网络通信方面的书籍。

Internet 实际上不是由 7 层组成的，而是由应用层、传输层（TCP/UDP）、网络互联层（IP）和网络接口层组成的，它们的位置关系如图 2.5 所示。

它的各层的功能介绍如下。

图 2.5　TCP/IP 参考模型

（1）应用层对应于 OSI 的应用层、表示层和会话层的组合，为应用程序访问网络通信提供接口。常见的协议包括文件传输协议（FTP）、远程终端协议（TELNET）、简单邮件传输协议（SMTP）、超文本传输协议（HTTP）等。

（2）传输层对应于 OSI 的传输层，为高层提供数据传输服务。传输层协议包括两个传输协议 TCP 和 UDP，前者提供面向连接的传输服务，后者提供面向非连接的传输服务。

（3）网络互联层与 OSI 的网络层对应，处理建立、保持、释放连接以及路由等功能，该层上的协议为 IP。

（4）网络接口层对应于 OSI 的数据链路层和物理层的组合，负责把 IP 包封装为适合于物理网络上传输的帧，并解决数据帧和比特传输的纠错问题。不同的网络介质有不同的协议。

## 2.3.2　OSI 的安全服务

OSI 的安全服务分五类，分别是鉴别、机密性、完整性、访问控制和抗抵赖。实际上这些是一些要实现的安全目标，但在 OSI 框架之下，认为每一层和它的上一层都是一种服务关系，因此，把这些安全目标称为安全服务是相当自然的。五类安全服务的分类见表 2.1。

表 2.1　　　　　　　　　　　　　　OSI 安全服务分类

| 鉴　别 | 机 密 性 | 完 整 性 | 访 问 控 制 | 抗 抵 赖 |
|---|---|---|---|---|
| 对等实体鉴别 | 连接机密性 | 带恢复的连接完整性 | 访问控制 | 有数据原发证明的抗抵赖 |
| 数据原发鉴别 | 无连接机密性 | 不带恢复的连接完整性 | | 有交付证明的抗抵赖 |
| | 选择字段机密性 | 选择字段的连接完整性 | | |
| | 通信业务流机密性 | 无连接完整性 | | |
| | | 选择字段的无连接完整性 | | |

#### 1. 鉴别

该服务提供对等实体鉴别和数据原发鉴别。

（1）对等实体鉴别

对等实体鉴别即提供实体的身份识别服务。该服务能够确定一个实体没有冒充其他实体，使对方（对等实体）确信其正在和所声称的另一实体在通信。

（2）数据原发鉴别

数据原发鉴别确认所接收到的数据的来源是所声称的实体，但对于数据的重放不提供保护。

#### 2. 机密性

该服务保护数据不被非授权地泄露。

（1）连接机密性

连接机密性为在一层上建立的一个连接上的所有数据提供机密性保护服务。对一些层来说保护全部的连接数据是合适的，但对另一些层来说不必要。

（2）无连接机密性

无连接机密性仅对一层上协议的某个服务数据单元（SDU）提供机密性保护服务。

（3）选择字段机密性

选择字段机密性为所选择的某个字段提供机密性保护服务，这些字段可以是一层上连接传输的一部分数据，也可以是一层上非连接传输的一个 SDU 中的一个字段。

（4）通信业务流机密性

通信业务流机密性使通信业务流量具有随机特征，从而攻击者无法通过观察通信流量推断其中的机密信息。

**3. 完整性**

（1）带恢复的连接完整性

带恢复的连接完整性为在一层上建立的一个连接上的所有数据提供完整性检查，即检查整个 SDU 序列中所有 SDU 的数据是否被篡改，检查 SDU 序列是否被删除、插入或乱序。一旦出现差错，该服务将提供重传或纠错等恢复操作。

（2）不带恢复的连接完整性

与带恢复的连接完整性的唯一不同是，不带恢复的连接完整性检查到差错后不进行补救。

（3）选择字段的连接完整性

选择字段的连接完整性为一层的一个连接传输的所选择部分字段提供完整性检查。检查这些 SDU 字段序列中的数据是否被篡改，检查字段序列是否被删除、插入或乱序。

（4）无连接完整性

无连接完整性对一层上协议的某个服务数据单元（SDU）提供完整性检查服务，确认是否被篡改。

（5）选择字段的无连接完整性

选择字段的无连接完整性仅对一层上协议的某个服务数据单元（SDU）的部分字段提供完整性检查服务，确认是否被篡改。

**4. 访问控制与抗抵赖**

访问控制是防止对资源的非授权使用。抗抵赖服务又分为有数据原发证明的抗抵赖和有交付证明的抗抵赖。

## 2.3.3 OSI 安全机制

OSI 的安全机制分为两大类别。一类被称为特定安全机制，包括加密、数字签名、访问控制、数据完整性、鉴别交换、通信量填充、路由控制和公证。另一类被称为普遍安全机制，包括可信功能度、安全标记、事件检测、安全审计追踪和安全恢复。特定安全机制中除了数据完整性外的安全机制都属于我们定义的安全防护范畴，而 OSI 的普遍安全机制除了可信功能度外都对应于我们的安全检测和恢复范围。这里先介绍特定安全机制。

## 2.3.4 安全服务与安全机制的关系

ISO 7498-2 标准还说明了哪些安全服务应当采用哪些安全机制，如表 2.2 所示。

**表 2.2**　　　　　　　　　　安全服务与安全机制的关系（一）

| 服务 ＼ 机制 | 加密 | 数字签名 | 访问控制 | 数据完整性 | 鉴别交换 | 通信量填充 | 路由控制 | 公证 |
|---|---|---|---|---|---|---|---|---|
| 对等实体鉴别 | Y | Y | · | · | Y | · | · | · |
| 数据原发鉴别 | Y | Y | · | · | · | · | · | · |
| 访问控制 | · | · | Y | · | · | · | · | · |
| 连接机密性 | Y | · | · | · | · | · | Y | · |
| 无连接机密性 | Y | · | · | · | · | · | Y | · |
| 选择字段机密性 | Y | · | · | · | · | · | · | · |
| 通信业务流机密性 | Y | · | · | · | · | Y | Y | · |
| 带恢复的连接完整性 | Y | · | · | Y | · | · | · | · |
| 不带恢复的连接完整性 | Y | · | · | Y | · | · | · | · |
| 选择字段的连接完整性 | Y | · | · | Y | · | · | · | · |
| 无连接完整性 | Y | Y | · | Y | · | · | · | · |
| 选择字段的无连接完整性 | Y | Y | · | Y | · | · | · | · |
| 有数据原发证明的抗抵赖 | · | Y | · | Y | · | · | · | Y |
| 有交付证明的抗抵赖 | · | Y | · | Y | · | · | · | Y |

表中"Y"表示机制适合相应的服务，而"·"表示机制不适合相应的服务。

## 2.3.5　层次化结构中服务的配置

ISO 7498-2 标准的目标是要增强 OSI 各层的安全服务，这些安全服务应当在适当的服务层中使用，如表 2.3 所示。

**表 2.3**　　　　　　　　　　安全服务与安全机制的关系（二）

| 服务 ＼ 协议层 | 1 | 2 | 3 | 4 | 5 | 6 | 7 |
|---|---|---|---|---|---|---|---|
| 对等实体鉴别 | · | · | Y | Y | · | · | Y |
| 数据原发鉴别 | · | · | Y | Y | · | · | Y |
| 访问控制 | · | · | Y | Y | · | · | Y |
| 连接机密性 | Y | Y | Y | Y | · | Y | Y |
| 无连接机密性 | · | Y | Y | Y | · | Y | Y |
| 选择字段机密性 | · | · | · | · | · | · | Y |
| 通信业务流机密性 | Y | · | Y | · | · | · | Y |
| 带恢复的连接完整性 | · | · | · | Y | · | · | Y |
| 不带恢复的连接完整性 | · | · | Y | Y | · | · | Y |
| 选择字段的连接完整性 | · | · | · | · | · | · | Y |
| 无连接完整性 | · | · | Y | Y | · | · | Y |
| 选择字段的无连接完整性 | · | · | · | · | · | · | Y |
| 有数据原发证明的抗抵赖 | · | · | · | · | · | · | Y |
| 有交付证明的抗抵赖 | · | · | · | · | · | · | Y |

表中的层数 1 代表最低层——物理层，7 代表最高层——应用层。"Y"表示服务可在相应的层上提供，而"·"表示服务不能在相应的层上提供。

# 2.4 应用体系结构

OSI 的高层安全协议模型（ISO 10745）是应用层安全协议的通用构建工具和协议组件模型。该模型实际上只是把应用的安全归结为事务的安全，通过安全变换、安全交换、安全关联等机制类型实现应用安全目标。下面先介绍该模型引入的系统安全组件、安全变换、安全通信组件、安全交换和安全关联等概念，然后对相关的结构进行介绍。

## 2.4.1 应用层结构与安全模型

应用是计算机及网络的最终目标。网络的应用层仅仅能为应用的通信部分提供一个方便实用的框架。即使如此，网络的应用层也是网络中最复杂的层次。ISO/IEC 9545 是国际标准化组织的应用层次机构标准，它定义了应用层的结构概念和术语。

两个 OSI 结构的应用系统通过表示层的逻辑连接进行通信。图 2.6 所示为两个通信相关的应用层结构简图。图中，应用层协议里包括各个应用模块（X、Y、Z）和控制部件 CF 的具体描述，它说明各个模块怎样协同工作，怎样向用户或应用程序提供服务，怎样使用表示层的服务接口。这些模块分为应用服务元素（ASE）和应用服务对象（ASO）。二者的主要区别是，ASE 包含一个模块描述，而 ASO 本身是一个与应用层实体类似的结构，它也包含控制部件 CF 和一组低层模块（ASE、ASO）。

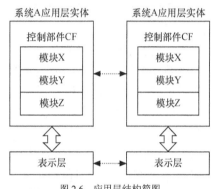

图 2.6 应用层结构简图

ASE 的描述中定义了一组应用层 PDU 和它们的使用规则。控制部件 CF 规定了进一步的规则，限定来自不同 ASE 的 PDU 格式之间及它们与表示层服务之间相互关联的方式。所有的应用层 PDU 格式和应用关联上的协议规则称为应用上下文。

在两个终端应用系统通过单个应用关联连接起来的情况下，每个应用系统中必须至少有一个 ASE 模块，称之为关联控制服务元素（ACSE）。ACSE 为应用关联的建立和终止定义了应用 PDU，ACSE PDU 在建立应用关联时，交换应用双方的地址信息，确定应用上下文，提供应用实体的身份识别。在 ISO/IEC 8649 和 ISO/IEC 8650 中对 ACSE 进行了描述。

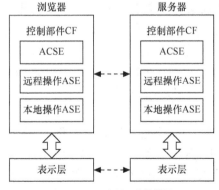

图 2.7 Web 应用层结构简图

图 2.7 所示为一个 Web 应用的例子，其中应用上下文包括三个 ASE：ACSE、远程操作 ASE 和本地操作 ASE。ACSE 用于建立 Web 连接，远程操作 ASE 实现图文交互，而本地操作 ASE 用于访问本地数据库、文件或进行本地的数据变换。

除了上面的单个应用关联的情况，可能还会有更加复杂的应用结构，可以递归地使用同样的方法，把一组模块和一个控制部件组合成一个新的 ASO。例如，上述的 Web 应用可以看成一个 ASO，用于构造更高层的 ASO，直至用户可直接操作的最高层（外层）的 ASO。

在上述应用层次结构下，现在对 OSI 的高层安全协议模型中的重要组成要素进行一个简要介绍。

### 1. 安全组件

实现应用安全的组件可分为两大类：系统安全组件和安全通信组件。系统安全组件负责与安全相关的处理，如加密、数字签名、随机数的生成等。安全通信组件负责与安全相关的信息在系统之间的传输。

两类组件有明显的差别，系统安全组件属于安全机制和安全技术范畴，强调的是安全功能，可以应用在通信的各层，甚至在通信以外的领域也是有用的。而安全通信组件则相反，它是特定通信协议（如 OSI 高层协议）的一部分，但不限定采用哪种安全机制或技术。

两类组件还区分了安全功能和通信功能，这有利于协议的实现。一组系统安全组件可以实现成一个安全模块。例如，可信软件子系统、防窜扰硬件模块，它们可以应用于各种通信和其他环境。因此，可以从系统安全组件和安全通信组件之间的区分着手实现标准的安全应用程序接口（API）。

### 2. 安全交换和安全变换

高层安全模型引入了两个重要的概念：安全交换和安全变换，这为安全协议构建工具和协议组件的设计铺平了道路。这两个概念反映了安全协议所需的两类不同的行为。

第一类行为是在安全机制的直接支持下，系统间交换的协议数据项的生成和处理。例如，交换识别数据（用于实体识别目标）、交换密钥数据（支撑机密性和完整性目标），或者是交换访问控制证书。它们传递的准确信息与机制有关，但协议构造方法可以与机制无关。安全交换概念指的是这一类行为。

第二类行为是用户数据在通信之前，要先进行一些变换，如加密、填充、数字签名等。这类行为更多的是对应用的另一组件的数据进行处理而不是生成特定的安全信息。安全变换概念是指这类行为。

系统安全组件通常完成安全变换的功能，安全通信组件通常完成安全交换的功能。图 2.8 所示表明了系统安全组件和安全通信组件这两个体系结构概念之间的关系。在实现系统间安全通信的情况下，系统安全组件是协议信息的源方和收方；在实现用户间安全通信的情况下，系统安全组件不是信息的源方和收方，而是对数据进行处理，如加密或脱密。

通用高层安全标准（GULS）广泛地使用这些概念来定义通用安全协议构建工具（ISO/IEC 11586）。与安全交换和安全变换相关的工具分别见 2.4.2 小节和 2.4.3 小节。

### 3. 安全关联

两个（或多个）系统实体之间，在进行相关的安全处理之前需要进行握手交换，使得它们之间共同维护着一些规则、状态信息（如实体 ID、选用的算法、密钥及其他参数）等属性，就称它们之间有安全关联。安全关联使得能对一系列后续数据传输提供连贯一致的保护。事实上，无论是在通信的低层协议还是在高层协议中都有安全关联的概念。

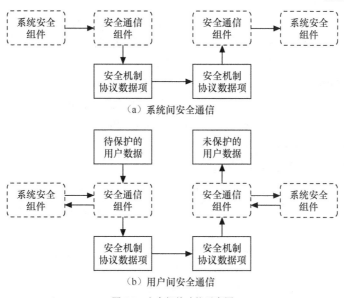

图 2.8　安全组件功能示意图

安全关联可以体现为一个应用的直接握手协商的情况，也可体现为其他类型的 ASO 关联或低层的关联。

**4. 建立关联时的识别**

关联控制服务元素（ACSE）的标准是 ISO/IEC 8649 和 ISO/IEC 8650，是实现应用关联的建立和终止的 ASE，它定义了一组应用 PDU，在建立/终止表示连接的同时建立/终止应用关联。

建立关联时，通过几次信息交换主要为两端的应用实体提供身份识别信息，同时也提供密钥共享和访问控制等安全信息。这种信息交换是一种特殊的安全交换。

关联建立 PDU 包括下列字段。

（1）识别机制名称：识别机制的标识符，应由某个组织登记和指定。

（2）识别值：属于某个 ASN.1 类型；识别机制名称字段决定了识别机制，而识别机制决定了识别值的类型。

ACSE 识别本身很好地说明了系统安全组件和安全通信组件之间的区别。识别值由系统安全组件生成，而识别值和相应的识别机制名称怎样填入 PDU，接收者怎样分析和提取这些字段则由安全通信组件来完成。安全通信组件是 ACSE 的通信协议栈的一部分，而系统安全组件则不是。ACSE 标准没有指定具体的识别机制，它给出一个"协议桶"，可以选用其中的一种。

具体机制的定义由 OSI（原 OSE）实现工作组（OIW）完成。其中有一种非常有用，它参考目录协议的实体识别交换、使用口令、口令变换、公钥技术等，可以进行单方识别或相互识别。OIW 给 OIW 机制分配了标识符。

## 2.4.2　安全交换

安全交换概念也用到了协议桶方法，这使通信协议的设计不依赖于安全机制，而带有安全机制的通信协议是在实现了具体的安全机制后自动生成的。安全交换方面的工作由通用高层安全标准（GULS）ISO/IEC 11586 完成，它提供描述安全交换的 ASE 的方法。安全交换是两个系统间传输的一系列与安全相关的信息，假设把这两个系统称为 A 和 B，A 先向 B 发出初始信息，后面可能跟随着一系列信息项，直到一个交换结束标志出现。通常，一次安全交换包括两个方向上的信息传输，但这没有严格的限制。

### 1. 安全交换的描述

一个安全交换规范由安全机制设计者来形成，最理想的情况是，规范应适用于不同应用和各种网络环境（如 OSI、Internet 以及各种私有体系结构等）。

一个安全交换规范应包括以下几项。

（1）说明交换的信息项的数据类型。

（2）说明进行到交换的哪个阶段，在哪个方向，应该传输什么信息。

（3）说明在什么情况下可认定发生了错误，发生错误时向对方发出的错误指示是什么类型。

（4）该类型的安全交换的全局唯一标识符，标明协议中使用了该类型的安全交换。

（5）安全交换的目的和结果的含义（即安全交换的语义）。

对（1）、（3）、（4）可以用描述工具来实现支持安全交换的通信协议的自动生成，ASN.1 支持模块化协议创建的特性，能很好地实现这一点。要完成整个规范，还必须描述（2）和（5），但这无法由标准化的工具来完成。

安全交换规范使用的表示法是信息对象描述法，1993 年它成为 ASN.1 标准（ISO/IEC 8824-2）以取代较早的宏表示法。GULS 为安全交换定义了一个信息对象类，它相当于一张表的列指标。特定的安全交换就是在表中的一行里填上具体的值，其中包括该安全交换的 ASN.1 标识符。

### 2. 安全交换服务元素

安全交换服务元素（SESE）是 ISO/IEC 11586 的一部分，它定义了安全交换中传输的协议数据项的抽象语法的一般形式，它包括用于传递安全交换数据和错误指示的 PDU。

精确的抽象语法定义由一般性定义和特定协议支持的具体安全交换的定义组合来完成。如果具体安全交换采用上述的标准信息对象类的定义，那么组合过程就可以自动完成。

## 2.4.3 安全变换

安全变换的作用和安全交换不同，不过它们的模块定义方法相似。填充、加密、签名、完整性校验值和完整性序列号等的各种变体和组合，可实现各种安全变换。GULS 定义了必不可少的通信协议组件，它允许任何人说明和注册安全变换，由定义的组件来自动生成这些安全变换。

在编码系统里要把信息项编成比特流，而在译码系统里要从比特流把信息恢复出来，安全变换是这些处理过程的一部分。典型的情况是，编码系统是通信中的发送方，译码系统是接收方。不过，安全变换不局限于通信环境，也可以用来保护存储的数据。用表示层的术语来说，表示信息的比特流称为传输语法。当用了安全变换时，传输语法称为保护性传输语法。

在发送方，安全变换有个编码过程；在接收方，有个译码过程。生成和解释保护性传输语法的完整过程如图 2.9 所示。

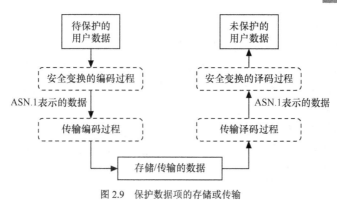

图 2.9　保护数据项的存储或传输

未保护数据项可能是某种 ASN.1 抽象语法，也可能是任意的比特流。如果是 ASN.1 值，在安全变换之前需要一些额外处理将它变为比特流。

在安全变换进行编码、译码的过程中，编码把比特流变换成 ASN.1 表示的值，所用的过程在安全变换中规定，典型情况是加密、签名或生成完整性校验值；在译码的时候，进行相反的过程，典型情况是解密、验证签名或验证完整性。传输编码将变换后数据项再编码成适用于传输的比特流，译码过程进行相反的操作，这可能是外层 ASN.1 结构的编码/译码的一部分，例如，把所使用的变换的标识符和参数等信息附在变换后数据项之后。

### 1. 安全关联的作用

有时需要对某个方向上的一系列数据值进行相同的安全变换，以提供同类的保护。这些表示数据值在时间上不一定相邻，可能还间隔着其他表示数据值，但它们在逻辑上是一个序列，这时有必要对整个序列保留一些属性值（如密钥）和动态状态信息（如完整性序列号和密码链接值）。这样的一系列表示数据值就是一个安全关联。

安全关联有各种类型。

（1）外部安全关联：在其他外部过程（比如单独的一个应用层协议交换）建立的安全关联，它分配有标识符，可以附在表示数据值的后面。

（2）显式（单项）安全关联：它只用于单个独立的嵌入式表示数据值，不用协商表示上下文。描述编码/译码过程的信息（像安全变换的标识符）显式地随编码后的表示数据值一同传输。

（3）显式（表示上下文）安全关联：它一一对应于协商好的表示上下文。描述编码/译码过程的信息（像安全变换的标识符）显式地随第一个编码后的表示数据值一同传输。

### 2. 变换参数

使用安全变换时，编码方和译码方必须就各个参数达成一致，传输语法协议应该实现这一点。参数有两类：静态参数和动态参数。

（1）静态参数在安全关联内的第一个表示数据值被传输之前，已经被确定，这些参数值在整个安全关联内保持不变，如算法标识符、系统身份等。

（2）动态参数在安全关联内可能改变，如密钥标识符，它在超过生存期后要更换。某些参数可以不加保护地传输，有些参数的传输则要求机密性或完整性保护。

### 3. 通用保护性传输语法

GULS 提出一个框架，它和具体安全变换的规范组合起来就得到支持该安全变换的保护性传输语法的完整规范。

保护性传输语法提供表示下列信息项的标准方法。

（1）变换后数据项，这是对未保护数据项的比特流表示进行安全变换的结果。

（2）受保护的安全变换参数。由于这些参数受到安全变换的内部保护，它们隐藏在（1）的输出中，在传输语法中看不见。

（3）未保护的安全变换参数传输语法显式地包含这些信息。

（4）引用或建立安全关联的信息，例如，外部建立的安全关联的标识符，或显式地指明所需的属性值（包括用哪种安全变换）。

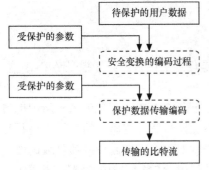

图 2.10 构造保护性传输语法的过程

图 2.10 所示为在编码方生成保护性传输语法表示时需要的操作过程（译码方的操作依此类推）。

保护性传输语法定义了表示协议携带的比特流的格式，根据安全关联的类型和是否使用表示上下文，这种格式有多种变体。由于表示上下文内的所有表示数据值都受到同一安全关联的保护，所以只有头一个表示数据值需要指出所用的安全关联（在外部定义的情况）或安全变换（显式说明的情况），以及静态参数值，后面的表示数据值只需携带更改的动态参数即可。对于显式（单项）安全关联，需携带的字段和保护性表示上下文中的头一个表示数据值携带的字段一样。

**4. 安全变换的描述**

定义安全变换的过程和定义安全交换很相似。安全变换的规范由机制设计者定义，最理想的情况是它应该适用于各种应用和各种通信/存储环境（OSI 的和非 OSI 的）。

安全变换的描述包括以下几点。

（1）说明安全变换所用的编码和译码过程。

（2）列出编码和译码过程需要的本地输入。

（3）说明编码过程输出的变换后数据项的数据类型（译码过程的输入类型）。

（4）说明需要传的所有静态/动态参数的数据类型和语义（包括受保护和未保护参数）。

（5）该类安全变换的全局唯一的标识符，以标明保护性传输语法中使用了该类型的安全变换。

（6）说明译码过程中，认定错误发生的条件。

对（3）、（4）和（5），可以用 ASN.1 工具，同安全交换描述一样，这里使用的表示法也是信息对象描述法。

**5. 确定性编码规则的作用**

在加密或签名变换前先用 ASN.1 编码规则生成比特流可能会带来问题。

有些 ASN.1 编码规则，特别是最初的基本编码规则（BER），对任意 ASN.1 值的输入，产生的输出并不是唯一的。编码者对各种选项做出选择，会导致不同的结果。例如：

（1）选择定长或不定长编码。

（2）对串类型选择构造形式或原语形式编码。

（3）集合类型内各元素的排列次序。

（4）整数编码时是否保留冗余的高位。

抽象语法值 $v$ 有比特流表示 $r_1$、$r_2$、$r_3$……而且编码结果经过转发系统时可能会被重新译码、编码，最终的接收者收到的可能和开始的比特流表示不同。如果没有封装或签名，对接收者不会有任何问题，因为无论是用什么编码规则，接收者总能从各种表示中正确地恢复出 $v$ 来，但如果 $v$ 的表示用于生成封装或签名，就会有问题。举个例子，设 $v$ 是系统 A 发给系统 B 的消息，有一个字段 $s$，是用 $v$ 的表示计算的封装或签名。系统 A 随便用一种表示 $n$ 来生成 $s$，系统 B 无法验证封装或签名，因为它不知道用哪个表示 $n$ 来生成 $s$。即使 $v$ 和 $s$ 一起传输，$v$ 的表示在传输过程中也可能被重新译码、编码，接收者收到的表示已经与计算 $s$ 用的 $r_i$ 不同。要避免这个问题，需要有一个编码规则，它对任意的抽象语法值 $v$ 产生唯一的表示 $r$。为此，制定了确定性编码规则（1SO/IEC 8825-3）。该标准定义了两套编码规则集，即特殊编码规则（DER）和普通编码规则（CER），它们都是对基本编码规则的选项做出具体规定而得到的。

**6. 协议字段的安全绑定**

在很多情况下，需要将两段协议数据安全地捆绑在一起，如访问请求和访问控制证书或令牌的捆绑，用户数据和安全标签的捆绑。它们可能来自不同的 ASE，因而具有不同的抽象语法，通过安全变换加上表示数据值的嵌入可以实现这个目的。

图 2.11 所示表示把表示数据值 B 嵌入到表示数据值 A 里，其编码过程中，对表示数据值 A 进行安全变换，如加密或签名，那么表示数据值 A 和 B 就被安全地捆绑在一起。

图 2.11　嵌入式表示数据值

例如，表示数据值 B 是包含访问请求的 PDU，像数据库查询或网络管理命令。A 包含访问控制证书，它们通过加密捆绑在一起。这里可能要用到安全交换和安全交换服务元素（SESE），通过一次安全交换来获得一个捆绑访问控制证书，也就是表示数据值 A。根据应用上下文规则，通过 ASE 和 SESE 的组合，任何 ASE 的 PDU 都可以捆绑一个访问控制证书。

# 2.5　组织体系结构与管理体系结构

## 2.5.1　组织体系结构

组织体系结构是信息安全的组织保障系统，由管理机构、岗位和人事机构 3 个模块组成。

图 2.12　管理机构示意图

管理机构的设置分为 3 个层次，即决策层、管理层和执行层，如图 2.12 所示。决策层是信息系统主体单位决定信息安全重大事项的领导机构，通常由单位主管信息系统的负责人负责，由行使国家安全、公安、机要和保密等职能的部门负责人和信息系统主要负责人参加组成。管理层是决策的日常机关，根据决策机构的决定全面规划和协调各方面的力量，实施信息系统的安全方案，制定、修改安全策略，处理安全事故，设置安全岗位。执行层是在管理层的协调下具体负责某一个或几个特定安全事务的群体，负责具体事务的操作和落实。

岗位是由安全管理机构的决策层或管理层根据系统的安全需要设定的，负责某一个或几个特定安全事务的职位。岗位在信息系统内部通常按照行政关系分为若干种类和若干层次。一个人可能担任一个岗位职责或兼任多个岗位职责。因此，岗位并不是一个机构，它由安全管理机构设定，由人事机构管理。

人事机构是一种特殊管理岗位，是对所有岗位上的雇员进行素质教育、业绩考核和安全监管的机构。人事机构的全部管理活动在国家有关安全的法律、法规、政策规定范围内依法进行。

### 2.5.2 管理体系结构

管理是信息系统安全的灵魂。信息系统安全的管理体系由法律管理、制度管理和培训管理 3 部分组成。

法律管理是根据相关的国家法律、法规对信息系统主体及其与外界关联行为的规范和约束。法律管理具有对信息系统主体行为的强制性约束力，并且有明确的管理层次性。与安全有关的法律法规是信息系统安全的最高行为准则。

制度管理是信息系统内部依系统必要的国家、团体的安全需求制定的一系列内部规章制度，主要内容包括安全管理和执行机构的行为规范、岗位设定及其操作规范、岗位人员的素质要求及行为规范、内部关系与外部关系的行为规范等。制度管理是法律管理的形式化、具体化，是法律、法规与管理对象的接口。

培训管理是确保信息系统安全的前提。培训管理的内容包括法律法规培训、内部制度培训、岗位操作培训、普遍安全意识和与岗位相关的重点安全意识相结合的培训、业务素质与技能技巧培训等。培训的对象不仅是从事安全管理和业务的人员，还几乎包括信息系统有关的所有人员。

## 小　结

本章围绕在特定环境下的安全目标和采用的安全机制，介绍了两类最有影响的安全体系结构：一个是开放系统互连（OSI）体系结构，它描述了一种网络通信平台的技术安全体系；一个是 OSI 的高层安全协议模型，它描述了一种应用平台技术安全体系。而对于物理环境安全体系和计算机系统平台安全体系只进行了简要介绍，因为组织体系结构和管理体系结构与技术体系紧密关联，所以本章还对其要素进行了介绍。

本章介绍的安全体系结构是为建立一些信息安全的基本概念，关于体系结构的知识是本书贯穿始终的主线。后续章节介绍操作系统、数据库系统时，实际上是重点介绍计算机系统平台安全体系，而在讲述 IPSec 内容时，实际上是描述了一种网络层（IP 层）的安全体系结构。

## 习　题　2

1. ISO/IEC 7498-2 中定义的 14 种安全服务指的是哪些内容？
2. 叙述 OSI 高层安全模型中的安全交换与安全变换的定义。

3．安全关联的作用是什么？

4．本章所述的安全机制可分为哪几种？

5．什么是数字签名？它可提供哪些服务？你知道一种具体的数字签名机制的名字吗？

6．组织机构由哪几部分组成？

7．为什么说管理是信息安全的灵魂？你认为"三分技术，七分管理"对吗？

8．FTP 是一个应用层的文件传输协议。请画出与图 2.6 对应的 FTP 应用层结构图，并对相关元素进行解释。

# 第 3 章

# 数 据 加 密

本章介绍密码学的基本概念，特别是一些重要数据加密算法的概念以及这些算法在信息安全中的作用。

## 3.1 数据加密模型与安全性

经典密码学是指秘密书写的科学。密码（Cipher）是一种秘密书写的方法。把明文（Plaintext）变换为密文（Ciphertext）或密报（Cryptograph），这种变换称为加密（Encipherment或 Encryption）。而将密文变换为明文的过程称为脱密（Decipherment 或 Decryption）。加密和脱密都要通过密钥（Key）的控制。加密/脱密示意图如图 3.1 所示。

密码学起源于研究加密算法，保护数据的机密性。但是随着密码理论和技术的发展，密码算法还用于信息完整性鉴别、身份识别和数字签名等。密码学从研究对象角度可分为密码设计（Cryptography）和密码分析（Cryptanalysis）两个分支，分别研究密码的编制和破译问题。

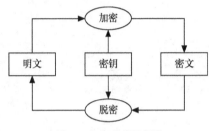

图 3.1 加密/脱密示意图

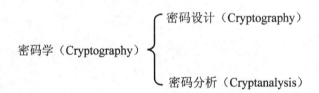

$$\text{密码学（Cryptography）}\begin{cases}\text{密码设计（Cryptography）}\\[2em]\text{密码分析（Cryptanalysis）}\end{cases}$$

### 3.1.1 数据加密模型

密码设计学研究密码编码（也称为加密）、译码（也称为脱密）的理论和算法。为了对密码学有一个稍微具体的了解，先介绍对称加密系统的概念。

对称加密系统主要是对信息提供机密性（secrecy）保护，防止敌手在信道上进行窃听后产生的泄密。

**定义 3.1** 一个对称加密系统（Cryptosystem）CS，是一个五元集合 $CS=\{M,C,K,e,d\}$，其中，

- 明文消息空间 $M=\{m\}$，表示明文消息的集合；
- 密文消息空间 $C=\{c\}$，表示密文消息的集合；
- 密钥空间 $K=\{k\}$，表示密钥的集合；
- 加密变换 $e$，表示一个确定的映射；

有
$$e : K \times M \to C$$
$$(k, m) \mapsto c$$

- 脱密变换 $d$，表示一个确定的映射，有
$$d : K \times C \to M$$
$$(k, c) \mapsto m$$

它满足下列条件：对于给定的密钥 $k$，均有
$$d(k, e(k, m)) = m, \qquad \forall m \in M$$

对给定的密钥 $k$，由 $e$ 和 $d$ 诱导下列两个变换：
$$e_k : M \to C$$
$$m \mapsto e(k, m)$$

$$d_k : C \to M$$
$$c \mapsto d(k, c)$$

也称为加密/脱密变换。这时，定义 3.1 所满足的条件可以记为 $d_k(e_k(m)) = m$（$\forall m \in M$）。

实用的加密系统在技术角度上还需要满足下列三个要求。

（1）加密/脱密变换 $e$、$d$ 对所有密钥 $k$ 都有效，不应出现无法计算的情形。

（2）加密系统应易于实现。对任意给定的密钥 $k$，有高效的加密/脱密计算方法。

（3）加密系统的安全性仅依赖于密钥 $k$ 的保密，而不依赖于算法 $e$ 和 $d$ 的保密。

加密算法是一种能够保护信息的机密性的密码算法。这种加密系统的典型使用环境是，有通信的发起者 Alice 和通信的接收者 Bob，还有一个称为敌手的窃听者或破坏者 Oscar。假设 Alice 想发给 Bob 一个消息，Alice 和 Bob 需要事先共享一个密钥 $k$，然后 Alice 用该密钥加密明文消息 $m$，得到密文消息 $c$；Alice 把该密文发给 Bob。Bob 首先接受密文消息 $c$；然后他利用相同的密钥脱密密文 $c$，得到明文 $m$。参考模型如图 3.2 所示。

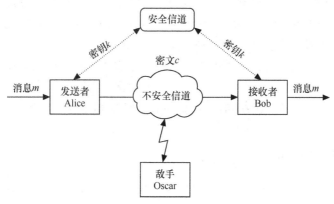

图 3.2　加密系统参考模型

图中，敌手 Oscar 可能进行窃听、破译等攻击。这对加密算法提出了强度上的要求。

容易看出，如果 Oscar 拥有了密钥，他可以实现任何想进行的攻击。在对称加密系统中，

密钥的管理扮演着非常重要的角色。

构造一种好的密码算法并不容易，它要求算法在抗攻击强度、运算效率、系统开销、功能特点等方面都好才行。

### 3.1.2　分析模型

密码分析也被称为破译，有下列几种基本方法。

（1）唯密文攻击（Ciphertext Only Attack）：已知加密方法、明文语言和可能内容，从密文求出密钥或明文。

（2）已知明文攻击（Know-plaintext Attack）：已知加密方法和部分明密对，从密文求出密钥或明文。

（3）选择明文攻击（Chose-plaintext Attack）：已知加密方法，而且破译者可以把任意（或相当数量）的明文加密为密文，求密钥。这是最强有力的分析方法。

（4）选择密文攻击（Chose-ciphertext Attack）：已知加密方法，而且破译者可以把任意（或相当数量）的密文脱密为明文，求密钥。对于对称加密算法来说和选择明文攻击类似，也是一种最强有力的分析方法。

对于一个加密系统，如果无论有多少密文或明密对都得不到任何关于明文或密钥的信息，则称为绝对安全的（Unconditioned Secure）。Shannon 证明了一种称为一步一密的加密系统是绝对安全的。然而，绝对安全的加密系统经常给密钥管理带来非常大的压力。现在主流的编码思想是寻找密钥管理简单，且破译者利用现有资源无法在预定的时间内破译的密码编码方法，这就是计算上安全（Computationally Secure）的加密算法。

## 3.2　对称加密算法

对称加密算法又称为传统密码算法，其主要特征是加密算法与脱密算法所使用的密钥是相同的，或者从一个容易推出另一个。对称加密算法可用于保护数据的机密性。对称加密算法在最近半个多世纪的研究中得到了迅猛发展，有很多成熟的算法可供选择，具有代表性意义的算法有两类：一类是分组密码算法，一类是序列密码算法。分组密码算法是把明文、密文分成等长的组，然后对这些等长的组进行变换，把明文变为密文，把密文变为明文。而序列密码算法则是通过算法把密钥 k 扩展为与明文或密文相一致的子密钥序列，然后明文与密文通过与该子密钥序列按位模 2 相加，把明文变为密文，把密文变为明文。

本节重点介绍有代表性的分组密码算法 DES、AES 和序列密码算法 A5，对其他相关算法仅简要介绍。

### 3.2.1　分组密码算法 DES

DES 的明文长度是 64 bit，密钥长度为 56 bit，加密后的密文长度也是 64 bit。实际中的明文未必恰好是 64 bit，因此要经过分组和填充把它们对齐为若干个 64 bit 的分组，然后逐组进行加密处理。脱密过程则相反，它首先按照分组进行脱密，然后去除填充信息并进行合并链接。

DES 的主体运算由初始置换和 Feistel 网络组成。DES 算法总体流程如图 3.3 所示。

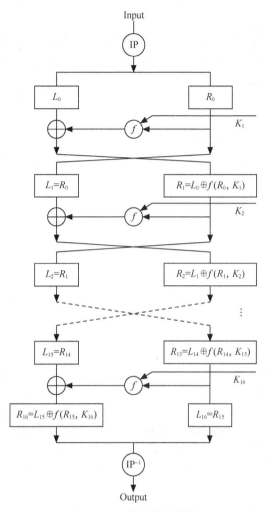

图 3.3 DES 算法总体流程图

其中，IP 是 64 bit 的位置置换，$L_i$、$R_i$ 均为 32 bit，$K_i$ 为 48 bit 的子密钥。经过 16 层变换把明文（图中的 Input）变换为密文（图中的 Output）。此外，密钥扩展运算把 56 bit 的种子密钥扩展为 16 个 48 bit 的子密钥。下面分别介绍初始置换、圈函数、密钥扩展和脱密。

**1. 初始置换 IP**

IP 是 64 bit 的位置置换，如表 3.1 所示。它表示把第 58 bit（$t_{58}$）换到第 1 个 bit 位置，把第 50 bit（$t_{50}$）换到第 2 个 bit 位置……把第 7 bit（$t_7$）换到第 64 个 bit 位置。IP 及它的逆置换 $IP^{-1}$ 如图 3.4 所示。

表 3.1 初始置换

| IP | | | | | | | | | | | | | | | |
|---|---|---|---|---|---|---|---|---|---|---|---|---|---|---|---|
| 58 | 50 | 42 | 34 | 26 | 18 | 10 | 2 | 60 | 52 | 44 | 36 | 28 | 20 | 12 | 4 |
| 62 | 54 | 46 | 38 | 30 | 22 | 14 | 6 | 64 | 56 | 48 | 40 | 32 | 24 | 16 | 8 |
| 57 | 49 | 41 | 33 | 25 | 17 | 9 | 1 | 59 | 51 | 43 | 35 | 27 | 19 | 11 | 3 |
| 61 | 53 | 45 | 37 | 29 | 21 | 13 | 5 | 63 | 55 | 47 | 39 | 31 | 23 | 15 | 7 |

### 2. 圈函数

圈函数由规则 $L_i=R_{i-1}$，$R_i=L_{i-1}\oplus f(R_{i-1}$，$K_i)$ 给出，原理如图 3.5 所示。其中关键的运算扩展变换 E 把 32 bit 的数扩展为 48 bit 的数，而 S-盒代替则把 48 bit 的数压缩为 32 bit 的数，P-盒置换是 32 bit 的位置置换。

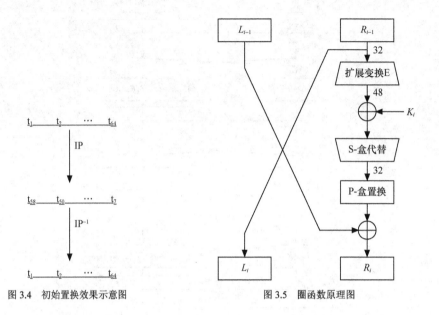

图 3.4 初始置换效果示意图　　　　　　　　图 3.5 圈函数原理图

（1）E 变换：由输入 32 bit 的数按照图 3.6 所示的方法进行扩展，其中有 16 bit 出现两次。具体地说，输出的前 6 bit 顺次是输入的第 32、1、2、3、4、5 bit，输出的第二个 6 bit 顺次是输入的第 4、5、6、7、8、9 bit……输出的第 8 个 6 bit 顺次是输入的第 28、29、30、31、32、1 bit。

（2）S-盒：把 48 bit 的数分成 8 个 6 bit 的数，每个 6 bit 插一个 S-盒得到 4 bit 的输出，如图 3.7 所示。

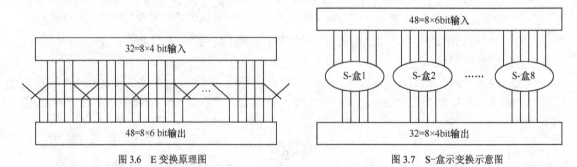

图 3.6 E 变换原理图　　　　　　　　　图 3.7 S-盒示变换示意图

S-盒相当于一张 64 个 4 位数的表，8 个 S-盒的内容如表 3.2 所示。把 S-盒看成一个 4×16 的矩阵 $\boldsymbol{S}=(s_{tj})$，其元素取整数值 0～15。给定 6 bit 输入 $x=x_1x_2x_3x_4x_5x_6$，令 $i=x_1x_6+1$，$j=x_2x_3x_4x_5+1$，则 $y=s_{tj}$ 即为对应的输出。

表 3.2         8 个 S-盒的内容

| | | | | | | | | $S_1$ | | | | | | | |
|---|---|---|---|---|---|---|---|---|---|---|---|---|---|---|---|
| 14 | 4 | 13 | 1 | 2 | 15 | 11 | 8 | 3 | 10 | 6 | 12 | 5 | 9 | 0 | 7 |
| 0 | 15 | 7 | 4 | 14 | 2 | 13 | 1 | 10 | 6 | 12 | 11 | 9 | 5 | 3 | 8 |
| 4 | 1 | 14 | 8 | 13 | 6 | 2 | 11 | 15 | 12 | 9 | 7 | 3 | 10 | 5 | 0 |
| 15 | 12 | 8 | 2 | 4 | 9 | 1 | 7 | 5 | 11 | 3 | 15 | 10 | 0 | 6 | 13 |

| | | | | | | | | $S_2$ | | | | | | | |
|---|---|---|---|---|---|---|---|---|---|---|---|---|---|---|---|
| 15 | 1 | 8 | 14 | 6 | 11 | 3 | 4 | 9 | 7 | 2 | 13 | 12 | 0 | 5 | 10 |
| 3 | 13 | 4 | 7 | 15 | 2 | 8 | 14 | 12 | 0 | 1 | 10 | 6 | 9 | 11 | 5 |
| 0 | 14 | 7 | 11 | 10 | 4 | 13 | 1 | 5 | 8 | 12 | 6 | 9 | 3 | 2 | 15 |
| 13 | 8 | 10 | 1 | 3 | 15 | 4 | 2 | 11 | 6 | 7 | 12 | 0 | 5 | 14 | 9 |

| | | | | | | | | $S_3$ | | | | | | | |
|---|---|---|---|---|---|---|---|---|---|---|---|---|---|---|---|
| 10 | 0 | 9 | 14 | 6 | 3 | 15 | 5 | 1 | 13 | 12 | 7 | 11 | 4 | 2 | 8 |
| 13 | 7 | 0 | 9 | 3 | 4 | 6 | 10 | 2 | 8 | 5 | 14 | 12 | 11 | 15 | 1 |
| 13 | 6 | 4 | 9 | 8 | 15 | 3 | 0 | 11 | 1 | 2 | 12 | 5 | 10 | 14 | 7 |
| 1 | 10 | 13 | 0 | 6 | 9 | 8 | 7 | 4 | 15 | 14 | 3 | 11 | 5 | 2 | 12 |

| | | | | | | | | $S_4$ | | | | | | | |
|---|---|---|---|---|---|---|---|---|---|---|---|---|---|---|---|
| 7 | 13 | 14 | 3 | 0 | 6 | 9 | 10 | 1 | 2 | 8 | 5 | 11 | 12 | 4 | 15 |
| 13 | 8 | 11 | 5 | 6 | 15 | 0 | 3 | 4 | 7 | 2 | 12 | 1 | 10 | 14 | 9 |
| 10 | 6 | 9 | 0 | 12 | 11 | 7 | 13 | 15 | 1 | 3 | 14 | 5 | 2 | 8 | 4 |
| 3 | 15 | 0 | 6 | 10 | 1 | 13 | 8 | 9 | 4 | 5 | 11 | 12 | 7 | 2 | 14 |

| | | | | | | | | $S_5$ | | | | | | | |
|---|---|---|---|---|---|---|---|---|---|---|---|---|---|---|---|
| 2 | 12 | 4 | 1 | 7 | 10 | 11 | 6 | 8 | 5 | 3 | 15 | 13 | 0 | 14 | 9 |
| 14 | 11 | 2 | 12 | 4 | 7 | 13 | 1 | 5 | 0 | 15 | 10 | 3 | 9 | 8 | 6 |
| 4 | 2 | 1 | 11 | 10 | 13 | 7 | 8 | 15 | 9 | 12 | 5 | 6 | 3 | 0 | 14 |
| 11 | 8 | 12 | 7 | 1 | 14 | 2 | 13 | 6 | 15 | 0 | 9 | 10 | 4 | 5 | 3 |

| | | | | | | | | $S_6$ | | | | | | | |
|---|---|---|---|---|---|---|---|---|---|---|---|---|---|---|---|
| 12 | 1 | 10 | 15 | 9 | 2 | 6 | 8 | 0 | 13 | 3 | 4 | 14 | 7 | 5 | 11 |
| 10 | 15 | 4 | 2 | 7 | 12 | 9 | 5 | 6 | 1 | 13 | 14 | 0 | 11 | 3 | 8 |
| 9 | 14 | 15 | 5 | 2 | 8 | 12 | 3 | 7 | 0 | 4 | 10 | 1 | 13 | 11 | 6 |
| 4 | 3 | 2 | 12 | 9 | 5 | 15 | 10 | 11 | 14 | 1 | 7 | 6 | 0 | 8 | 13 |

| | | | | | | | | $S_7$ | | | | | | | |
|---|---|---|---|---|---|---|---|---|---|---|---|---|---|---|---|
| 4 | 11 | 2 | 14 | 15 | 0 | 8 | 13 | 3 | 12 | 9 | 7 | 5 | 10 | 6 | 1 |
| 13 | 0 | 11 | 7 | 4 | 9 | 1 | 10 | 14 | 3 | 5 | 12 | 2 | 15 | 8 | 6 |
| 1 | 4 | 11 | 13 | 12 | 3 | 7 | 14 | 10 | 15 | 6 | 8 | 0 | 5 | 9 | 2 |
| 6 | 11 | 13 | 8 | 1 | 4 | 10 | 7 | 9 | 5 | 0 | 15 | 14 | 2 | 3 | 12 |

| | | | | | | | | $S_8$ | | | | | | | |
|---|---|---|---|---|---|---|---|---|---|---|---|---|---|---|---|
| 13 | 2 | 8 | 4 | 6 | 15 | 11 | 1 | 10 | 9 | 3 | 14 | 5 | 0 | 12 | 7 |
| 1 | 15 | 13 | 8 | 10 | 3 | 7 | 4 | 12 | 5 | 6 | 11 | 0 | 14 | 9 | 2 |
| 7 | 11 | 4 | 1 | 9 | 12 | 14 | 2 | 0 | 6 | 10 | 13 | 15 | 3 | 5 | 8 |
| 2 | 1 | 14 | 7 | 4 | 10 | 8 | 13 | 15 | 12 | 9 | 0 | 3 | 5 | 6 | 11 |

（3）P-盒：是 32 bit 的位置置换，用法和 IP 类似，数据如表 3.3 所示。

**表 3.3**                  **P-盒**

| P-盒 | | | | | | | | | | | | | | | |
|---|---|---|---|---|---|---|---|---|---|---|---|---|---|---|---|
| 16 | 7 | 20 | 21 | 29 | 12 | 28 | 17 | 1 | 15 | 23 | 26 | 5 | 18 | 31 | 10 |
| 2 | 8 | 24 | 14 | 32 | 27 | 3 | 9 | 19 | 13 | 30 | 6 | 22 | 11 | 4 | 25 |

### 3. 密钥扩展

DES 的密钥 $k$ 为 56 bit，使用中在每 7 bit 后添加一个奇偶校验位，扩充为 64 bit 的 $K$ 是为防止通信中出错的一种简单编码手段。56 bit 的密钥 $k$ 也称为种子密钥。

从 64 bit 的带校验位的密钥 $K$（本质上是 56 bit 密钥 $k$）中，生成 16 个 48 bit 的子密钥 $K_i$，用于 16 个圈函数中，其算法如图 3.8 所示。

其中，拣选变换 PC-1 表示从 64 bit 中选出 56 bit 的密钥 $k$ 并适当调整比特次序，拣选方法由表 3.4 给出。它表示选择第 57 bit 放到第 1 个 bit 位置，选择第 50 bit 放到第 2 个 bit 位置……选择第 7 bit 放到第 56 个 bit 位置。$C_i$ 与 $D_i$（$0 \leqslant i \leqslant 16$）表示 28 bit 的比特串。

与 PC-1 类似，PC-2 则是从 56 bit 中拣选出 48 bit 的变换，作用到由 $C_i$ 与 $D_i$ 毗连得到的比特串上。拣选方法由表 3.5 给出，使用方法和表 3.4 相同。

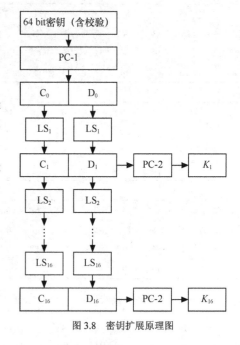

图 3.8 密钥扩展原理图

$LS_i$ 表示对 28 bit 串的循环左移：当 $i=1$、2、9、16 时，移一位；对其他 $i$，移两位。当 $1 \leqslant i \leqslant 16$ 时

$$C_i = LS_i(C_{i-1}), \quad D_i = LS_i(D_{i-1})$$

**表 3.4**                  **拣选变换 PC-1**

| PC-1 | | | | | | | | | | | | | | | |
|---|---|---|---|---|---|---|---|---|---|---|---|---|---|---|---|
| 57 | 49 | 41 | 33 | 25 | 17 | 9 | 1 | 58 | 50 | 42 | 34 | 26 | 18 | 10 | 2 |
| 59 | 51 | 43 | 35 | 27 | 19 | 11 | 3 | 60 | 52 | 44 | 36 | 63 | 55 | 47 | 39 |
| 31 | 23 | 15 | 7 | 62 | 54 | 46 | 38 | 30 | 22 | 14 | 6 | 61 | 53 | 45 | 37 |
| 29 | 21 | 13 | 5 | 28 | 20 | 12 | 4 | | | | | | | | |

**表 3.5**                  **拣选变换 PC-2**

| PC-2 | | | | | | | | | | | | | | | |
|---|---|---|---|---|---|---|---|---|---|---|---|---|---|---|---|
| 14 | 17 | 11 | 24 | 1 | 5 | 3 | 28 | 15 | 6 | 21 | 10 | 23 | 19 | 12 | 4 |
| 26 | 8 | 16 | 7 | 27 | 20 | 13 | 2 | 41 | 52 | 31 | 37 | 47 | 55 | 30 | 40 |
| 51 | 45 | 33 | 48 | 44 | 49 | 39 | 56 | 34 | 53 | 46 | 42 | 50 | 36 | 29 | 32 |

#### 4. 脱密

脱密是加密的逆变换。其运算与加密相似，但子密钥的选取次序正好与加密变换相反，$K_1^{\mathcal{C}} = K_{16}$，$K_2^{\mathcal{C}} = K_{15} \cdots\cdots K_{16}^{\mathcal{C}} = K_1$。

#### 5. DES 的安全性

DES 由 IBM 公司研制，美国国家标准与技术研究局 NIST（原国家标准局 NBS）颁布。因为它在商业系统中广泛采用，加上人们怀疑美国国家安全局 NSA 在 DES 中加入了陷门，引起各种研究机构和高校在 20 世纪 80～90 年代对该算法的极大研究兴趣。他们进行了大量的分析破译工作，其中一些重要结果和事件如下。

弱密钥：如果密钥分成的两部分（每部分 28 bit），分别都是全 **0** 或全 **1**，则任一周期（圈函数）中的子密钥将完全相同，这称为弱密钥。此外，如果扩展得到的圈密钥只有两种的种子密钥则称为半弱密钥。DES 算法存在弱密钥，可能是它的一个弱点。

补密钥：若用 $X'$ 表示 $X$ 的补，则 $e_k(P) = C \Leftrightarrow e_{k'}(P') = C'$。这可能是又一个弱点。

密钥长度：太小，IBM 公司建议用 112 bit。

差分密码分析：Eli.Biham 与 Adi.Shamir 于 1990 年提出差分密码分析方法，比穷举法更有效。

线性密码分析：Mitsuru.Matsui 于 1993 年提出线性密码分析方法。

20 世纪 90 年代 RSA 多次发起对 DES 的挑战（攻击）。1999 年使用一百多个 CPU，利用并行算法，用 23 小时左右成功破译。1999 年在互联网上，用分割密钥方法，成功破译。

应该注意到的一个事实是，DES 经过了可能是当今最多的分析或攻击，但未发现任何结构方面的漏洞。DES 算法最终之所以被破译的关键是密钥的长度问题，用当今计算机处理速度来看，对 56 bit 的密钥穷搜攻击是一件不太难的事。

因此后来人们提出的多数算法把密钥长度选到 80 bit、128 bit 甚至 256 bit 以上。高强度的算法还要求，没有比穷搜攻击更加有效的攻击方案。

### 3.2.2　三重 DES

DES 的最大缺陷是使用了短密钥。为了克服这个缺陷，Tuchman 于 1979 年提出了三重 DES，使用了 168 bit 的长密钥。1985 年三重 DES 成为金融应用标准（参见 ANSI X9.17），1999 年并入美国国家标准与技术研究局 NIST 的数据加密标准（参见 FIPS PUB 46-3）。

三重 DES，记为 TDES，使用 3 倍 DES 的密钥长度的密钥，执行 3 次 DES 算法，如果把密钥记为 $(k_1, k_2, k_3)$，则 TDES 的加密次序是

$$c = e_{k_3}(d_{k_2}(e_{k_1}(m)))$$

脱密次序为

$$m = d_{k_1}(e_{k_2}(d_{k_3}(c)))$$

这里，$m$ 是明文，$c$ 是密文，$e$ 和 $d$ 分别为 DES 的加/脱密算法。所用的加密次序主要是考虑到和已有系统的兼容。巧妙之处是，当取

$$k_1 = k_2 = k_3 = k$$

时，TDES 则退化成普通的 DES。

FIPS PUB 46-3 规定 TDES 的另一种使用方式是假定 $k_1 = k_3$，这时 TDES 可用于密钥长度是 112 bit 的数据加密。

因为 TDES 的基础算法是 DES，因此它和 DES 具有同类的结构。但是它的轮数由 DES 的 16 轮增加到了 48 轮，从而能更加有效地对抗差分密码分析和线性密码分析。同时，168 bit 的长密钥又能有效地抵抗穷搜攻击。目前还没有成功攻击 TDES 的有效算法。

### 3.2.3　分组密码算法 AES

尽管 TDES 在强度上满足了当时商用密码的要求，但随着计算速度的提高和密码分析技术的不断进步，造成了人们对 DES 和 TDES 的担心。DES 是针对集成电路实现设计的，对于在计算机系统和智能卡中的实现不大适合，限制着其应用范围。在 20 世纪 90 年代 NIST 通过详细论证最终发起了在全世界范围内征集 DES 替代算法标准的活动。其中的几个重要阶段如下所述。

1997 年 1 月，发起征集高级加密标准（AES）的活动。

1998 年 8 月，接受 15 个候选算法。

1999 年 8 月选出 5 个算法：MARS、RC6、Rijndael、Serpent、Twofish。

2000 年 10 月评选结束，宣布 Rijndael 最终获胜。

按照 AES 算法的设计要求，它应具有下列基本特点。

（1）可变密钥长为 128 bit、192 bit、256 bit 3 种。

（2）可变分组长为 128 bit、192 bit、256 bit 3 种。

（3）强度高，抗所有已知攻击。

（4）适合在 32 位机到 IC 卡上的实现，速度快、编码紧凑。

（5）设计简单。

下面对 AES 进行详细介绍。

**1. 数学基础**

（1）有限域 $GF(2^8)$

设 $F_2$ 是一个二元域 $F_2=\{0, 1\}$，令 $F[x]$ 是 $F_2$ 上的多项式环，故 $F[x]$ 中有乘法和加法两种运算并满足自然的运算规则。

设 $m(x)=x^8+x^4+x^3+x+1$（Rijndael 中 $m(x)$ 是取定的），则 $m(x)$ 是一个不可约多项式，从而 $F[x]/(m(x))$ 是一个域，即 $GF(2^8)$。因 $F[x]/(m(x))$ 可看成是次数不高于 7 次多项式的集合，故恰好与 8 位长的二进制数有一个一一对应关系：

$$f(x)=b_7x^7+\cdots+b_0 <===> f(2)=b_7\cdots b_0$$

故可把 $GF(2^8)$ 中元素看成 256 个字节，并赋予相应的运算。

**例 3.1**　求"57"+"83"和"57"·"83"的值。

解："57"的二进制表示为 **01010111**，对应的多项式为

$$f_1(x)=x^6+x^4+x^2+x+1$$

"83"的二进制表示为 **10000011**，对应的多项式为

$$f_2(x)=x^7+x+1$$

因为 $f_1(x)+f_2(x)=x^7+x^6+x^4+x^2$，对应的二进制表示为 **11010100**，所以

$$"57"+"83"="D4"$$

又

$$f_1(x) \cdot f_2(x) \equiv x^7+x^6+1 \pmod{m(x)}$$

对应的二进制表示为 **11000001**，所以

$$“57” \cdot “83” = “C1”$$

**注**：在 $GF(2^8)$ 求乘法的逆可用欧氏算法得之，比起前述加、乘运算稍微烦琐一些。

（2）环 $GF(2^8)[x]/(n(x))$ 中的"多项式"乘法

取定 $GF(2^8)[x]$ 中多项式 $n(x)$（Rijndael 中 $n(x)=x^4+1$），考虑模多项式 $n(x)$ 的乘法运算。

用类似于（1）中的办法，建立 $GF(2^8)[x]/(n(x))$ 中多项式与系数组成的 4 维向量的对应关系。$GF(2^8)[x]/(n(x))$ 中元与 4 字节的二进制数有一个一一对应关系。两个 4 字节的"数组"相乘得到 4 字节的"数组"。

给定 $a(x)=a_3x^3+\cdots+a_0$，$b(x)=b_3x^3+\cdots+b_0$，设
$$d(x)=a(x) \cdot b(x)= d_3x^3+\cdots+d_0$$
则其系数的计算公式为
$$d_0=a_0b_0+ a_3b_1+ a_2b_2+ a_1b_3$$
$$d_1=a_1b_0+ a_0 b_1+ a_3b_2+ a_2b_3$$
$$d_2=a_2b_0+ a_1b_1+ a_0b_2+ a_3b_3$$
$$d_4=a_3b_0+ a_2b_1+ a_1b_2+ a_0b_3$$
即
$$\begin{pmatrix} d_0 \\ d_1 \\ d_2 \\ d_3 \end{pmatrix} = \begin{pmatrix} a_0 & a_3 & a_2 & a_1 \\ a_1 & a_0 & a_3 & a_2 \\ a_2 & a_1 & a_0 & a_3 \\ a_3 & a_2 & a_1 & a_0 \end{pmatrix} \cdot \begin{pmatrix} b_0 \\ b_1 \\ b_2 \\ b_3 \end{pmatrix}$$

### 2. Rijndael 的状态、密钥和圈密钥

下面介绍状态、密钥和圈密钥的概念及它们的表示法。

状态：表示加密的中间结果，和明文（或密码）分组有相同的长度，用 $GF(2^8)$ 上的一个 $4 \times N_b$ 矩阵表示，显然 $N_b$ 等于分组长度/32。

密钥：用一个 $GF(2^8)$ 上的 $4 \times N_k$ 矩阵表示，$N_k$=密钥长/32。

圈数：表示下述圈变换重复执行的次数，用 $N_r$ 表示。

圈密钥：由（种子）密钥扩展得到每一圈需要的圈密钥，圈密钥与状态的规模一致，用 $GF(2^8)$ 上的 $4 \times N_b$ 矩阵表示。

如 $N_b$=6，$N_k$=4 时的状态矩阵表示为
$$S_l = \begin{pmatrix} a_{00} & a_{01} & a_{02} & a_{03} & a_{04} & a_{05} \\ a_{10} & a_{11} & a_{12} & a_{13} & a_{14} & a_{15} \\ a_{20} & a_{21} & a_{22} & a_{23} & a_{24} & a_{25} \\ a_{30} & a_{31} & a_{32} & a_{33} & a_{34} & a_{35} \end{pmatrix}$$

这里，$0 \leqslant l \leqslant N_r$。圈密钥矩阵表示为
$$K_l = \begin{pmatrix} k_{00} & k_{01} & k_{02} & k_{03} & k_{04} & k_{05} \\ k_{10} & k_{11} & k_{12} & k_{13} & k_{14} & k_{15} \\ k_{20} & k_{21} & k_{22} & k_{23} & k_{24} & k_{25} \\ k_{30} & k_{31} & k_{32} & k_{33} & k_{34} & k_{35} \end{pmatrix}$$

这里，$0 \leqslant l \leqslant N_r$。而密钥矩阵表示为

$$K = \begin{pmatrix} w_{00} & w_{01} & w_{02} & w_{03} \\ w_{10} & w_{11} & w_{12} & w_{13} \\ w_{20} & w_{21} & w_{22} & w_{23} \\ w_{30} & w_{31} & w_{32} & w_{33} \end{pmatrix}$$

它们按先列后行的顺序可映射为字节数组，如 $a_{00}\cdots a_{30}a_{01}\cdots a_{35}$，$k_{00}\cdots k_{30}k_{01}\cdots k_{33}$。从而把 $S_0$、$S_{Nr}$ 和 $K$ 分别对应成明文 $m$、密文 $c$ 和密钥 $k$。圈数 $N_r$ 与 $N_b$、$N_k$ 之间的关系如表3.6所示。

| 表3.6 | 圈数 $N_r$ 与 $N_b$、$N_k$ 之间的关系 | | |
|---|---|---|---|
| $N_r$ | $N_b$=4 | $N_b$=6 | $N_b$=8 |
| $N_k$=4 | 10 | 12 | 14 |
| $N_k$=6 | 12 | 12 | 14 |
| $N_k$=8 | 14 | 14 | 14 |

### 3. 圈变换

（1）字节代替（SubByte，每个状态字节独立进行）

字节代替分为下列两个步骤。

① 对初始状态（明文）中的每个非零字节在 $GF(2^8)$ 中取逆，而 **00** 映射到自身。

② 再经过 $GF(2)$ 中的仿射变换把上述代替后所得字节 $X=(y_0, y_1,\cdots, y_7)^{\mathrm{T}}$ 映射到 $Y=(y_0, y_1,\cdots, y_7)^{\mathrm{T}}$。

$$\begin{pmatrix} y_0 \\ y_1 \\ y_2 \\ y_3 \\ y_4 \\ y_5 \\ y_6 \\ y_7 \end{pmatrix} = \begin{pmatrix} 1 & 0 & 0 & 0 & 1 & 1 & 1 & 1 \\ 1 & 1 & 0 & 0 & 0 & 1 & 1 & 1 \\ 1 & 1 & 1 & 0 & 0 & 0 & 1 & 1 \\ 1 & 1 & 1 & 1 & 0 & 0 & 0 & 1 \\ 1 & 1 & 1 & 1 & 1 & 0 & 0 & 0 \\ 0 & 1 & 1 & 1 & 1 & 1 & 0 & 0 \\ 0 & 0 & 1 & 1 & 1 & 1 & 1 & 0 \\ 0 & 0 & 0 & 1 & 1 & 1 & 1 & 1 \end{pmatrix} \begin{pmatrix} x_0 \\ x_1 \\ x_2 \\ x_3 \\ x_4 \\ x_5 \\ x_6 \\ x_7 \end{pmatrix} + \begin{pmatrix} 1 \\ 1 \\ 0 \\ 0 \\ 0 \\ 1 \\ 1 \\ 0 \end{pmatrix}$$

（2）行移位（ShiftRow）

保持状态矩阵的第一行不动，第二、三、四行分别循环左移1字节、2字节、3字节。

（3）列混合（MixColumn）

把状态的一列 $\begin{pmatrix} a_{0j} \\ a_{1j} \\ a_{2j} \\ a_{3j} \end{pmatrix}$ 视为一个多项式 $a_{3j}x^3+\cdots+a_{0j}$，模 $x^4+1$ 乘固定多项式 $c(x)=3x^3+x^2+x+2$ 得 $b(x)$，则 $b(x)$ 对应的列是混合的结果，即

$$\begin{pmatrix} b_0 \\ b_1 \\ b_2 \\ b_3 \end{pmatrix} = \begin{pmatrix} 2 & 3 & 1 & 1 \\ 1 & 2 & 3 & 1 \\ 1 & 1 & 2 & 3 \\ 3 & 1 & 1 & 2 \end{pmatrix} \begin{pmatrix} a_0 \\ a_1 \\ a_2 \\ a_3 \end{pmatrix}$$

（4）加圈密钥（AddRoundKey）

把圈密钥矩阵与每圈的圈密钥逐比特**异或**。

#### 4. 密钥扩展

Rijndael 把种子密钥扩展成长度为$(N_r+1) \times N_b \times 32$ 的密钥 bit 串，然后把最前面的 $N_b \times 32$ bit 对应到第 0 个圈密钥矩阵；接下来的 $N_b \times 32$ bit 作为第 1 个圈密钥矩阵，如此继续下去。

密钥扩展过程把矩阵 **K** 扩展为一个 $4 \times (N_b \times (N_r+1))$ 的字节矩阵 **W**，用 **W**($i$) 表示 **W** 的第 $i$ 列（$0 \leqslant i \leqslant N_b \times (N_r+1)-1$）。对于 $N_k=4$、6 和 $N_k=8$ 分别应用两个不同的算法进行扩展。

（1）$N_k=4$，6 的情形

最前面的 $N_k$ 列取为种子密钥 **K**，然后，递归地计算后面各列。

若 $N_k \nmid i$，则

$$W(i) = W(i-1) \oplus W(i-N_k)$$

若 $N_k \mid i$，先对 $X = (x_0, x_1, x_2, x_3)^{\mathrm{T}} = W(i-1)$ 进行循环移位，变为

$$Y = \mathrm{RotByte}(X) = (x_1, x_2, x_3, x_0)^{\mathrm{T}}$$

然后用字节代替 SubByte（参看圈函数）作用到 $Y$ 上，再把所得的结果与 $W(i-N_k)$ 以及一个与 $i/N_k$ 相关的向量按位**异或**。即

$$W(i) = \mathrm{SubByte}(\mathrm{RotByte}(W(i-1))) \oplus W(i-N_k) \oplus \mathrm{Rcon}(i/N_k)$$

这里，$i/N$ 表示 $i$ 除以 $N$ 的商的整数部分。$\mathrm{Rcon}(j) = ((02)^{j-1},$ $0,0,0)^{\mathrm{T}}$，其中 $(02)^{j-1}$ 表示 $GF(2^8)$ 中元 "02" 的 $j-1$ 次方幂。

（2）$N_k=8$ 的情形

和 $N_k=4$、6 的情形基本类似，但当 $i \equiv 4 (\bmod\ N_k)$ 时：

$$W(i) = \mathrm{SubByte}(W(i-1)) \oplus W(i-N_k)$$

#### 5. 加/脱密

加密变换原理如图 3.9 所示。注意到字节代替、行移位、列混合、加密钥四个主要的变换过程都是可逆的，而且其逆变换非常直观。因此脱密过程很容易由上述加密过程得到。这里不再赘述。

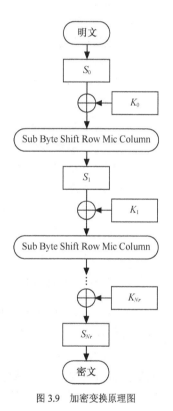

图 3.9　加密变换原理图

### 3.2.4 其他分组密码算法

除了 DES 和 AES 外，还有一大批其他的对称分组密码算法。下面简要介绍一些常用的算法，以便参考。

#### 1. IDEA

IDEA 由瑞士联邦理工学院的 Xuejia Lai 和 James Messey 在 1990 年提出。

算法的主要参数是 64 bit 分组，128 bit 密钥。

主要特点是运行速度快，适合用软件、芯片实现。IDEA 在其后面版本中增加了抗差分分析特性。设计者定义了马尔科夫链密码且证明了能抗差分攻击的模型和量化估计，Lai 证明在 8 轮的算法中第 4 轮后就对差分分析攻击免疫了。

此算法已经被 PGP 电子邮件安全协议采用。

### 2. RC5

RC5 由美国 RSA.Laboratory 的 Ron.Rivest 在 1994 年提出。

算法主要参数是加密圈数（为 0～255 之间的任何数）、分组长度（32 bit、64 bit、128 bit 可选），以及密钥长度（为 0～255 bit 之间的任何数）。

主要特点是因为主要参数的可变性，使用者可方便地在算法安全性、速度和内存资源占用等方面做出符合实际应用情况的选择。

RC5 已经用于 RSA 数据安全公司的 BSAFE、JSAFE、S/MAIL 等产品中。

### 3. CAST-128

CAST-128 由 Carlisle.Adams 和 Stafford.Tavares 在 1997 年提出。

算法主要参数是密钥长度（从 40 bit 开始按照 8 bit 递增到 128 bit）和分组长度（64 bit）。

主要特点是得到密码学家广泛的评审，认为其安全性较好。

此算法已经被 PGP 电子邮件安全协议采用，并且作为 RFC 2144 标准颁布。

### 4. Blowfish

由密码学家 Bruce Schneier 在 1993 年提出。

算法主要参数是密钥长度（从 32～448 bit）以及分组长度（64 bit）。

主要特点是编码规则同以往算法比较有重大改进，密码分析变得异常困难，从而认为它的安全强度较高。

此算法目前已应用到很多产品中。

此外，还有一些很好的密码算法，如 MARS、Serpent、Twofish、RC6，这些算法都进入了 AES 评选决赛。这里不再赘述。

## 3.2.5  序列密码算法 A5

A5 在 1989 年由法国人开发，是用于 GSM 系统的序列密码算法，它用于对从电话到基站连接的加密，而基站之间的固网信息没有进行加密。先后开发的三个 A5 版本分别为 A5/1、A5/2、A5/3。如果没有特别声明，通常所说的 A5 是指 A5/1。关于 GSM 的加密问题，一些人认为会因为密码的问题阻碍手机的推广。而另一些人则认为 A5 太弱，不能抵抗一些国家情报机构的窃听。A5 的特点是效率高，适合硬件上高效实现，它能通过已知的统计检验。起初该算法的设计没有公开，但最终不慎被泄露。

A5 算法由三个线性反馈移位寄存器（LFSR）$R_1$、$R_2$、$R_3$ 组成，寄存器的长度分别是 $n_1=19$、$n_2=22$ 和 $n_3=23$。它们的特征多项式分别是

$$f_1(x)=x^{19}+x^5+x^2+x+1$$
$$f_2(x)=x^{22}+x+1$$
$$f_3(x)=x^{23}+x^{15}+x^2+x+1$$

所有的反馈多项系数都较少。三个 LFSR 的**异或**值作为输出。A5 通过"停/走"式钟控

方式相连。A5 原理如图 3.10 所示。

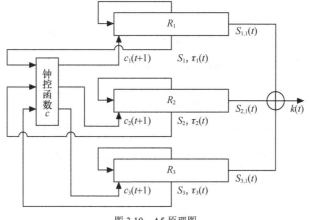

图 3.10 A5 原理图

这里 $S_{i,j}$ 表示 $t$ 时刻，$R_i$ 的状态向量的第 $j$ 个 bit，而 $\tau_1$=10、$\tau_2$=11、$\tau_3$=12。钟控函数 $c(t) = g(S_{1,\tau_1}(t-1),S_{2,\tau_2}(t-1),S_{3,\tau_1}(t-1))$ 是一个四值函数，有

$$g(S_1,S_2,S_3) = \begin{cases} \{1,2\} & S_1 = S_2 \neq S_3 \\ \{1,3\} & S_1 = S_3 \neq S_2 \\ \{2,3\} & S_2 = S_3 \neq S_1 \\ \{1,2,3\} & S_1 = S_2 = S_3 \end{cases}$$

$R_i$ 的停/走规则是，当 $i \in c(t)$ 时，则 $R_i$ 走，否则停。

A5 算法的密钥 $K$ 是 64 bit。顺次填入为 $R_1$、$R_2$、$R_3$ 的初始状态，然后经过 100 拍的初始化运算，不输出。加密过程是，为通信的一个方向生成 114 bit 的密钥序列，然后空转 100 拍，再为通信的另一个方向生成 114 bit 的密钥序列，依此类推。用密钥序列与明文序列按位模 2 相加得到相应的密文，对方用密钥序列与密文序列按位模 2 相加得到相应的明文。这就是 A5 的基本原理。

A5 的弱点可能是因为其移位寄存器的技术太短所致。有一种直接攻击需要 $2^{40}$ 次加密运算：先猜测前两个移位寄存器的状态，然后通过输出序列决定第三个移位寄存器的状态。1999 年 12 月，在一定条件下 A5 算法被攻破。2002 年 5 月，IBM 公司的研究人员发现新的快速获取密钥 $k$ 的方法。2003 年 8 月，A5 的一个变种 A5/2 也被破译。

## 3.3 公钥加密算法

公钥加密算法同前面所讲的加密算法一样，是一种保护数据机密性的算法。其主要特征是加密密钥可以公开，而不会影响到脱密密钥的机密性。公钥加密算法仅是公钥密码算法中的一类，其他类别的公钥密码算法可以保护数据的完整性、实现数字签名和身份识别等。公钥密码算法又称为非对称密码算法。

### 3.3.1 RSA 加密算法

RSA 加密算法（1977），下面简称为 RSA，是建立在大整数分解这个 NP 问题之上的公钥密码系统。RSA 是一种分组密码，其中的明文和密文都是对于某个 $n$ 的从 $0\sim n-1$ 之间的整数。下面先解释一下这个算法，然后研究 RSA 的某些计算和密码分析结果。

（1）系统建立过程

Bob 选定两个不同的素数 $p$ 和 $q$，令 $n=pq$，再选取一个整数 $e$，使得 $\gcd(\varphi(n),e)=1(1<e<\varphi(n))$。从而可以计算出 $d\equiv e^{-1}\bmod\varphi(n)$。Bob 公开 $(e，n)$ 作为公开密钥，而保存 $(d，n)$ 作为自己的私有密钥。

这里，$\varphi(n)$ 表示 $n$ 的欧拉函数，即不超过 $n$ 且与 $n$ 互素的整数个数。易证明当 $n=pq$ 且 $p$ 和 $q$ 为不同的素数时，$\varphi(pq)=(p-1)(q-1)$。由于整数 $e$ 满足 $\gcd(\varphi(n),e)=1$，当把 $e$ 看成 $Z_{\varphi(n)}$ 中的元时对乘法是可逆的，从而可用欧几里得算法求出其逆元 $d\equiv e^{-1}\bmod\varphi(n)$。

（2）加密过程

RSA 算法的明文空间与密文空间均为 $Z_n$。加密采用下列变换。
$$E:Z_n\to Z_n$$
$$m\mapsto m^e$$

（3）脱密过程
$$D:Z_n\to Z_n$$
$$m\mapsto m^d$$

可以证明，脱密变换是加密变换的逆变换。

事实上，由假设 $d\equiv e^{-1}\bmod\varphi(n)$ 得知存在一个整数 $k$ 使得 $ed=k\varphi(n)+1$ 成立。从而
$$D(E(m))=m^{ed}=m^{k\varphi(n)+1}$$

因为，有限群 $Z_p^*$ 中元素个数为 $\varphi(p)$ 个，故由 Lagrange 定理，当 $\gcd(m，p)\ne p$ 时，$m^{k\varphi(n)+1}\equiv m^{k\varphi(p)\varphi(q)+1}\equiv m^{k\varphi(p)\varphi(q)}m\equiv m(\bmod p)$；而当 $\gcd(m，p)=p$ 时，两边都为零，该式也成立。从而
$$m^{k\varphi(n)+1}\equiv m(\bmod p)$$

对任意 $m$ 都成立。

同理可证
$$m^{k\varphi(n)+1}\equiv m(\bmod q)$$

可得
$$m^{k\varphi(n)+1}\equiv m(\bmod n)$$

所以
$$D(E(m))=m^{ed}=m$$

RSA 使用了模大整数的指数运算。选定大整数 $n$ 后，明文（密文）分组是小于数 $n$ 的整数，通常用二进制数表示。

加/脱密过程中的 $e$ 称为加密指数，$d$ 称为脱密指数。显然，由 $e$ 和 $n$ 无法算出 $d$。明文发送方和接收方都必须知道 $n$ 的值。发送方知道 $e$ 的值，而只有接收方知道 $d$ 的值，公开密钥为 $KU=(e,n)$，私有密钥为 $KR=(d,n)$。

**例 3.2** 构造如下一个 RSA 算法：

（1）选择两个素数 $p=7$ 以及 $q=17$。

（2）计算 $n=pq=7\times17=119$。

（3）计算 $\varphi(n)=(p-1)(q-1)=96$。

（4）选择一个 $e=5$，它小于 $\varphi(n)$ 且与 $\varphi(n)=96$ 互素 。

（5）求出 $d$，使得 $de=1\mathrm{mod}\,96$ 且 $d<96$。易见 $d=77$，因为 $77\times5=385=4\times96+1$。

（6）结果得到的密钥为公开密钥 $KU=(5,119)$ 和私有密钥 $KR=(77,119)$。

现用明文 $m=19$ 时的加/脱密过程来说明上述密码系统的应用。在加密时，取 19 的 5 次方得 2 476 099；除以 119 后计算得到的余数为 66；因此，$19^5\equiv66\mathrm{mod}119$，密文为 66。在解密时，取 66 的 77 次方，除以 119 后计算余数得到 $66^{77}\equiv19\mathrm{mod}119$，因此脱密后得到原来的明文 19。

要使上述过程可行，至少要保证攻击者仅凭公钥无法计算出对应的私钥。也就是说敌手 Oscar 从给定的 $KU=(e,n)$ 计算 $d$ 是困难的。一个明显的事实是如果 Oscar 可以把 $n$ 分解为素数 $p$ 和 $q$ 的乘积 $n=pq$，那么他就会和密码系统的建立者一样可以由加密指数 $e$ 计算出脱密指数 $d$，从而实现了 RSA 的破译。因为对于小整数 $n$ 来说，因子分解可以通过穷搜的方法求解，所以对相关的密码参数的合理选取是必要的。

## 3.3.2 有限域乘法群密码与椭圆曲线密码

另一类重要的公开密钥密码算法的构造依赖于一个阶数很大的有限群。特别是阶数含大素因子的群。事实上，有限域乘法群和椭圆曲线加法群是非常方便的候选对象。用这两种群可构造 Diffie-Hellman 密钥交换算法、ElGamal 加密算法等。

按照抽象代数的有限域的构造理论，对于给定的任意一个素数 $p$ 和一个正整数 $n$，存在且仅存在一个 $p^n$ 阶的有限域，记为 $GF(p^n)$，则 $G=GF(p^n)^\times$ 是一个 $s=p^n-1$ 阶的循环群。若 $g$ 是它的一个生成元，则可记为 $G=<g>$。

先介绍 Diffie-Hellman 密钥交换算法。

假设 Alice 和 Bob 选择了一个有限域的乘法群 $G=<g>$，并把它作为系统参数公开出去。然后，Alice 秘密选择一个指数 $\alpha\in Z_s$ 作为私钥，计算 $A=g^a$ 作为公钥；对称地，Bob 秘密选择一个指数 $b\in Z_s$ 作为私钥，计算 $B=g^b$ 作为公钥，如图 3.11 所示。Alice 和 Bob 通过公共信道交换公钥，这时 Alice 和 Bob 通过下面的算式计算出共同的群 $G$ 中的元素 $g^{ab}$。

Alice 用自己的私钥 $a$ 和 Bob 的公钥 $B$ 计算：$g^{ab}=B^a$；Bob 用自己的私钥 $b$ 和 Alice 的公钥 $A$ 计算：$g^{ab}=A^b$。从而 Alice 和 Bob 双方通过上述过程，共享了一个秘密参数值 $g^{ab}$，它可作为双方以后进行密码计算所需的秘密值，如作为分组密码算法的密钥使用。故上述交互称为 Diffie-Hellman 密钥交换算法。

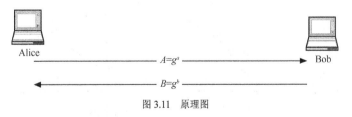

图 3.11　原理图

要使上述过程可行，必须保证：对其他人，在没有获得 Alice 和 Bob 的私有密钥的情况下，要想计算这个共享的秘密值是不可行的。

容易看出，一个必要条件是假设敌手 Oscar 从给定的 $A$ 计算 $a$ 是困难的。也就是说给定底数 $g$ 和幂 $A$，求指数 $a$ 是困难的，即离散对数问题是难解的。因为对于小阶数的群来说，离散对数可以通过穷搜的方法求解，所以对相关的密码参数的合理选取是必要的。

穷搜算法求解离散对数是最笨拙的算法。对有限域而言，最好的求解离散对数问题的方法是指标计算法，它能在亚指数时间内求解离散对数问题。就在 20 年前，基于当时的计算能力，和一般的指标演算法，1 024 比特规模（即有限域的阶数约等于 $2^{1\,204}$）的有限域足可以抵抗离散对数的求解。然而，有限域上的离散对数求解问题在 2013 年由法国的 Joux 领导的团队取得了理论上的突破，对于一些特殊有限域，尽管阶数达到 8 000 比特规模（即有限域的阶数约等于 $2^{8\,000}$），仍然可以通过指标演算法求解其上的离散对数。

另一方面，人们试图在寻找其他类型的群，使得其上的离散对数问题没有亚指数算法。椭圆曲线中可以提供大量的这样的群。

基于有限域乘法群还可以构造加密算法。其中一个比较有影响的加密算法是 ElGamal 加密算法。假设 Bob 选择了一个有限域的乘法群 $G=<g>$，秘密选择一个指数 $b \in Z_s$ 作为私钥，计算 $B=g^b$ 作为公钥。

Alice 想给 Bob 发送消息 $m \in G$。她首先随机选择一个指数 $k \in Z_s$，然后计算 $c_1=g^k$ 和 $c_2=mg^{bk}$，她把消息 $c=\{c_1, c_2\}$ 发送给 Bob。

Bob 利用自己的私钥 $b$ 和 $c_1$ 可以计算出 $g^{bk}$，可求得：$m=c_2(g^{bk})^{-1}$，从而完成脱密运算。

该算法的强度与 Diffie-Hellman 密钥交换算法的强度等价。

前面提过椭圆曲线上的离散对数问题比起有限域上的乘法群来说，求解难度更大。那么什么是椭圆曲线呢？

域 $F$ 上的椭圆曲线是指下列 Weierstrass 方程式给出的曲线：

$$y^2 + a_1xy + a_3y = x^3 + a_2x^2 + a_4x + a_6$$

并且其系数满足一个简单的条件，保证它是亏格为 1 的光滑曲线。若 $P(x,y)$ 满足上述方程，则称 $P$ 是该曲线上的一个点。为该方程表示的曲线添加上一个 $y$ 方向上的无穷远点 $O$，称为该曲线的射影完备化。图 3.12 所示是实数域上的两个椭圆曲线轨迹的例子。

椭圆曲线中可以定义一个运算。其在几何图形上的表现是，两个点 $P$、$Q$ 连成一条直线 $PQ$，因为曲线是三次的，故这条直线还与曲线相交于第三点，设为 $R'$。然后过 $R'$ 引一条与 $y$ 轴平行的线 $RR'$ 交曲线于点 $R$。称 $R$ 为 $P$ 与 $Q$ 的和，记为 $R=P+Q$。

必须说明上述加法是良定义的，也就是说给定曲线上任意两点能唯一地确定一个第三点。首先分情形考察两点的连线问题。

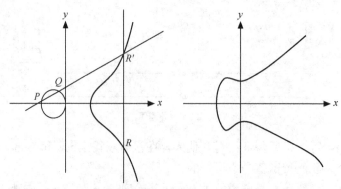

图 3.12　实数域上椭圆曲线的轨迹

（1）如果 $P$ 与 $Q$ 重合，且为有限点（$\neq O$），则 $PQ$ 取为过曲线上 $P$ 点的切线，切线的存在性可由曲线的光滑性保证。

（2）如果 $P$ 与 $Q$ 重合，且均为无穷远点 $O$，则由射影曲线的讨论可知，$O$ 点的切线是无穷远直线。

（3）如果 $P$ 与 $Q$ 不重合，且两者均为有限点，则 $PQ$ 为通常意义下的连线。

（4）如果 $P$ 与 $Q$ 不重合，且两者中之一是无穷远点，如 $Q=O$，则因为 $O$ 是 $y$ 轴方向上的无穷远点，$PQ$ 过 $P$ 点且是平行于 $y$ 轴的直线。

可见，曲线上的任何两点总能唯一地确定一条连线。那么，这条连线是否一定能与曲线相交于唯一的第三点呢？这已经超出了本书的范围，仅讨论。我们列出下面的事实，讨论怎样确定这个第三点。

（1）当 $PQ$ 为无穷远直线时，它与曲线三重相切于无穷远点 $O$ 处。

（2）当 $PQ$ 为有限直线，且与 $y$ 轴平行时，它与曲线相交无穷远点和两个有限点（可能重合）。

（3）当 $PQ$ 为有限直线，且与 $y$ 轴不平行时，它与曲线恰好相交于三个有限点（可能有一个二重点）。

由此可知，椭圆曲线加法是良定义的。

$O$ 在加法运算中有特殊地位。事实上，$O$ 像数学的加法中的 0 一样，它与曲线上任何一点 $P$ 的和仍然为点 $P$：$P+O=P$。椭圆曲线的基本理论还告诉我们：曲线的这种加法构成一个以 $O$ 为单位元的加法群。对这一点的证明感兴趣的读者可参看介绍椭圆曲线的书。

上面介绍了实数域上的椭圆曲线有无穷个点，对构造密码计算是不方便的。我们希望能得到一个有限个点构成的椭圆曲线。事实上，有限域上的 Weierstrass 方程只有有限个解，加上无穷远点，仍然称为椭圆曲线，尽管这时它已经没有如图 3.12 所示的直观图形，而且过一点的切线也只好形式地定义了。优美的椭圆曲线理论已经把实数域上椭圆曲线的加法理论形式化地搬过来。为应用方便起见，将有限域上椭圆曲线的加法公式列举如下。

设 $E$ 是一条由上面 Weierstrass 方程给出的椭圆曲线，$P_i = (x_i, y_i) \in E$（$i=0$，1，2，3），$P_1 + P_2 = P_3$，则

（1）$-P_0 = (x_0, -y_0 - a_1 x_0 - a_3) \in E$。

（2）如果 $x_1 = x_2$ 且 $y_2 + y_1 + a_1 x_1 + a_3 = 0$，则 $P_3 = O$。否则，
当 $x_2 \neq x_1$ 时，令

$$\lambda = \frac{y_2 - y_1}{x_2 - x_1}, \quad \nu = \frac{y_1 x_2 - y_2 x_1}{x_2 - x_1}$$

当 $x_2 = x_1$ 时，令

$$\lambda = \frac{3x_1^2 + 2a_2 x_1 + a_4 - a_1 y_1}{2y_1 + a_1 x_1 + a_3}, \quad \nu = \frac{-x_1^3 + a_4 x_1 + 2a_6 + a_3 y_1}{2y_1 + a_1 x_1 + a_3}$$

（这时，直线 $y = \lambda x + \nu$ 是过 $P_1$ 和 $P_2$ 的直线，或当 $P_1 = P_2$ 时是过 $P_1$ 的切线。）

这时，$P_3 = P_1 + P_2$ 的计算公式为

$$x_3 = \lambda^2 + a_1 \lambda - a_2 - x_1 - x_2$$

$$y_3 = -(\lambda + a_1)x_3 - v - a_3$$

由此，我们可以方便地编程以实现有限域上椭圆曲线的加法运算。

这样实际上得到了一个可以有效计算的有限群，可以证明这种有限群的点数基本上接近所在的有限域的元素个数，从而是阶数较大的群。但它的阶数的计算不仅与域的规模有关，而且与方程的系数有关，其计算也是相当复杂的。

与在有限域上的乘法群一样，在有限域上的椭圆曲线也可实现 Diffie-Hellman 密钥交换算法和 ElGamal 加密算法。

**例 3.3**　Alice 想使用椭圆曲线版本的 ElGamal 加密算法给 Bob 传送一个消息 $m$。这时 Bob 选择了一个大素数 $p$=8 831，并选择了一个有限域 $GF$(8 831) 上的椭圆曲线 $E$: $y^2$=$x^3$+3$x$+45，以及这条曲线上的一个点 $G$=(4,11)。Bob 还选择了自己的私钥 $b$=3，计算并公开一个点 $B$=$bG$=(413,1 808) 作为自己的公钥。

假设 Alice 想要发送的消息可以适当地编码为 $E$ 上的点 $P_m$=(5,1 743)，这时她首先随机选择一个指数 $k$=8，然后计算 $kG$=(5 415,6 321) 和 $P_m$+$kB$=(6 626,3 576)，并把这两个数据一同传送给 Bob。

Bob 利用自己的私钥 $b$=3 和收到的消息计算 $b(kG)$=3(5 415,6 321)=(673,146)，再从 (6 626,3 576) 中减去这个点，得到

$$(6\ 626,3\ 576) - (673,146)=(6\ 626,3\ 576)+(673,-146)=(5,1\ 743)。$$

从而完成了脱密运算。

有限域上的椭圆曲线之所以成为构造 ElGamal 加密算法的基础，是因为一般椭圆曲线上的离散对数问题是难解的。在给定有限域的规模的情况下，其上椭圆曲线离散对数的求解难度远远高于基域上的离散对数的求解难度。

有两类椭圆曲线上的离散对数问题没有预期的那样难解。一类称为超奇异（supersingular）曲线，其离散对数求解稍比其基域（有限域）上的困难一些。另一类称为反常（anomalous）曲线，其上的离散对数问题可以通过形式指数-形式对数映射为十分简单的问题。用椭圆曲线构造密码系统时，绝对要避免反常曲线的情形。密码研究原来对超奇异曲线不感兴趣，但是近年来人们又发现超奇异曲线有一些非常好的性质：主要是通过 Weil 配对，给出的 $E$ 到基域乘法群上的双线性映射，提供了一种可以构造基于身份的密码系统的方法。而且这种密码经常是在较基本的假设下可以证明其安全性，从而成为近年来学术界追逐的对象之一。

### 3.3.3　公钥密码算法难度的比较

前文中介绍了 RSA 加密算法、有限域上的 ElGamal 加密算法和椭圆曲线上的 ElGamal 加密算法，它们或许给数据加密者提供了灵活的选择。我们应当注意到 RSA 的基础是大整数分解是难问题，有限域上的 ElGamal 加密算法的基础是有限域上的离散对数问题的难解性，椭圆曲线上的 ElGamal 加密算法的基础是椭圆曲线上的离散对数问题的难解性。求解这些问题已经成为密码学家长期以来的重要探索。下面介绍一下相关的研究情况以及其对密码学的影响。

前面介绍过 RSA 算法是 1976 年由 Rivest、Shamir 和 Adleman 提出来的，由此促进了大数分解的研究。大数分解的最有效方法是二次筛法和数域筛法。而在此之前提出的 Diffie-Hellman 密钥交换算法，及 1985 年提出的 ElGamal 加密算法则引起了求解有限域上的离散对数问题。非常有趣的是有限域上的离散对数问题的最有效求解方法是数域筛法和函数

域筛法。无论是大数分解还是求解有限域上的离散对数，这些方法都是指标演算方法的改进。它们是一类亚指数时间的算法，所以其可求解的大数的规模和有限域的大小规模是相当的。椭圆曲线密码（ECC）算法于 1985 年由 Miller 和 Koblitz 独立提出，其上的离散对数问题只有指数时间的算法，到目前为止未找到亚指数时间算法。所以对于同等规模（指相同的密钥长度）的密码算法安全性而言，椭圆曲线公钥密码算法比 RSA 密码算法以及有限域上的公钥密码具有更高的强度。换句话说，要想达到相同的安全强度，ECC 比 RSA 及有限域上的公钥密码具有更短的密钥长度。更短的密钥意味着加密过程可以被更高效地实现，并且通信数据量更低，ECC 具有如此卓越的性能，使得它在应用中成为首选。

下面对这三种密码算法和理想安全分组密码算法的密钥长度进行一个比较。首先，我们假设有这样一个分组密码，它是理想安全的，即对它的破译只能是穷搜攻击。即如果该密码体制的密钥长度是 128 bit，破译它的时间复杂度是 $2^{128}$（即需要 $2^{128}$ 次运算的量级）。通过现有最好算法进行细致的分析，研究人员发现，在同等的时间复杂度下可以破译模整数 $n$ 为 3 072 bit 的 RSA 算法，在同等的时间复杂度下也可以破译有限域规模为 3 072 bit 的有限域 ElGamal 算法，在同等的时间复杂度下可以破译有限域规模为 256 bit 的 ECC 算法。可以看出，RSA 和有限域上 ElGamal 算法安全参数长度相等，而 ECC 的安全参数长度只是它们安全长度的十二分之一。

NIST 对密码强度比较后，给出如下的同等安全性下各个算法的密钥尺寸参考值，如表 3.7 所示。表中各密钥长度是指密钥的比特数，长度比例是指 RSA 密钥长度与 ECC 密钥长度之比。对于有限域上 ElGamal 算法的密钥长度可以等同于 RSA 的密钥长度。

表 3.7　　　　　　　　　　　　NIST 给出的密码强度对比表

| 分组密码密钥长度 | RSA 密钥长度 | ECC 密钥长度 | 长度比例 |
| --- | --- | --- | --- |
| 80 | 1 024 | 163 | 6:1 |
| 112 | 2 048 | 224 | 8:1 |
| 128 | 3 072 | 256 | 12:1 |
| 192 | 7 680 | 384 | 20:1 |
| 256 | 15 360 | 512 | 30:1 |

前文讲过 2013 年由法国的 Joux 领导的团队对一些特殊的有限域上的离散对数求解问题发现了更有效的算法。其实，如果 $n$ 不是强素数的乘积时，对它的分解也会相对容易一些。而对于椭圆曲线来说反常曲线的离散对数是容易求解的。所以，在实际使用这些密码体制时，构造的具体实例必须保证避免这些脆弱情形。

# 小　　结

本章介绍了密码学的基本概念和当前现实使用的加密算法。密码算法的介绍主要注重编码思想和算法的原理描述，对它们的安全性分析仅进行了结论性描述。密码分析是密码学中的一个非常重要的组成部分，有兴趣的读者可以参看密码学方面的书籍。

本章介绍的数据加密算法知识应当说是初等的。然而密码学作为信息安全领域最成熟、最可靠的技术，对后续章节的理解相当重要。这些算法的适当变形可用于第 5 章的消息鉴别和身份识别，它们也是第 11 章的应用安全以及第 8 章 IPSec 的核心组成部分。

# 习 题 3

1．讨论分组密码和序列密码的不同。

2．证明 DES 满足互补性。

3．给定 DES 算法。在平均意义下，有多少个密钥可以把一个指定的输入分组加密得到一个指定的输出分组？

4．试解释为什么 DES 密钥的初始置换对算法的安全性没有任何贡献。

5．利用你所学的知识，提出一种最高效的实现 64 bit 输入 64 bit 输出的一一映射方法。

6．查阅相关资料，试描述几种对 DES 有效的分析方法。

7．比较对称密码算法和公钥密码算法，并根据各自的特点给出适合的应用场景。

8．考虑 RSA 密码系统，证明对明文 0、1 和 $n-1$，加密后密文等于明文本身。还存在这样的明文吗？

9．通常认为破译 RSA 密码等同于分解大整数 $n$。证明：如果 $n$ 能被分解，则可根据 $n$ 和公钥计算出私钥。

10．利用 $ab \bmod n = ((a \bmod n)(b \bmod n)) \bmod n$，能把 $35^{77} \bmod 83$ 所需的 76 次乘法运算化简到 11 次吗？还能进一步化简吗？

11．设实数域上的椭圆曲线为 $y^2 = x^3 - 36x$，令 $P = (-3,9)$，$Q = (-2.5, 8.5)$。计算 $P+Q$ 和 $2P$。

12．在 RSA 公钥密码体制中，每个用户都有一个公钥 $e$ 和一个私钥 $d$。假定 Bob 的私钥已泄密，Bob 决定产生新的公钥和新的私钥，而不是产生新的模数，请问这样安全吗？为什么？

# 第 4 章

# 数 字 签 名

一个附加在文件上的传统手写签名能确定对该文件负责的某个人。很多年以来，人们使用各种签名将他们的身份同文档联系起来。在中世纪时期，贵族用他们勋章的蜡印来封文档。在现代事务中，人们通过信用卡和签名，为售货员通过与信用卡上的签名进行比较来检验签名真伪。随着电子商务和电子文档的发展，这些方法已经不能满足需要了。

手写签名实际上是通过纸张介质把数据文件内容和用户签名捆绑，通过笔迹签名和真实用户捆绑。验证一个签名的真伪是通过比较用户签名与已有的公证过的签名是否一致而实现，而且通过细致的检查容易分辨一个签名是原件还是复制件。

假设你想签署一个电子文档，是否可以将你的签名数字化并简单地附在文档上呢？因为任何得到该文档的人都可以简单地将你的签名移走并将其添加到其他地方，如大面额的支票。对于传统的签名，这需要将文档上的签名剪下来或者影印下来，然后将其粘贴到支票上。这种几乎无法通过验证的伪造签名方法，在数字签名上变得容易，并且很难与最初的签名区分。

数字签名的目的和手写签名的目的类似，它要求把一个真实用户和一则数据文件进行捆绑，但是在计算机系统中没有了纸张的概念，而且无法区分原件与复制件，所以实现签名的功能不是一件容易的事，与此关联的验证也不是一件容易的事。

那么怎样实现一个数字签名呢？我们要求数字签名不能和消息分开，再附加到其他消息上。也就是说，签名不仅和签名者联系，而且还与签名的消息联系在一起，同时签名需要很容易被其他方证实。因此数字签名包含两个不同的步骤：签名过程和认证过程。

本章详细论述数字签名方案，并通过把数字签名方案和 Hash 函数进行结合实现对任意一个数据文件的签名。

## 4.1  数字签名与安全性

一个数字签名方案由两部分组成：签名算法和验证算法。数字签名算法属于公钥密码范畴，它的签名密钥是私钥，验证密钥是公钥。主要用途是完成数字签名，从而实现抗抵赖、消息鉴别和身份识别。图 4.1 所示是数字签名的原理示意图。

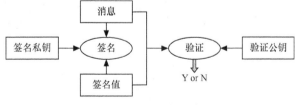

图 4.1  数字签名原理示意图

### 4.1.1 数字签名模型

**定义 4.1** 数字签名方案是一个满足下列条件的五元组$(M,A,K,s,v)$，其中：

● $M$ 是由所有可能的消息组成的一个有限集合，称为消息空间；

● $A$ 是由所有可能的签名值组成的一个有限集合，称为标签空间；

● $K$ 是由所有可能的密钥组成的一个有限集合，称为密钥空间，每个密钥$k \in K$由私钥$k_s$和公钥$k_v$两部分组成$k=(k_s, k_v)$；

● $s$ 是一个签名算法，对给定的$k_s$，有

$$S(k_s, \_) : M \to A$$
$$m \mapsto s(k_s, m)$$

● $v$ 是一个签名算法，对给定的$k_v$，有

$$v(k_v, \_) : M \times A \to \{Y, N\}$$
$$(m,a)\,|\,Y\ or\ N$$

如果$(k_s, k_v) \in K$，则它们满足下列条件：对于所有$m \in M$都有

$$v(k_v, m, s(k_s, m)) = Y$$

而当$a' \neq s(k_s, m)$时有

$$v(k_v, m, a') = N$$

上述条件是说对于合法的签名值来说验证总是通过的，对于非法的签名值来说验证不通过。

实用的数字签名系统在技术角度上还需要满足下列三个要求。

（1）签名/验证函数$s$、$v$对所有密钥$k$都有效，不应出现无法计算的情形。

（2）系统应易于实现。对任意给定的密钥$k$，有高效的签名/验证计算方法。

（3）数字签名系统的安全性仅依赖于签名密钥$k_s$的保密，而不依赖于算法$s$和$v$的保密。

数字签名是一种能够提供抗假冒、抗抵赖的密码算法。它的典型使用情形是，签名方 Alice 对消息$m$进行了签名得到$(m,a)$，Bob 收到$(m,a)$后可以验证该消息一定是 Alice 发送的，而且除了 Alice 之外没有人能够实现这样的签名。应用环境中有一个称为敌手的窃听者或破坏者 Oscar，他试图通过分析一切可得到的信息，用一个假消息$m'$来欺骗 Bob，试图使 Bob 相信$m'$及其签名是由 Alice 发出的。参考模型如图 4.2 所示。

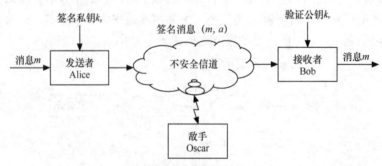

图 4.2 数字签名应用模型

图中，敌手 Oscar 可能进行窃听、伪造攻击。这对数字签名算法提出了强度上的要求。

容易看出，如果 Oscar 拥有了签名密钥，他可以实现任何想进行的攻击。Oscar 像所有人一样可以得到验证公钥，所以安全的签名系统最基本的要求是从公钥计算出私钥是一个困难问题。

好的签名算法要求在抗攻击强度、运算效率、系统开销、功能特点等方面都好才行。

### 4.1.2 攻击模型

我们研究什么样的数字签名方案是安全的。为此，需要建立相应的攻击模型，即攻击者的攻击资源和攻击目的。

#### 1. 攻击资源

对于数字签名方案，攻击资源即是密码分析者在数字签名应用模型下可获取的信息，对于图 4.2 所示的应用模型，把攻击资源可分为以下几种。

（1）唯密钥攻击（Key-only Attack）：Oscar 拥有 Alice 的验证密钥 $k_v$。

（2）已知消息攻击（Known-message Attack）：Oscar 拥有 Alice 以前曾经签署的若干消息 $m_1$, $m_2$, $\cdots$, $m_n$ 对应的签名 $a_1$, $a_2$, $\cdots$, $a_n$，即 $a_i = s(k_s, m_i)$，$i = 1, 2, \cdots, n$。

（3）选择消息攻击（Chose-message Attack）：Oscar 任意指定一个消息序列 $m_1, m_2, \cdots, m_n$，他可以得到 Alice 对它们的签名 $a_1, a_2, \cdots, a_n$，即 $a_i = s(k_s, m_i)$，$i = 1, 2, \cdots, n$。

#### 2. 攻击目的

下面再来考虑一下攻击者的攻击目的。

（1）完全破译（Total Break）：Oscar 在某种攻击资源支持下，通过计算得到了 Alice 的签名私钥 $k_s$。这时，他可以对任意给定的消息产生有效的签名。

（2）选择性伪造（Selective Forgery）：Oscar 在某种攻击资源支持下，对消息空间中随机选择一个消息 $m$，能以不可忽略的概率产生它的有效签名 $a$。即 $(m, a)$ 能通过验证算法的验证：$v(k_v, m, a) = Y$。

（3）存在性伪造（Existential Forgery）：Oscar 在某种攻击资源支持下，至少能对某个新鲜消息 $m$（指 Oscar 没有从 Alice 那里得到过 $m$ 的签名），产生它的有效签名 $a$。即 $(m, a)$ 能通过验证算法的验证：$v(k_v, m, a) = Y$。

一个签名方案，正像所有公钥密码那样，不可能是绝对安全的（Unconditioned Secure）。因为 Oscar 像所有的验证者那样，至少也可验证一个签名是否是有效的。所以，如果计算资源无限，他可以对给定的消息 $m$，对标签空间中的每一个值进行验证看能否通过验证。从而可以穷搜得到有效的签名对 $(m, a)$。所以签名方案设计只能局限在计算安全（Computationally Secure）的范围之内。

下节在讨论两个具体的签名方案时，可以回过头来理解这些概念。

## 4.2 数字签名算法

本节介绍两个著名的签名方案，RSA 签名方案和 ElGamal 签名方案。然后在下节讨论它们与 Hash 函数结合使用的一些基本问题。

## 4.2.1  RSA 签名算法

RSA 加密算法的加密与脱密运算是对称的。对于一个消息 $m$，如果我们用脱密运算变为 $c$，那么用相应的加密算法变换 $c$ 将得到 $m$。

当然，因为这时加密变换是公开的，$c$ 对攻击者来说不是"密文"。现在假设算法的私钥拥有者 Alice，把 $m$ 和 $c$ 一起发给 Bob。如果 $m$ 是有意义的格式信息，则 Bob 将通过加密变换，以及 $m$ 的特征可确信这则消息是 Alice 计算的。为什么呢？因为其他人（如 Oscar）不可能从 $m$ 出发计算出 $c$。因此要想使 Bob 的验证能够通过，Oscar 必须先给定 $c$，再计算出对应的 $m$。而这时又要求 $m$ 是有意义的格式信息，Oscar 成功的概率将是十分小的。

现在描述用 RSA 签名算法实现 Alice 对消息 $m$ 进行数字签名的简单方法。

### 1.  系统建立过程

Alice 生成两个大的素数 $p$、$q$，并且计算 $n = pq$。她选择满足 $1 < e_A < \varphi(n)$ 的 $e_A$ 并且 $\gcd(e_A, \varphi(n)) = 1$，计算 $d_A$ 使得 $e_A d_A \equiv 1 \pmod{\varphi(n)}$。Alice 作为公钥公开 $(e_A, n)$，并且作为私钥秘密保存 $(d_A, p, q)$。

### 2.  Alice 签名

Alice 计算，$\gamma \equiv m^{d_A} \pmod{n}$，并把 $(m, \gamma)$ 传送给 Bob。

### 3.  Bob 验证签名

Bob 能够通过下面的步骤验证 Alice 真正签署了消息。Bob 首先从一个可信第三方那里获得 Alice 的公钥 $(e_A, n)$，然后计算 $z \equiv \gamma^{e_A} \pmod{n}$。如果 $z = m$，那么 Bob 就认为消息是有效的，否则消息是无效的。

这是一个完整的签名和验证过程。

假设 Oscar 想将 Alice 的签名附加到另一个消息 $m_1$ 上。由于 $\gamma^{e_A} \neq m_1 \pmod{n}$，他不能简单地使用数对 $(m_1, \gamma)$，因此需要 $\gamma_1$ 使得 $\gamma_1^{e_A} \equiv m_1 \pmod{n}$。这和解密 RSA 密文 $m_1$ 得到明文 $\gamma_1$ 是同样的问题。这被公认为是很难做到的。也就是说唯密钥攻击下，RSA 签名算法可以抵抗选择性伪造。

另外一种可能是 Oscar 首先选择 $\gamma_1$，然后设消息 $m_1 \equiv \gamma_1^{e_A} \pmod{n}$，在目前的方案中 Alice 不能否认签署了消息 $m_1$。这表明 Oscar 在唯密钥攻击下成功实现了存在性伪造。当然，$m_1$ 不太可能是一个有意义的消息，它很可能是一些字母的随机序列。

在一些特别的情况下，Bob 可能需要 Alice 为他签署一个消息，但他并不想让包括 Alice 在内的任何人知道详细内容。这时 Alice 需要签署一个消息，而她不知道消息的内容。假定 Bob 需要签名的消息是 $m$。过程如下。

（1）Bob 选择一个随机的整数 $k \pmod{n}$，其中 $\gcd(k, n) = 1$，Bob 计算 $t \equiv k^{e_A} m \pmod{n}$，并将 $t$ 发送给 Alice。

（2）Alice 通过计算 $s \equiv t^{d_A} \pmod{n}$ 签署 $t$，并将 $s$ 发送给 Bob。

（3）Bob 计算 $s / k \pmod{n}$，这就是签名后的消息 $m^{d_A}$。

假设 $s / k$ 是签名的消息，注意到 $k^{e_A d_A} \equiv (k^{e_A})^{d_A} \equiv k \pmod{n}$，因此这是简单的加密，然而解密则通过 RSA 方案中的 $k$。因此

$$s / k \equiv t^{d_A} / k \equiv k^{e_A d_A} m^{d_A} / k \equiv m^{d_A} (\bmod\ n)$$

是签名后的消息。

$k$ 的选择是随机的，$k^{eA}(\bmod\ n)$ 是对一个随机数的 RSA 加密，也是随机的。因此 $k^{eA}m(\bmod\ n)$ 有效地掩盖了消息 $m$，然而，这不能掩盖像 $m=0$ 这样的信息。这样 Alice 就不知道她所签署的消息。

一旦签名完成，Bob 就有了和通过标准的签名过程所得到的相同的消息。上述过程说明，Bob 在选择消息攻击下成功实现了选择消息伪造。

这个协议还有一些潜在的危险。比如，Bob 可以让 Alice 签署一个付给他 100 万美金的协议。为了避免这些问题需要安全认证。

尽管上面介绍的后一种签名协议，就普通签名应用来说是一个严重的安全漏洞，但是在一些特殊的场合，需要保证签名者不知道自己签署的消息具体内容是什么。这样的签名称为**盲签名**（Blind Signatures），它是由 David Chaum 发明的，其在数字货币的构造中具有重要应用。David Chaum 在数字货币研究方面有很多专利。

## 4.2.2  ElGamal 签名算法

ElGamal 签名提供一种新的方案，它与 RSA 签名算法的不同之处是，对于 ElGamal 签名算法，同一个消息有许多不同的有效签名。

假设 Alice 想对一个消息签名。首先她选择一个大素数 $p$ 和一个本原根 $\alpha$，然后选择一个秘密的整数 $a$ 使得 $1 \leqslant a \leqslant p-2$，并且计算 $\beta = \alpha^a(\bmod\ p)$，$p$、$\alpha$、$\beta$ 的值是公开的，而把 $\alpha$ 作为私钥。由于离散对数问题是非常困难的，所以对手很难由 $(p,\alpha,\beta)$ 确定 $a$。

Alice 为了签署消息 $m$，需要进行下面的工作。

（1）选择一个随机数 $k$，使得 $\gcd(k,p-1)=1$。

（2）计算 $\gamma \equiv \alpha^k(\bmod\ p)$。

（3）计算 $s \equiv k^{-1}(m-a\gamma)(\bmod\ p-1)$。

签署的消息是三元组 $(m,\gamma,s)$，即 $(\gamma,s)$ 是 $m$ 的标签（签名值）。

Bob 首先从一个可信第三方那里获得 Alice 的公钥 $(p,\alpha,\beta)$，并通过下面的步骤验证签名。

（1）计算 $v_1 \equiv \beta^\gamma r^s (\bmod\ p)$ 和 $v_2 \equiv \alpha^m(\bmod\ p)$。

（2）当且仅当 $v_1 \equiv v_2(\bmod\ p)$ 时签名是有效的。

签名过程是：假设签名是有效的，由于 $s \equiv k^{-1}(m-a\gamma)(\bmod\ p-1)$，就有 $sk \equiv m-a\gamma(\bmod\ p-1)$，于是 $m \equiv sk + a\gamma(\bmod\ p-1)$。因此下述模 $P$ 的同余式成立：

$$v_2 \equiv \alpha^m \equiv \alpha^{sk+a\gamma} \equiv (\alpha^a)^\gamma (\alpha^k)^s \equiv \beta^\gamma \gamma^s \equiv v_1(\bmod\ p)$$

再来讨论一下 ElGamal 签名方案的安全性。假设 Oscar 发现了 $a$ 的值，那么他能够处理签名过程，并且能够对任意文档实施 Alice 的签名。因此，$a$ 秘密地保存是非常重要的。

如果 Oscar 有另外一个消息 $m$，由于他不知道 $a$，因此无法计算对应的 $s$。假设他试图通过选择一个满足验证等式的 $s$ 来越过这一步，这意味着需要计算满足

$$\beta^{\gamma}\gamma^{s}\equiv\alpha^{m}(\bmod\ p)$$

的 $s$。这个等式能够变换为 $r^{s}\equiv\beta^{-\gamma}\alpha^{m}\ (\bmod\ p)$，这是一个离散对数问题。因此找到一个合适的 $s$ 是很困难的。如果先选择 $s$，那么对于 $\gamma$ 的等式也类似于一个离散对数问题，并且更加复杂，一般认为这个问题也是很难解决的。尽管还不知道是否有一种方法能够同时确定 $s$ 和 $\gamma$，但这看上去是不可能的，因此只要模 $p$ 离散对数的计算是困难的（如一个必要条件是 $p-1$ 不能为小素数的乘积），那么这个签名方案就是安全的。

如果 Alice 要签署另一个消息，她必须选择另外一个随机数 $k$。假设对于 $m_1$ 和 $m_2$，她选择相同的 $k$，那么相同的 $\gamma$ 将用在两个签名中，因此 Oscar 会发现 $k$ 被使用了两次。$s$ 的值是不同的，称它们为 $s_1$ 和 $s_2$。Oscar 知道

$$s_1 k - m_1 \equiv -a\gamma \equiv s_2 k - m_2 (\bmod\ p-1)$$

因此，

$$(s_1 - s_2)k \equiv m_1 - m_2 (\bmod\ p-1)$$

设 $d = \gcd(s_1 - s_2,\ p-1)$，该同余式恰有 $d$ 个解，并且可以通过简单数学计算得到。通常 $d$ 很小，因此 $k$ 可能的值不多。Oscar 对每个可能的 $k$ 计算 $\alpha^k$ 直到值 $\gamma$，于是他知道了准确 $k$，现在 Oscar 解

$$a\gamma \equiv m_1 - ks_1 (\bmod\ p-1)$$

中的 $a$，这共有 $\gcd(\gamma, p-1)$ 种可能。Oscar 对于每一种可能计算 $\alpha^a$ 直到获得 $\beta$，这样也获得了对应的 $a$，这时已经完全破解了这个体制，并且可以随意地伪造 Alice 的签名。

ElGamal 签名的安全性依赖于群上的离散对数计算。同基于离散对数的加密算法一样，基于离散对数的数字签名算法 ElGamal 也可以在椭圆曲线加法群上实现。

### 4.2.3　DSA 签名算法

在 ElGamal 签名体制中，采用 2 048 bit 的密钥长度时，签名值的长度是 4 096 bit，在实际应用中签名值长度显得过长。1989 年，Schnorr 提出一种对 ElGamal 签名方案的变形，其签名长度大大地缩短了。DSA（Data Signature Algorithm）签名算法在 1991 年由美国 NSA 提出，是 ElGamal 签名算法的另一种变形，它吸收了 Schnorr 签名算法的设计思想，也实现了短签名。DSA 在 1994 年被 NIST 采纳为数字签名的标准算法。

**1．系统建立过程**

与 ElGamal 签名算法类似，DSA 是在有限域 $GF(p)=Z_p$ 上构造的，设 $q|(p-1)$，则 $Z_p$ 的乘法群中有唯一的一个 $q$ 阶子群。DSA 中设 $p$ 是一个素数，其长度 $l$ 为 512～1 024 bit，并假设 $Z_p$ 上的离散对数难解。又假设 $q$ 是一个 160 bit 的素数，$\alpha$ 是 $Z_p^*$ 中的 $q$ 阶元。随机选取一个 $a \in Z_q$，不妨设 $0 \leqslant a \leqslant q-1$，计算 $\beta = \alpha^a$。这样就建立下列数字签名体制：

（1）消息空间是 $M = Z_2^{160}$；

（2）标签空间是 $A = Z_q^* \times Z_q^*$；

（3）密钥 $k \in K$ 由私钥 $k_s$ 和公钥 $k_v$ 两部分组成，$k = (k_s, k_v)$，其中私钥为 $k_s = a$，公钥为 $k_v = (p, q, \alpha, \beta)$；

### 2. 签名算法

对于 $x \in \mathbf{Z}_2^{160}$，选定一个随机数 $r$，$1 \leqslant r \leqslant q-1$，定义

$$s(a, x) = s(\gamma, \delta)$$

其中

$$\gamma = \alpha^{\mathrm{T}} \bmod q$$

$$\delta = (x + a\gamma)^{r-1} \bmod q$$

如果 $\gamma = 0$ 或 $\gamma = 0$，应当重新选取一个随机数 $r$ 进行计算。

### 3. 验证算法

对于 $x \in \mathbf{Z}_2^{160}$ 和 $(\gamma, \delta) \in \mathbf{Z}_q^* \times \mathbf{Z}_q^*$，首先完成计算

$$e_1 = x\delta^{-1} \bmod q$$

$$e_2 = \gamma\delta^{-1} \bmod q$$

当且仅当 $\alpha^{e_1}\beta^{e_2} = \gamma \bmod q$ 时，验证通过。

我们证明有效签名一定能够通过上述的验证算法，从而说明该签名算法的完备性（Completeness）。事实上，有

$$\alpha^{e_1}\beta^{e_2} = \alpha^{x\delta^{-1}}\beta^{\gamma\delta^{-1}} = \alpha^{(x+a\gamma)\delta^{-1}} = \alpha^r$$

即 $\alpha^{e_1}\beta^{e_2} = \gamma \bmod q$。

下面用一个例子说明在相同参数条件下，模拟的 DSA 签名（$p$、$q$ 值均比 DSA 签名的要求小得多）与 ElGamal 签名比较具有更短的标签值。

**例 4.1**　假设 $q = 101$，$p = 78q + 1 = 7879$，容易验证 $p$、$q$ 均为素数，3 是 $\mathbf{Z}_{7879}^*$ 中的一个本原元（乘法群的生成元）。Alice 拟对消息 $x = 22$ 进行签名。

在 ElGamal 签名中，令私钥 $a = 5850$，$\beta = 3^{5850} = 4567 \bmod 7879$，公钥为 $k_v = (p, \alpha, \beta) = (7879, 3, 4567)$。Alice 首先随机选取一个数 $r = 53$，然后计算

$$\gamma = \alpha^r = 3^{53} = 319$$

$$r^{-1} = 53^{-1} \equiv 2081 \bmod 7878$$

$$\delta = (22 - 5850 \times 319) \times 2081 \equiv 7414 \quad \bmod 7878$$

从而得到 22 的签名值为（319,7414）。可以通过计算，$\beta^\gamma \times \gamma^\delta = 4567^{319} \times 319^{7414}$ 与 $\alpha^x = 3^{22}$ 是否相等进行验证。具体计算见本章后面的作业。

在 DSA 签名方案中，令 $\alpha = 3^{78} = 170 \bmod 7879$，则 $\alpha$ 是 $\mathbf{Z}_{7879}^*$ 中的 101 阶元。私钥 $\alpha = 75$，取 $\beta = \alpha^{75} = 4567 \bmod 7879$。所以 DSA 的验证公钥为 $k_v = (p, q, \alpha, \beta) = (7879, 101, 1704567)$。Alice 首先随机选取一个数 $r = 50$，然后计算

$$r^{-1} \equiv 50^{-1} \equiv 99 \bmod 101$$

$$\gamma = \alpha^{-1} = 170^{50} = 2518 \equiv 94 \bmod 101$$

$$\delta = (x + a\gamma)r^{-1} = (22 + 75 \times 94) \times 99 \equiv 97 \bmod 101$$

从而得到22的签名值为（94，97）。可以通过下列方式进行验证：

$$\delta^{-1} = 97^{-1} \equiv 25 \bmod 101$$

$$e_1 = 22 \times 25 \equiv 45 \bmod 101$$

$$e_1 = 94 \times 25 \equiv 27 \bmod 101$$

$$170^{45} \times 4\,567^{27} = 2\,518 \equiv 94 \bmod 101$$

从而通过了验证。

## 4.3 Hash 函数

Hash 函数是一类重要的函数，可用于计算数字签名和消息鉴别码，从而用于防抵赖、身份识别和消息鉴别等。

### 4.3.1 安全 Hash 函数的定义

Hash 函数是为了实现数字签名或计算消息的鉴别码而设计的。Hash 函数的计算过程，与用 DES 算法的 CBC 模式计算消息鉴别码十分相似。

Hash 函数以任意长度的消息作为输入，输出一个固定长度的二进制值，称为 Hash 值、哈希值、杂凑值或消息摘要。从数学上看，Hash 函数 $H$ 是 $\boldsymbol{Z}_2^*$ 到 $\boldsymbol{Z}_2^n$ 的一个映射。

$$H : \boldsymbol{Z}_2^* \rightarrow \boldsymbol{Z}_2^n$$
$$x \mapsto H(x)$$

这里，$n$ 是一个给定的自然数，称为 Hash 长度。用 $\boldsymbol{Z}_2^m$ 表示长度为 $m$ bit 的全体二进制数的集合，而 $\boldsymbol{Z}_2^* = \bigcup m \in N \boldsymbol{Z}_2^*$。

Hash 函数是代表一个消息在计算意义下的特征数据。该特征数据表示在计算上无法找到两个不同的消息 $x_1$ 和 $x_2$，使得它们有相同的函数值。这条性质称为 Hash 函数的强无碰撞性。可以证明，强无碰撞性蕴含着下列性质。

（1）弱无碰撞性：给定消息 $x_1$，在计算上无法找到一个与 $x_1$ 不同的 $x_2$，使得它们有相同的函数值。

（2）单向性：对于任意给定的一个函数值，求原像，在计算上是不可行的。

满足上述强无碰撞性条件的 Hash 函数，称为安全 Hash 函数。实践证明安全 Hash 函数的构造是一件十分困难的事，其已经成为密码学研究的一个热点。

目前工程上常用的 Hash 函数，几乎都采用下列实现框架。

（1）选择一个适当的正整数 $b$，称为分组长度，构造一个映射 $h$。

$$h : \boldsymbol{Z}_2^b \times \boldsymbol{Z}_2^n \rightarrow \boldsymbol{Z}_2^n$$
$$(x,\ y) \mapsto h(x,\ y)$$

（2）选定一个初始向量 $\boldsymbol{IV} \in \boldsymbol{Z}_2^n$。

（3）对任意给定的消息 $x$，把它按照固定的规则扩展成长度为 $b$ 的整倍数的二进制值，有

$$x \rightarrow x_1 \parallel x_2 \parallel \cdots \parallel x_s$$

（4）令 $y_0=\boldsymbol{IV}$，执行下列迭代运算

$$y_{i+1} = h(x_{i+1}, y_i) \qquad i = 0, 1, \cdots, s-1$$

则 $H(x)=y_s$ 为输入 $x$ 的 Hash 值。

## 4.3.2  SHA-1 算法

在介绍 SHA-1 之前，先回顾一下它及它的基础 MD4 算法的历史和特点。MD4 由 Rivest 在 1990 年提出，其增强版于 1991 年提出。而 SHA 则是 1993 年 NSA 与 NIST 在 MD4 基础上改进的，并由美国国家标准技术局 NIST 公布作为安全 Hash 标准（FIPS 180）。1995 年，由于 SHA 存在一个未公开的安全性问题，NSA 提出了 SHA 的一个改进算法 SHA-1 作为安全 Hash 标准（SHS，FIPS 180-1）。

MD 是 Message Digest 的缩写。MD4 是对任意输入的消息计算一个 128 bit 的固定长度的值（称为杂凑值或消息摘要），其设计目标如下。

（1）安全性：表示它满足强无碰撞性，且不存在比穷举更有效的碰撞攻击。

（2）直接安全性：MD4 的安全性不基于任何假设，如因子分解难度。

（3）速度：适用于高速软件实现，使用 32 位字的简单运算。

（4）简单紧凑性：没有大的数据结构，程序复杂性低。

（5）Big-Endian 结构：即高有效位在前，低有效位在后。在某些计算机中要进行必要的转换。

### 1.  数据填充与分拆

在 SHA-1 中，对于输入的任意长度的消息 $X$，先把它扩充成长度（位数）为 512 的整倍数的数据：

$$X \to X \qquad \| 1 \| 0\cdots0 \| \qquad （X \text{的长度}) L$$
$$（\text{原消息}) \quad （\text{填充}) \qquad （64 \text{ bit})$$

再将所得数据分成 $s$ 个 512 bit 的数组：

$$X = x_1 \| x_2 \| \cdots \| x_s$$

### 2.  SHA-1 算法描述

（1）SHA-1 的初始化和主循环

SHA-1 有 5 个 32 bit 的链接变量 $A$、$B$、$C$、$D$、$E$。算法执行时对 $A$、$B$、$C$、$D$、$E$ 初始化为（十六进制表示）：

$$A = 0\text{x } 67452301$$
$$B = 0\text{x } efcdab89$$
$$C = 0\text{x } 98badcfe$$
$$D = 0\text{x } 10325476$$
$$E = 0\text{x } c3d2e1f0$$

图 4.3 给出了 SHA-1 的主循环结构图。它执行 $s$ 次循环，把链接变量的初始值，在逐次的循环中变换，产生最终的 Hash 值。每个主循环都由 4 个轮函数组成。

（2）轮函数

SHA-1 的 4 个轮函数中的每一轮都由 20 次的操作组成，4 轮共完成 80 次操作。SHA-1 中定义了 3 个基本逻辑函数。其合并为一个带参数 $i$（表示操作序号）的逻辑函数，用在 4 轮的 80 个操作中。设 $X$、$Y$、$Z$ 表示 32 bit 的字，定义如下：

$$f_i(X,Y,Z) = (X \wedge Y) \vee (X \wedge Z) \qquad\qquad 当 0 \leqslant i \leqslant 19 时$$

$$f_i(X,Y,Z) = X \oplus Y \oplus Z \qquad\qquad 当 20 \leqslant i \leqslant 39 或 60 \leqslant i \leqslant 79 时$$

$$f_i(X,Y,Z) = (X \wedge Y) \vee (Y \wedge Z) \vee (Z \wedge X) \qquad 当 40 \leqslant i \leqslant 59 时$$

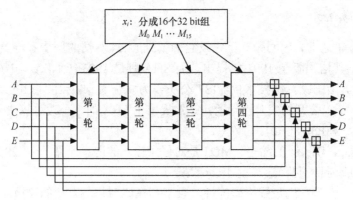

图 4.3　SHA-1 的主循环结构图

各个轮函数的输入除了链接变量外，另一个输入是 512 bit 的字分组的扩展。若把这 16 个 32 bit 分组表示为 $M_0, M_1, \cdots, M_{15}$，先把它扩展为 80 次操作中所需的 80 个 32 bit：

$$W_i = M_i \qquad\qquad 当 0 \leqslant i \leqslant 15 时$$

$$W_i = (W_{i-3} \oplus W_{i-8} \oplus W_{i-14} \oplus W_{i-16}) <<< 1 \quad 当 16 \leqslant i \leqslant 79 时$$

轮函数中还有 4 个常数。按照 80 次操作，它们记为：

$$K_i = 0x\ 5a827999 \qquad\qquad 当 0 \leqslant i \leqslant 19 时$$

$$K_i = 0x\ 6ed9eba1 \qquad\qquad 当 20 \leqslant i \leqslant 39 时$$

$$K_i = 0x\ 8f1bbcdc \qquad\qquad 当 40 \leqslant i \leqslant 59 时$$

$$K_i = 0x\ ca62c1d6 \qquad\qquad 当 60 \leqslant i \leqslant 79 时$$

现在已为每个操作准备了逻辑函数、32 bit 消息字和轮常量。每个操作函数的运算效果可以用图 4.4 来说明。这里 $i$ 对应操作序号（$0 \leqslant i \leqslant 79$），<<<s 表示循环左移 $s$ bit 运算，"⊞"表示模 $2^{32}$ 加法。

这时，主循环可以表示如下：

$$a=A,\ b=B,\ c=C,\ d=D,\ e=E$$

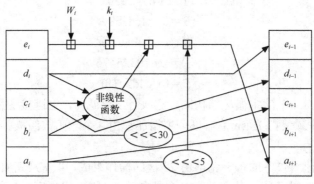

图 4.4　SHA-1 操作的原理图

对 $i$=0～79 执行

$$TEMP = (a <<< 5) + f_i(b,\ c,\ d) + e + W_i + K_i$$
$$e = d$$
$$d = c$$
$$c = b <<< 30$$
$$b = a$$
$$a = TEMP$$

80 次循环后计算 $A=a+A$，$B=b+B$，$C=c+C$，$D=d+D$，$E=e+E$。

然后，利用一个 512 bit 分组进行计算，直至用完最后一个 512 bit 分组为止。下面是变量 $A$、$B$、$C$、$D$、$E$ 的当前值的链接：

$$A \parallel B \parallel C \parallel D \parallel E$$

即是所要得的 Hash 值。

### 3. SHA 算法的安全性

1998 年，两位法国研究人员 Florent Chabaud 与 Antoine Joux 发现了攻击 SHA（也称 SHA-0）的一种差分碰撞算法。2004 年美洲密码年会 Crypto'2004 上，Antoine Joux 利用 BULL SA 公司开发的计算机系统 TERA NOVA 发现了 SHA 算法的碰撞的实例。在同一会议上，王小云指出可通过大约 $2^{40}$ 次的计算，找出 SHA-0 的碰撞例子，她因为攻击 MD5、HAVAL-128、MD4 和 RIPEMD 算法，并成功给出 MD5 碰撞的例子而受到关注。

原 SHA 和 SHA-1 的固定输出长度均为 160 bit，特别是 SHA-1 得到了广泛的应用。2017 年，荷兰阿姆斯特丹 Centrum Wiskunde & Informatica（CWI）研究所和 Google 公司的研究人员给出第一个 SHA-1 碰撞实例。这就意味着 SHA-1 算法也走向了生命的末期，从而在一些需要强无碰撞性的场合使用 MD5 或 SHA-1 是不安全的。

下列 4 个算法可作为 Hash 函数的替换选择。2002 年，在安全 Hash 标准 FIPS PUB 180-2 中公开了 SHA 的三种固定输出长度分别为 256 bit、384 bit 及 512 bit 的变形算法 SHA-256、SHA-384 及 SHA-512。此外，国产商用密码的输出长度为 256 bit 的 Hash 标准算法 SM3 在中国得到了广泛应用。

## 4.4 现实中的数字签名方案的构造

现实中，一个消息可能是任意长的比特串，未必能落入数字签名算法的消息空间中。所以对一则消息的签名需要将它通过 Hash 函数映射到签名算法的消息空间中然后进行签名。由于安全 Hash 函数具有碰撞稳固性，因此通过 Hash 可以使原来的数字签名方案的抗攻击强度进一步加强。同时，像 Schnorr 签名方案和 ECDSA 签名方案则采用了把 Hash 函数直接集成到签名算法中，这是一种非常有趣的思路。下面通过方案实例介绍这两种不同的构造方法。

### 4.4.1 与 Hash 函数结合的签名方案 DSA

事实上 DSA 签名方案本身就考虑到了与 Hash 函数 SHA-1 的结合使用。这点可以从 SHA-1 的输出长度是 160 bit，DSA 的消息空间规模是 160 bit 得到暗示。因为在实际中，消息 $x$ 可以是任意长度的比特串，所以我们首先用 Hash 函数 SHA-1 把它映射成固定长度的比

特串 $SHA-1(x) \in M$ ，然后采用 DSA 计算数字签名值：

$$s(a, SHA-1(x)) = (\gamma, \delta)$$

从而得到签名的消息 $(x, (\gamma, \delta))$ 。验证过程也需要先计算消息的 Hash 值，再对 Hash 过的消息 $SHA-1(x)$ 用原 DSA 算法验证，过程是对于 $x \in \mathbf{Z}_2^{160}$ 和 $(\gamma, \delta) \in \mathbf{Z}_q^* \times \mathbf{Z}_q^*$ ，首先完成计算：

$$e_1 = SHA-1(x)\delta^{-1} \bmod q$$

$$e_2 = \gamma \delta^{-1} \bmod q$$

当且仅当 $\alpha^{e_1} \beta^{e_2} \equiv \gamma \bmod q$ 时，验证通过。

### 4.4.2　集成 Hash 函数的签名方案

在 4.2.3 节中我们提到 Schnorr 签名方案，它的一大贡献是其签名长度大大缩短，从而启发了 DSA 的提出。Schnorr 签名的另一个重要性质，它是集成 Hash 函数的签名。它是一种知识签名体制，而且在随机问答器模型下是可证明安全的，而它的交互版本可以证明是零知识证明。下面给出 Schnorr 签名的一个椭圆曲线版本。

#### 1. 系统建立过程

设 $F$ 是一个有限域，$E(F)$ 是域 $F$ 上的一条椭圆曲线，$G$ 是 $E(F)$ 中的一个素数 $q$ 阶的点（称为基点）。假设 $h: \mathbf{Z}_q^* \to \mathbf{Z}_q$ 是一个安全 Hash 函数。Alice 随机选取一个 $a \in \mathbf{Z}_q$ ，不妨设 $0 \leqslant a \leqslant q-1$ ，计算 $A = aG$ 。这样就建立下列数字签名体制。

（1）消息空间是 $\mathbf{M} = \mathbf{Z}_2^*$ 。

（2）标签空间是 $\mathbf{A} = \mathbf{Z}_q \times \mathbf{Z}_q$ 。

（3）密钥 $k \in \mathbf{K}$ 由私钥 $k_s$ 和公钥 $k_v$ 两部分组成 $k = (k_s, k_v)$ ，其中私钥为 $k_s = a$ ，公钥为 $k_v = (E(F), h, q, G, A)$ 。

#### 2. 签名的过程

Alice 随机选取一个数 $r \in \mathbf{Z}_q$ ，不妨设 $0 \leqslant r \leqslant q-1$ ，定义

$$s(a, x) = (\gamma, \delta)$$

其中

$$\gamma = h(x \| rG)$$

$$\delta = r + a\gamma \bmod q$$

#### 3. 验证算法

对于 $x \in \mathbf{Z}_2^*$ 和 $(\gamma, \delta) \in \mathbf{Z}_q \times \mathbf{Z}_q$ ，验证通过当且仅当 $h(x \| \delta G - \gamma A) = \gamma$ 。

# 小　　结

本章介绍了数字签名的基本概念和当前现实使用的算法。介绍重点是编码思想和算法的原理描述，对它们的安全性分析仅进行了初步讨论。对相关的安全性分析有兴趣的读者可以参看密码学方面的书籍。

本章还介绍了数字签名体制的另一重要构造元素 Hash 函数，特别是对 SHA-1 进行了详

细介绍。最后又对 Hash 用于构造实际的数字签名体制时的两种方法进行了论述。数字签名对后续章节的理解是相当重要的。

# 习 题 4

1. 使用 RSA 签名算法计算一个长消息的签名时，运算速度非常慢；一种想法是，首先将长消息除以 $n$，并对其余数结果用 RSA 算法签名，这样得到的数字签名是否安全？

2. RSA 签名算法中，假设 $n=pq$，$e$ 是公钥。攻击者如果收集到若干个签名值，尽管他没有得到这些签名对应的原始消息值，但知道其中存在一个消息与 $n$ 有非平公因子。攻击者怎样实施攻击？

3. 在 ElGamal 签名中，令 $p=7\,879$，证明 3 是 $\textbf{\textit{Z}}_{7\,879}^{*}$ 中的一个本原元（乘法群的生成元）。已知 Alice 的公钥是 $k_v=(p,\alpha,\beta)=(7\,879,\,3,\,4\,567)$。现有一个对消息 $x=22$ 签名 $(319,7\,414)$。验证该签名的合法性。

4. ElGamal 签名算法。Alice 选择 $p=225\,119$，那么 $\alpha=11$ 是本原根，她有一个秘密的数 $\alpha$，并计算 $\beta=\alpha^a\equiv18\,191(\bmod\,p)$，她的公开密钥为（$p,\alpha,\beta$）。Alice 签署消息 $m_1=151\,405$ 的过程是，她选择一个随机数 $k$ 并且秘密地保存，再计算 $\gamma\equiv\alpha^k\equiv164\,130(\bmod\,p)$，然后得到 $s\equiv k^{-1}(m-a\gamma)\equiv130\,777(\bmod\,p-1)$。从而得到签名三元组 $(m,\gamma,s)=(151\,405,164\,130,130\,777)$。设 Alice 还对消息 $m_2=202\,315$ 进行了签署，得到签名 $(m,\gamma,s)=(202\,315,164\,130,164\,899)$。试描述 Oscar 通过攻击获得 Alice 的私钥的过程。

5. SHA 比 MD5 安全吗？为什么？

6. 计算消息摘要要求运算速度很快，假设这样处理消息：取出消息，将其分为长度为 128 bit 的分组，将这些分组**异或**，得到 128 bit 的结果，对这一结果使用标准的 Hash 函数计算其摘要。这是否是一个好的消息摘要算法？

7. SHA-1 算法对于长度为 512 bit 的消息也要实施填充，试说明原因。

# 第 5 章

# 身 份 识 别 与 消 息 鉴 别

第 1 章曾介绍过信息系统面临的基本攻击类型，包括以窃听来获取信息内容或进行流量分析的被动攻击和以假冒、重放、篡改消息及拒绝服务等手段进行的主动攻击。利用第 3 章介绍的加密方法，对信息进行加密可以有效地抵抗被动攻击。本章介绍的鉴别（Authentication）则是防止主动攻击的重要技术，它对开放环境中的各种信息及信息系统的安全有重要作用。

一般来说，鉴别的主要目的有两个：第一，验证信息收发双方的真实身份；第二，验证信息的完整性，即消息在传输中未被篡改、截获、重放、延迟或发生乱序等。

有关鉴别的实用技术有以下两种。

身份识别（Identity Authentication）：通信和数据系统的安全性常取决于能否正确地验证通信或终端用户的个人身份，如机要重地的进入、自动提款机提款、密钥分发以及各种资源系统的访问等都需要对用户的个人身份进行识别。

消息鉴别（Message Authentication）：信息来源的可靠性及完整性，需要有效的消息鉴别来保证，如通过网络用户 A 将消息 $M$ 发送给用户 B，这里的用户可能是个人、机关团体、处理机等，用户 B 需要进行消息鉴别，确定收到的消息是否来自 A，而且还要确定消息的完整性。

## 5.1 身份识别

有效的身份识别是信息安全的保障，在信息的访问或使用中，必须有严格的身份验证保证信息及信息系统的安全，以保障授权用户的权利。例如，银行的自动取款机（ATM）可将现款发放给经其识别后认为是合法的账号持卡人，对计算机的访问和使用、安全重地进出、出入境等都是以准确的身份识别为基础的。身份识别技术是信息安全的一项关键技术，身份识别包括用户向系统出示自己的身份证明和系统查核用户的身份证明两个过程，它们是判明和确定通信双方真实身份的重要环节。

身份识别的主要依据有以下三种。

（1）用户所知道的，如常用的口令、密钥等。

（2）用户所拥有的，如身份证、存有密钥的智能卡、钥匙等。

（3）用户的生理特征及特有的行为结果，如指纹、DNA、声音、签名字样等。

值得注意的是，身份识别只验证识别过程是否满足某些约束条件，一旦条件满足即使证明者是伪装的验证方也会接受证明者。特别是在网络环境下，用户不是面对面地进行验证，弱的身份识别协议甚至会导致将一段证明程序识别为一个"合法用户"。

在实际应用中，身份识别跟密钥分发紧密联系在一起。身份识别可以分为双向鉴别和单向鉴别，双向鉴别是双方要互相向对方证明自己的身份，一般适用于通信双方同时在线的情况；单向鉴别是只要一方向对方证明自己的身份，如登录邮件服务器，只需用户向服务器证明自己是授权用户即可。

常用的身份识别技术可以分为两大类：一类是基于密码技术的身份识别技术，根据采用密码技术的特点又可以分为基于口令、基于传统密码、基于公钥密码三种不同的身份识别技术；另一类是基于生物特征的身份识别技术。

## 5.1.1 基于口令的身份识别技术

识别用户身份最常用、最简单的方法是口令核对法。系统为每一个授权用户建立一个用户名/口令对，当用户登录系统或使用某项功能时，提示用户输入自己的用户名和口令，系统通过核对用户输入的用户名、口令与系统内存有的授权用户的用户名/口令对（这些用户名/口令对在系统内是加密存储的）是否匹配，如与某一项用户名/口令对匹配，则该用户的身份得到了鉴别。

这种技术简单实用，其安全性仅仅基于用户口令的保密性。基于口令的身份识别技术存在很大的安全威胁。下面以在 UNIX 操作系统中广泛使用的实现机制为例，来分析口令系统的弱点及改进方法。在 UNIX 操作系统中，口令的存储采用了图 5.1（a）所示的复杂机制。每个用户都选择一个包含 8 个可打印字符长度的口令，该口令被转换为一个 56 位的值（用 7 位 ASCII 编码）作为加密程序的密钥输入。加密程序以 DES 算法为基础，但为了使算法具有更强的安全性，在实现中对该算法进行了适当的改动，这主要是通过引入一个 12 位的随机数实现的。典型的情形为：随机数的取值是与口令分配给用户的时间相关联的。改进的 DES 算法以包含 64 个 0 块的数据作为输入，算法的输出作为下一轮加密的输入。将这一过程重复 25 次加密，最终的 64 位输出转换为 11 个字符的序列。最后，密文形式的口令和随机数的明文形式的副本一起存放到相应用户名的口令文件中。

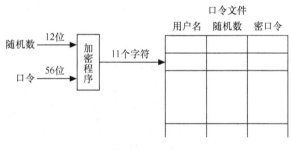

（a）分配新口令

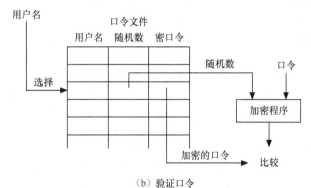

（b）验证口令

图 5.1 UNIX 口令方案

　　当用户试图登录 UNIX 操作系统时，操作系统进行身份识别的机制如图 5.1（b）所示。该用户输入用户名和口令，操作系统用该用户名索引口令文件，找到明文形式的随机数和密文形式的口令，而后随机数和用户输入的口令一起作为加密程序的输入，如果加密程序的输出与以前存储的密文形式的口令值匹配，则该用户被认为是系统的授权用户。

　　随机数的主要作用有以下三个。

　　（1）防止根据口令文件进行口令推测，即使两个不同的用户选取了相同的口令，但由于口令的分配时间是不同的，因此经过添加随机数扩展后在口令文件中存储的口令仍然不同。

　　（2）该方法并不要求用户记忆口令额外增加的两个字符，却有效地增加了口令的长度，因此，可能的口令增加了 4 096 倍，从而增加了口令文件的破解难度。

　　（3）该方法防止了对 DES 算法专用硬件实现的应用，在一般情况下，专用硬件的使用会降低攻击者的破解难度。

　　可以看出 UNIX 操作系统的口令方案面临以下两种安全威胁。

　　（1）攻击者一旦获得对系统的访问权后，可以在该机器上运行口令破解程序，对某一已知用户名，进行多次可能口令的尝试。

　　（2）攻击者可以获得口令文件的副本，在另外的机器上运行破解程序，对所有授权用户的口令进行破解。

　　为了避免以上的威胁，可以采用增加口令长度的方法提高破解难度；限制口令错误重试次数；对口令文件的读取进行严格限制，只有特别授权的用户才可访问等策略。然而，现实中存在的最大隐患是很多用户在不同的场合使用相同的口令，而且选择易于记忆的口令，如用户的名字缩写、生日、家中的电话号码等与用户相关的信息以及生活中常见词汇等。这样的口令选择使得攻击者易于猜测，破解口令的难度大大降低。因此，强制用户选择难以猜测的口令是一种更为有效的策略。然而强制用户使用难记忆的口令会带来的后果是，用户忘记口令的风险会大幅度提高，从而必须给出忘记口令的补救措施。

　　在口令选择时，为取得既难于猜测又易于记忆的"好"的口令，先验口令检验是一种可以提高口令安全性的有效方法。这种方法是在用户进行口令选择的最初由系统对口令选择的合理性进行判断，如果系统判定该口令的选取是不合理的，将拒绝接受该口令。检验算法的设计关键是在用户可记忆能力和口令安全强度之间找到一个平衡点。如果检验算法过于严格，拒绝了太多用户选择的口令，则增加了用户选择口令的难度；如果检验算法过于宽松，用户的口令就会变得易于猜测，这给攻击者以可乘之机。因此，这种检验算法的设计是一种折中的艺术。一种前景较好的方法是实现一个用于产生易猜测口令的 Markov 模型，利用这个模型，将问题从"这是一个不好的口令吗？"转换为"这个口令是由 Markov 模型生成的吗？"。

　　一般地，Markov 模型可以用一个四元组$[m,A,T,k]$来表示，其中 $m$ 代表模型中的状态数，$A$ 代表状态空间，$T$ 代表转移概率矩阵，$k$ 代表模型阶数。对于一个 $k$ 阶 Markov 模型来讲，向某特定字符转移的概率依赖于此前产生的 $k$ 个字符。图 5.2 所示给出一个简单一阶模型实例。

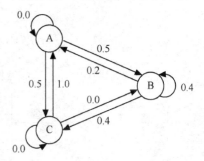

$M=\{3,\{A,B,C,\},T,1\}$其中

$$T=\begin{bmatrix} 0.0 & 0.5 & 0.5 \\ 0.2 & 0.4 & 0.4 \\ 1.0 & 0.0 & 0.0 \end{bmatrix}$$

图 5.2　一阶 Markov 模型实例

该模型展示了由包含三个字符的字母表生成的语言形式。系统在某时刻的状态由节点中的字符标记，系统节点间的转移线箭头代表了系统的变迁方向，转移线上的数值代表了从某个状态转移到另外一个状态的概率。比如当前字符为 A，则下一个字符为 B 的概率为 0.5。利用这个模型，对于一个给定的口令，该口令的所有三字母组成字符串的转移概率都可以计算出来。再利用一些标准的统计学测试方法，就可以判定该口令是否可以由 Markov 模型生成，如果可以由模型生成，则拒绝该口令。

选择到一个"好"的口令后，对口令使用和存储的安全原则有：尽量避免在输入口令时被他人看到；口令最好自己记住，不要随便写出来或告诉他人；经常更换口令等。另外，在条件允许的情况下，可以将身份识别的依据由用户知道的变为用户所拥有的，选择将口令存放在智能卡中，当需要使用口令时将智能卡插入，让系统完成口令验证。

上述口令身份识别机制，只适合现场身份识别。在网络环境下使用口令身份识别机制必须对口令的传送进行动态加密，即使是相同的口令，在每次加密传送中密文都必须不相同。

## 5.1.2　基于传统密码的身份识别技术

在网络环境中，传输的信息存在被窃听和重放的威胁，这对身份识别的安全技术提出了更高的要求。例如，当授权用户登录邮件服务器查看自己的邮件时，需要向邮件服务器出示自己的身份证明，假如将身份信息以明文的方式传输给邮件服务器，攻击者可以窃听并记录这些信息，这样攻击者就可以将所记录的授权用户的身份信息发给邮件服务器，在邮件服务器完全无法分辨的情况下，假冒授权用户。基于传统密码的身份识别可以有效地避免这样的安全威胁，这种技术要求双方事先通过其他方式商定共享的密钥。

典型的基于对称密码的双向鉴别协议是 Needham-Schroeder 协议，该协议要求有可信第三方 KDC（密钥分发中心）的参与，采用询问/应答的方式使得通信双方 A、B 互相识别对方的身份。过程如下。

(1) $A \rightarrow KDC : ID_A \| ID_B \| R_A$；

(2) $KDC \rightarrow A : E_{K_A} \left[ K_S \| ID_B \| R_A \| E_{K_B} \left[ K_S \| ID_A \right] \right]$；

(3) $A \rightarrow B : E_{K_B} \left[ K_S \| ID_A \right]$；

(4) $B \rightarrow A : E_{K_S} \left[ R_B \right]$；

(5) $A \rightarrow B : E_{K_S} \left[ f(R_B) \right]$。

其中，$A \rightarrow B$ 表示 A 向 B 发送冒号后的信息；"$\|$"表示两个信息不加任何改变地连接在一起；$E_{K_S} [\ ]$ 表示利用密钥 $K_S$ 对括号内信息加密；$ID_A$ 表示用户 A 的用户名；$K_A$ 和 $K_B$ 分别是 A 和 KDC、B 和 KDC 之间共享的密钥；$K_A$ 和 $K_B$ 是两个随机数；$f(R_B)$ 是对 $R_B$ 进行一个运算，如 $f(R_B) = R_B - 1$。

随机数及对其进行运算的引入是为了防止重放攻击。在第（1）步，A 向 KDC 申请要和 B 通信。在第（2）步 A 安全地得到一个新的密钥 $K_S$，并且由于 $R_A$ 的出现，使 A 确信来自 KDC 的信息是合法有效的，不是攻击者的重放。第（3）步，除 KDC 外，只有 B 能解密，这样 B 便获得密钥 $K_S$。第（4）步，B 向 A 证明自己已经知道，从而证明了 B 的身份。第（5）步，A 将第（4）步得到的信息解密得 $R_B$，并向 B 发送用 $K_S$ 加密的 $R_B - 1$，从而 B 相信 A

知道 $K_S$，并且由于随机数的出现，确信不是攻击者的重放，成功地识别了 A 的身份。

该协议的主要漏洞是 A 和 B 以前使用过的密钥 $K_S$ 对攻击者仍有利用的价值。当攻击者 C 掌握了 A 和 B 以前使用过的密钥 $K_S$ 后，C 可以冒充 A 通过 B 的鉴别。C 在第（3）步将以前记录的信息重放，并截断 A 与 B 之间的通信，过程如下。

（3′）$C \to B : E_{K_B}\left[K_S \| ID_A\right]$；

（4′）$B \to C : E_{K_S}\left[R_B\right]$；

（5′）$C \to B : E_{K_S}\left[f\left(R_B\right)\right]$。

这样，C 使得 B 相信正在与自己通信的是 A。

Denning 结合时间戳的方法，对协议进行了改进，如下表述。

（1）$A \to KDC : ID_A \| ID_B$；

（2）$KDC \to A : E_{K_A}\left[K_S \| ID_B \| T \| E_{K_B}\left[K_S \| ID_A \| T\right]\right]$；

（3）$A \to B : E_{K_B}\left[K_S \| ID_A \| T\right]$；

（4）$B \to A : E_{K_S}\left[R_B\right]$；

（5）$A \to B : E_{K_S}\left[f\left(R_B\right)\right]$；

$$\left|Clock - T\right| < \Delta t_1 + \Delta t_2 。$$

其中，$T$ 是时间戳，$\Delta t_1$ 是 KDC 时钟与本地时钟（A 或 B）之间差异的估计值，$\Delta t_2$ 是预期的网络延迟时间。

在 Denning 的改进中，由于 $T$ 是经 A 和 KDC、B 和 KDC 之间分别共享的密钥加密的，所以攻击者即使知道 A 和 B 以前使用过的密钥 $K_S$，并在协议的过去执行期间截获第（3）步的结果，也无法成功地重放给 B，因 B 对收到的消息可通过时间戳检查其是否为新的。

Denning 对协议的改进避免了原来协议可能遭到的攻击，但其安全性主要依赖网络中各方时钟的同步，而这种同步可能会由于系统故障或计时误差而被破坏。如果发送方的时钟超前于接收方的时钟，攻击者就可能截获发送方发出的消息，等待消息中时间戳接近于接收方的时钟时，再重发这个消息。这种攻击称为等待重放攻击。为了抵抗等待重放攻击，要求网络中各方以 KDC 的时钟为基准定期检查并调整自己的时钟。

下面来看一个不需要可信第三方参与的鉴别协议，要求 A 和 B 事先共享有密钥 $K_{AB}$。

（1）$A \to B : ID_A \| R_A$；

（2）$B \to A : E_{K_{AB}}\left[K_S \| ID_B \| f\left(R_A\right) \| R_B\right]$；

（3）$A \to B : E_{K_S}\left[f\left(R_B\right)\right]$。

第（1）步，A 将自己的身份和一个随机数 $R_A$ 发给 B，希望和 B 通信。第（2）步，B 生成一个密钥 $K_S$，连同对随机数 $R_A$ 的运算和一个新的随机数 $R_B$，一起用事先共享的密钥 $K_{AB}$ 加密后发给 A；A 收到后，如果能用共享密钥解密消息并得到对随机数 $R_A$ 的正确运算，则相信 B 的身份，同时得到密钥 $K_S$。第（3）步，A 用 $K_S$ 加密对随机数 $R_B$ 的运算，并发给 B；B 收到后如果能解密并得到对随机数 $R_B$ 的正确运算，则相信 A 的身份。

上述给出的两类身份识别协议除了完成身份识别外，实际上还为通信双方共享了一个密

钥 $K_S$（称为会话密钥）。会话密钥的建立在网络环境下是非常关键的。否则即使 B 可靠地验证了 A 的身份，紧接着它们之间可能需要传送数据或者 B 会授权给 A 对其资源的访问权，从而完成某个工作。但是在这个工作过程中，设想一个攻击者 C 用某种手段阻断了 A 的通信，进而冒充 A 和 B 进行后面的过程，这时称 C 进行了会话劫持攻击。为了避免这种攻击，A、B 之间有必要验证各个时刻是否正在与假定的对象通信，这时会用到会话密钥。另一个作用是，会话密钥还可以保护 A、B 之间传递的数据的机密性。

## 5.1.3 基于公钥密码的身份识别技术

在无法事先商定共享密钥的情况下，使用基于公钥密码的身份识别技术可以进行有效的身份识别和密钥分发。下面先以 Woo-Lam 协议为例来说明。

该协议同样需要可信第三方的参与，过程如下。

（1）$A \rightarrow KDC : ID_A \| ID_B$；

（2）$KDC \rightarrow A: E_{KR_{auth}} \left[ ID_B \| KU_B \right]$；

（3）$A \rightarrow B : E_{KU_B} \left[ R_A \| ID_A \right]$；

（4）$B \rightarrow KDC : ID_B \| ID_A \| E_{KU_{auth}} \left[ R_A \right]$；

（5）$KDC \rightarrow B : E_{KR_{auth}} \left[ ID_A \| KU_A \right] \| E_{KU_B} \left[ E_{KR_{auth}} \left[ R_A \| K_S \| ID_A \| ID_B \right] \right]$；

（6）$B \rightarrow A : E_{KU_A} \left[ E_{KR_{auth}} \left[ R_A \| K_S \| ID_A \| ID_B \right] \| R_B \right]$；

（7）$A \rightarrow B : E_{K_S} \left[ R_B \right]$。

其中，$KU_A$、$KU_B$、$KU_{auth}$ 分别是 A、B、KDC 的公钥；$KR_A$、$KR_B$、$KR_{auth}$ 分别是 A、B、KDC 的私钥；$K_S$ 为分发的密钥。

协议的具体含义如下。

第（1）步，A 发送自己和 B 的身份信息给 KDC，向 KDC 请求 B 的公钥。

第（2）步，KDC 向 A 发送用自己私钥对 B 的公钥签名，A 用已知的 KDC 的公钥验证后可得 B 的公钥。

第（3）步，A 向 B 发送用 B 的公钥加密的自己的身份信息和一个随机数 $R_A$。

第（4）步，B 向 KDC 请求 A 的公钥，并发送用 KDC 的公钥加密的随机数 $R_A$。

第（5）步，B 得到 A 的公钥，以及 KDC 对随机数 $R_A$、密钥 $K_S$、A 和 B 身份信息的签名。

第（6）步，B 将第（5）步得到的签名和随机数 $R_B$ 发给 A，A 在其中找到自己的随机数 $R_A$，确信该消息不是重放。

第（7）步，A 用第（6）步从 KDC 的签名中得到的密钥 $K_S$ 加密随机数 $R_B$，并发送给 B；B 收到后，解密并验证随机数 $R_B$，确信消息不是重放。

在以上协议中，由于 A 和 B 都确信只有对方才能正确解密用其公钥加密的信息，这样，A 和 B 就能够互相识别对方的身份。

基于公钥密码的身份识别技术还可用于通信双方不同时在线的情景。例如，A 向 B 发送电子邮件，并不需要同时在线，而在 B 查看电子邮件时必须确认该邮件是出自 A，而不是攻击者伪造的。下面是基于公钥密码的一个单向身份识别方案。

$$A \rightarrow B: E_{KU_B}[K_S] \| K_{K_S}[M \| s_{KR_A}[H(M)]]$$

该方案要求 A 和 B 互相知道对方的公钥。A 用 B 的公钥加密一个密钥 $K_S$，再用 $K_S$ 加密要发送给 B 的数据和用自己的私钥签名的数据的 Hash 值，然后将这些内容一起发送给 B；由于只有 B 能够用自己的私钥解密得到 $K_S$，所以其他人即使截获消息，也无法得到 A 发给 B 的数据明文；B 收到后，先解密得到 $K_S$，然后解密数据和 A 的签名，最后计算出数据的 Hash 值，利用 A 的公钥可以验证 A 的签名，从而确定 A 的身份。本方案在让 B 确定 A 的身份的同时，还可以防止 A 对所发数据的抵赖。

### 5.1.4　基于生物特征的身份识别技术

传统的身份识别主要是基于用户所知道的知识和用户所拥有的身份标识物，如用户的口令、用户持有的智能卡等；在一些安全性较高的系统中，往往将两者结合起来，如自动取款机要求用户提供银行卡和相应的口令。但身份标识物容易丢失或被伪造，用户所知道的知识容易忘记或被他人知道，这使得传统的身份识别无法区分真正的授权用户和取得授权用户知识和身份标识物的冒充者，一旦攻击者得到授权用户的知识和身份标识物，就可以拥有相同的权力。现代社会的发展对人类自身的身份识别的准确性、安全性和实用性不断提出要求，人们在寻求更为安全、可靠、使用方便的身份识别途径的过程中，基于生物特征的身份识别技术应运而生。

基于生物特征的身份识别技术是以生物技术为基础，以信息技术为手段，将生物和信息技术交汇融合为一体的一种技术。其基本思想为：提取唯一的特征并且转化成数字代码，进一步将这些代码组成特征模板；在用户需要进行身份识别时，获取其相应特征并与数据库中的特征模板进行比对，根据匹配结果来决定接受或拒绝，如图 5.3 所示。

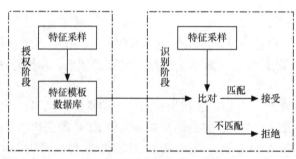

图 5.3　基于生物特征身份识别的基本框图

并不是所有的生物特征都可用来进行身份识别，只有满足以下条件的生理或行为特征才可以用来作为身份识别的依据。

（1）普遍性：每个人都应该具有该特征。

（2）唯一性：每个人在该特征上有不同的表现。

（3）稳定性：该特征相对稳定，不会随着年龄等变化。

（4）易采集性：该特征应该容易被测量。

（5）可接受性：人们是否接受以该特征作为身份识别。

下面介绍几种研究较多而又有实用价值的身份识别特征。

### 1. 指纹

指纹识别是最传统、最成熟的生物鉴定方式。目前，全球范围内都建立有指纹鉴定机构以及罪犯指纹数据库，指纹鉴定已经被官方所接受，成为司法部门有效的身份鉴定手段。

指纹识别处理包括对指纹图像采集、指纹图像处理与特征提取、特征值的比对与匹配等过程。许多研究表明，指纹识别在所有生物特征识别技术中是对人体最不构成侵犯的一种技术手段。其优点如下。

（1）独特性：19 世纪末，英国学者亨利提出了基于指纹特征进行识别的原理和方法。按照亨利的理论，一般人的指纹在出生后 9 个月得以成型并终生不变；每个指纹一般都有 70 个～150 个基本特征点。从概率学的角度，在两枚指纹中只要有 12、13 个特征点吻合，即可认定为同一指纹。按现有人口计算，上述概率 120 年才会出现两枚完全相同的指纹。

（2）稳定性：指纹的样式终生不变。例如，指纹不会随着人年龄的增长、身体健康程度的变化而变化，人的声音却有着较大的变化。

（3）方便性：目前已有标准的指纹样本库，方便识别系统的软件开发；另外，识别系统中完成指纹采样功能的硬件部分（即指纹采集仪）也较易实现。

### 2. 虹膜

人眼虹膜位于眼角膜之后，水晶体之前，是环形薄膜。其图样具有个人特征，可以提供比指纹更为细致的信息，因此可以作为个人身份识别的重要依据。可以使用一台摄像机在 $35\sim40\ cm$ 的距离内采样，然后由软件对所得数据与存储的模板进行比对。每个人的虹膜结构各不相同，并且这种独特的虹膜结构在人的一生中几乎不发生变化。

### 3. DNA

DNA（脱氧核糖核酸）存在于一切有细胞核的动、植物中，生物的全部遗传信息都存储在 DNA 分子里。DNA 结构中的编码区，即遗传基因或基因序列部分占 DNA 全长的 3%～10%，这部分即遗传密码区。就人来讲，遗传基因约有十万个，每个均由 A、T、G、C 四种核苷酸，按次序排列在两条互补的组成螺旋的 DNA 长链上。核苷酸的总数达 30 亿左右，如随机查两个人的 DNA 图谱，其完全相同的概率仅为三千亿分之一。随着生物技术的发展，尤其是人类基因研究的重大突破，研究人员认为 DNA 识别技术将是未来生物特征识别技术发展的主流。

由于识别的精确性和费用的不同，在安全性要求较高的应用领域中，往往需要融合多种生物特征来作为身份识别的依据。由于人体生物特征具有人体所固有的不可复制的唯一性，而且具有携带方便等特点，使得基于生物特征的身份识别技术比其他身份识别技术具有更强的安全性和方便性。

在实际的身份识别系统中，往往不是单一地使用某种技术，而是将几种技术结合起来使用，兼顾效率和安全。需要注意的是，只靠单纯的技术并不能保证安全，当在实际应用中发现异常情况时，如在正确输入口令的情况下仍无法获得所需服务，一定要提高警惕，很有可能是有攻击者在盗取身份证明。

## 5.2 消息鉴别

消息鉴别系统保护数据的完整性（integrity），检测或恢复敌手对数据进行的篡改、伪造等破坏。

如果消息数据是真实完整的数据并且来自所声称的消息源，就称该消息数据是可信的。消息鉴别是消息的原发方对原始消息数据进行约定的处理，将得到的数据发出，使得接收方能够验证所接收的消息为可信消息的技术。鉴别的两个重要方面是验证消息的内容没有受到更改以及消息源是可信的，同时还希望验证消息的时效性，不存在人为的延迟或重放，以及通信各方之间消息流的顺序关系。

利用收发双方拥有的特定知识，原发方对原始消息数据进行约定的变换，达到接收方能够检验的目的，这是消息鉴别的基本思想。本章将介绍 4 种消息鉴别机制：基于对称加密的鉴别、消息鉴别码、数字签名机制和无条件安全鉴别码。

### 5.2.1　基于对称加密的鉴别

假定只有通信双方 A 和 B 共享有密钥 $K_{AB}$，$M$ 为 A 欲发送给 B 的有意义的合法信息。A 将 $M$ 用密钥 $K_{AB}$ 加密后再发给 B，如图 5.4 所示。假定 $M$ 是一种有格式的消息，那么上述方法在对信息提供保密性的同时也提供完整性的鉴别。

图 5.4　基于私钥加密的鉴别

具体原因是，由于密钥 $K_{AB}$ 只有 A 和 B 知道，当 B 收到消息后，可以确信该消息的原发方是 A；攻击者不知道密钥 $K_{AB}$，无法伪造 $C$ 使得其解密后是有意义的合法信息，同样也无法对 A 发出的 $C$ 进行篡改使得其解密后是有意义的合法信息。为保证信息顺序和防止重放攻击，原发方 A 可以在信息 $M$ 中添加发放标识符、序号和时间戳。

当原发方 A 欲发送的信息无实际语言意义时，如随机数等，上面介绍的方案将起不到消息鉴别的作用。此时，引入单向 Hash 函数，可以提供信息完整性的检测，如图 5.5 所示。

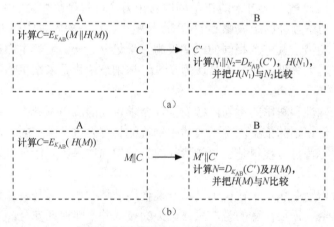

图 5.5　私钥加密并带 Hash 函数的消息鉴别

在图 5.5（a）所示的方式中，原发方 A 先对信息 $M$ 计算 Hash 值 $H(M)$，然后将 $M \parallel H(M)$ 加密后发送给 B；用户 B 收到加密信息 $C'$ 后，先解密，然后计算 $N_1$ 的 Hash 值，并与附在其后的 $N_2$ 比较，若相同，则该信息是可信的。在图 5.5（b）所示的方式中，唯一的不同是 A 只加密信息 $M$ 的 Hash 值 $H(M)$，这样的做法类似于消息鉴别码方式，只保证消息的完整性，不提供保密性。

基于传统密码的消息鉴别优点是速度快，同时可以提供保密性；缺点是通信双方需要事先约定共享密钥，而且当有 $n$（$n>2$）个用户参与通信时，必须两两之间事先约定独立的共享密钥，每个用户要保存（$n-1$）个密钥，密钥管理难度大。

## 5.2.2　消息鉴别码

消息鉴别的思想是：不对消息进行加密，利用特定编码方法由消息直接生成一个消息鉴别码，把消息鉴别码附加在消息后。这样，接收方可以在不用解密的情况下读取消息，验证消息的完整性。

在多数情况下，希望保证消息完整性的同时，不一定需要提供保密性。消息鉴别码可应用在下列几种场合。

（1）要求将相同的消息向许多目标接收方进行广播。为提高效率，一般是只有一个负责消息鉴别的接收方。如果消息鉴别的结果不是预期的，该接收方将用一个通用的报警信号向其他接收方发出警告。例如，网络管理中心向用户发送通告等。

（2）接收方的工作繁忙，无法进行大量的解密工作，可以选择性地进行消息鉴别。

（3）有些应用场合期望得到长期的保护，同时要在收到消息时允许处理消息，如果使用加密机制，当解密后保护便失效，这样，消息只能在传输过程中得到完整性保护，而在接收方的存放将无法保证其完整性。

（4）对计算机程序提供完整性鉴别。计算机程序以明文方式存放，每次都可以直接运行，不需要浪费计算机资源进行解密。

消息鉴别码（MAC）是在密钥的控制下，将消息映射到一个简短的定长数据分组。将消息鉴别码附加到消息后，提供消息的完整性检测。设 $M$ 是消息；$F$ 为密钥控制的公开函数，$F$ 可以接受任意长度的输入，但输出为定长，通常称 $F$ 为 MAC 函数；$K$ 为通信方之间共享的密钥。消息 $M$ 的消息鉴别码为

$$MAC_M = F_K(M)$$

使用消息鉴别码实现消息鉴别如图 5.6 所示。原发方每次将 $MAC_M$ 附加在 $M$ 后发给接收方，接收方收到消息后对消息 $M$ 重新计算消息鉴别码，并与收到的 $MAC_M$ 进行比较。如果相同，则接收方相信以下两点。

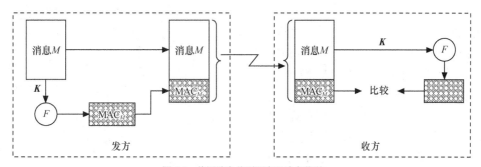

图 5.6　使用消息鉴别码实现消息鉴别

（1）消息是完整的，没有被篡改。因为只有收发方知道密钥，攻击者篡改消息后，无法得到与篡改后的消息相应的消息鉴别码。

（2）消息出自声称的原发方，不是冒充的。因为只有收发方知道密钥，攻击者无法对自

已发送的消息产生相应的消息鉴别码。

为了保证消息确实是由原发方实时发出的，而不是攻击者的重放，只需在原始消息中加上时间戳组成新的消息数据，将该消息数据视为原发数据处理即可。在原始消息中添加序列号，可以保证消息流顺序。

MAC 函数又类似于数字签名，不同的是 MAC 属于对称密码，而数字签名是非对称密码。MAC 函数类似于加密函数，不同的是 MAC 函数不需要可逆，而加密函数必须是可逆的，MAC 函数比加密函数更容易构造。使用加密函数加密消息时，其安全性一般取决于密钥的长度。如果加密函数没有其他弱点可以利用的话，攻击者只能使用穷搜的方法测试所有的密钥。假设密钥长度为 $k$ bit，则攻击者平均进行的测试次数为 $2^{k-1}$ 次。特别地，对于唯密文攻击来说，攻击者只知道密文，需要用所有可能的密钥对密文执行解密，直到得到有意义的明文。

MAC 函数为多对一的映射，当 MAC 的长度为 $n$ bit 时，函数输出有 $2^n$ 种可能，其可能的输入消息个数远远大于 $2^n$；假设密钥长度为 $k$ bit，则可能的密钥个数为 $2^k$。现假设 $k>n$，说明攻击者已知明文消息 $M$ 及其 MAC，那么如何利用穷搜攻击获得密钥？对应 $2^k$ 个密钥，攻击者可计算与 $M$ 相应的 $2^k$ 个 MAC，由于 MAC 函数的输出只有 $2^n$ 种可能，且 $2^k>2^n$，则平均有 $2^{k-n}$ 个密钥可以对同一 $M$ 产生相同的 MAC。攻击者此时无法确定哪一个密钥是通信双方使用的。为了确定正确的密钥，攻击者必须得到更多的消息及其由该密钥生成的 MAC，然后重复进行上述的穷搜攻击。利用概率论知识进行下列估计，第一轮后可以确定 $2^{k-n}$ 个可能的密钥，第二轮后可以确定 $2^{k-2n}$ 个可能的密钥，依此类推。攻击者平均需要 $\lceil k/n \rceil$ [1] 轮穷搜，才可以得到正确的密钥。计算量之大，使得从穷搜攻击的角度来看，MAC 函数不易破解。

产生消息鉴别码的方法有很多，下面来介绍一个典型的方案：**HMAC 算法**。

HMAC 算法由 Bellare 等人在 1996 年提出，1997 年在 RFC-2104 中发布，之后成为事实上的 Internet 标准，包括 IPSec 协议在内的一些安全协议都采用了 HMAC 算法。HMAC 算法的基本思想是：把密钥和一个已有的 Hash 函数结合构造 MAC。

图 5.7 所示描述了 HMAC 算法的结构。其中，Hash 表示 Hash 函数（如 MD5、SHA-1）。$b$ 是 Hash 的分组 bit 位长（如 MD5 与 SHA-1 的分组长度均为 512 bit）；$n$ 为 Hash 函数输出值的 bit 位长（如 MD5 与 SHA-1 的分组长度均为 512 bit）；$K$ 为密钥，如果密钥长度大于 $b$，则将密钥输入 Hash 函数以产生一个 $n$ bit 长的值，并代替原来的密钥；$K^+$ 是在 $K$ 的后面填充 **0**，得到的长度为 $b$ 的值；ipad 为重复 $b/8$ 次的

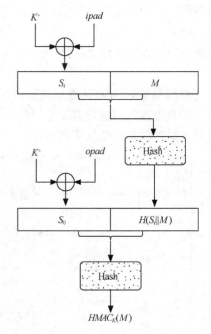

图 5.7 HMAC 算法结构框图

---

[1] $\lceil k/n \rceil$ 指 $k/n$ 的整上界。

**00110110**（ox36）；*opad* 为重复 *b*/8 次的 **01011100**（ox5C）。则算法的输入可表示为

$$\text{HMAC}_K(M) = \text{H}[(K^+ \oplus opad)\|\text{H}[(K^+ \oplus ipad)\|M]]$$

算法的运行可叙述如下。

（1）在 *K* 的后边填充 **0** 以产生 *b* bit 长的 $K^+$；

（2）将 $K^+$ 与 ipad 按位**异或**产生 *b* bit 长的 $S_i$；

（3）将 *M* 附加在 $S_i$ 后；

（4）将上一步产生的数据输入 Hash 函数，输出 $\text{H}(S_i\|M)$；

（5）将 $K^+$ 与 *opad* 按位**异或**产生 *b* bit 长的 $S_o$；

（6）将第（4）步产生的 $\text{H}(S_i\|M)$ 填充到 *b* bit 长后，附加在 $S_o$ 后；

（7）将上一步产生的数据输入 Hash 函数，输出结果 $\text{HMAC}_K(M)$。

说明：$K^+$ 与 *ipad* 按位**异或**以及 $K^+$ 与 *opad* 按位**异或**，其目的是将 *K* 中一半的位取反，只是两次取反的位置不同；而 $S_i$ 和 $S_o$ 相当于以伪随机的方式从 *K* 产生了两个密钥，用于 Hash 函数的计算。

HMAC 算法的安全性取决于嵌入其中的 Hash 函数的安全性。已经证明了算法的强度与嵌入的 Hash 函数的强度之间的关系。对 HMAC 的攻击等价于对嵌入的 Hash 函数的两种攻击之一，说明如下。

（1）对于 Hash 函数的初始向量 **IV** 是随机或秘密的，攻击者能够计算压缩函数的一个输出。

（2）对于 Hash 函数的初始向量 **IV** 是随机或秘密的，攻击者能够找到 Hash 函数的碰撞。

## 5.2.3　数字签名机制

在基于对称密码算法的身份识别和消息鉴别码方案中，通信双方需要共享一个秘密值，这是建立在双方互相忠实、信任的基础上。但在现实生活中，这样的基础在利益面前是很脆弱的。例如，投资商和他的经纪人之间。当投资商想投资某个股票时，他会发消息指示他的经纪人去购买该股票，为了保证消息的可信度，他们之间约定使用消息鉴别。当投资商发现股票一直在亏损时，他可以向经纪人要赖，否认让经纪人购买股票的消息是他发的，而说是经纪人自己编造的，让经纪人负责赔偿。在这种情况下，由于经纪人和投资商享有同样的秘密值，无法证明该消息真正出自投资商还是经纪人。同样，在经纪人私自挪用投资商的资金后，也可以伪造一个投资商的授权消息。而通过使用数字签名机制进行消息鉴别，就可以解决该例中出现的问题。

使用基于公钥密码的数字签名（参见第 4 章）实现消息鉴别的过程如图 5.8 所示。

发送方先利用公开的 Hash 函数对消息 *M* 进行变换，得到消息摘要；然后利用自己的私钥对消息摘要进行签名形成数字签名 Sig(H(*M*))；而后将签名附加在消息后发出。接收方收到消息后，先利用公开 Hash 函数对消息 *M* 进行变换，得到消息摘要；然后利用发送方的公钥验证签名。如果验证通过，则可以确定消息是可信的。

数字签名具有不可否认、不可伪造的优点。因为只有签名者拥有签名的私钥，别人无法做出能够通过相应公钥验证的合法签名，这样所有可以通过签名者公钥验证的签名消息必然是签名者发出的。利用数字签名机制进行消息鉴别时，由于发送方的公钥是公开的，任何人

都可以对他发出的消息进行鉴别，因此适用于通信双方无法事先商定共享秘密值的情况。

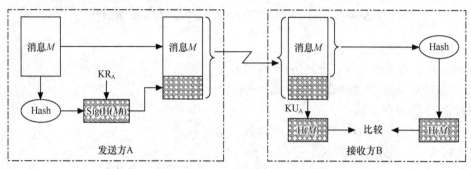

图 5.8　使用数字签名机制实现消息鉴别

### 5.2.4　无条件安全鉴别码

前面介绍的消息鉴别在基于计算复杂性的假设下是安全的，即它的安全是建立在攻击者计算能力有限的假设基础之上。而无条件安全鉴别码是与计算无关的，不基于任何假设，考虑概率意义下的安全性。即使攻击者拥有无限的计算能力，他也无法百分之百做到假冒和篡改。这里的假冒是指攻击者在没有截获到发送 A 发出任何消息的情况下，向接收方 B 发送虚假消息，以期望 B 相信消息来自于 A；篡改是指攻击者在只截获到发送方 A 发出一条合法信息 $M$ 后，对消息 $M$ 修改得 $M'$，将 $M'$ 发给 B，以期望 B 相信 $M'$ 是由 A 发出的。

严格地说，无条件安全鉴别码的编码思想来源于纠错码。它们都是在原始消息中引入冗余，然后进行编码传输，在所有可能的信息序列中，只有一小部分是原发方用于发送的。用作纠错码时，如果接收方收到的信息序列不是原发送方发送的原始序列，接收方将运用约定的规则（通常是最大似然法则）判定原发送方可能发送的消息。对于无条件安全鉴别码，当收到的信息序列不是双方约定的用于发送的序列时，说明该信息序列不是原发送方发送的，或者说该信息序列是被别人修改过的，这样的消息将由于无法通过鉴别而被拒绝。

在无条件安全鉴别码方案中，收发双方制定编码方案后，秘密约定一个编码规则。对于攻击者来说，即使他知道通信双方使用的编码方案，也无法做到百分之百攻击成功。这是由于原发送方用于发送的信息序列在编码方案中是均匀分布的，所以在攻击者看来总是随机的，使得他无法确定用于攻击的信息序列。下面用一个简单的例子来说明。

设原始的消息集为 {0,1}，所有可能的信息序列有 4 种，分别为 **00**、**01**、**10**、**11**（每个信息序列的第一位代表消息），4 个不同编码规则为 $R_0$、$R_1$、$R_2$、$R_3$。编码方案如图 5.9 所示。

其中，在某一编码规则中，空白处对应的信息序列，表示该信息序列在该编码规则下不存在，即当双方约定使用该编码规则后，该信息序列不是原发送方用于发送的序列。例如，当使用编码规则 $R_1$ 时，接收方只有收到信息序列 **00** 或 **11**，才认为该信息序列是由原发送方发出的。

|  | 00 | 01 | 10 | 11 |
|---|---|---|---|---|
| $R_0$ | 0 |  | 1 |  |
| $R_1$ | 0 |  |  | 1 |
| $R_2$ |  | 0 | 1 |  |
| $R_3$ |  | 0 |  | 1 |

图 5.9　编码方案

考虑假冒攻击的情形。假如攻击者想假冒发送方 A，发送消息 **0** 给 B。按照编码方案，他可以选择信息序列 **00** 或 **01** 来发送，**00** 序列只在编码规则 $R_0$、$R_1$ 下存在，**01** 序列只在编码规则 $R_2$、$R_3$ 下存在，由于他不知道双方约定的编码规则，无论他选择哪一个，假冒成功的概率都只有 50%。

再看篡改攻击的情形。当双方约定的编码规则为 $R_0$ 时，A 想发消息 1 给 B，用于发送的消息序列为 **10**；攻击者从 **10** 序列可以判断出 A 和 B 约定的编码规则为 $R_0$ 或 $R_2$，他对原始消息进行篡改，将消息 1 改为消息 0 时，同时需要对传输的信息序列修改，但是，将信息序列改为 **00** 或 **01** 中哪一个呢？他无法用计算来确定，只好随机地选一个，因此篡改成功的概率也只有 50%。

从上面的分析可以看出，在无条件安全鉴别码方案下，无论攻击者拥有多强的计算能力，攻击成功的概率均达不到百分之百。

上述例子仅就无条件安全鉴别码的机理进行了说明。实际使用中需要规模更大、计算更加复杂的编码方法，用以控制假冒和篡改攻击的成功概率，以达到可忽略的地步。关于这方面的内容不再叙述。

# 小　结

本章分别介绍了 4 种身份识别的技术和 4 种消息鉴别的技术，结合信息安全中出现的各种情况，分析了每种技术应用的特点。这些都是信息安全中的基础技术，在实际应用中一般不是孤立地应用某一种，而是根据应用需求的不同，结合几种技术制定适合于安全要求的技术方案。另外，在身份识别和消息鉴别方面还有一些比较重要的理论，如零知识证明等，有兴趣的读者可以参看有关方面的资料。身份识别或鉴别又称为认证或验证，这些只是名字不同，本质上一样。

# 习　题　5

1．假如只允许使用 26 个字母来构造口令：

（1）如果口令最多为 $n$ 个字符，$n=4$、6、8，不区分大小写，可能有多少个不同的口令？

（2）如果口令最多为 $n$ 个字符，$n=4$、6、8，区分大小写，可能有多少个不同的口令？

2．在 UNIX 操作系统的口令方案中，随机数的作用之一是使得口令的猜测难度提高了 4 096 倍。现在的问题是，随机数本身在口令文件中是以明文形式存放的，攻击者也可以获得该值，为什么还说随机数的引入提高了安全性呢？

3．假定你正确回答了上面的问题，并真正理解了 UNIX 口令方案中随机数的重要性和必要性，那么是否可以通过把随机数扩充到 24 位或者 48 位以遏制所有的口令攻击者呢？

4．列出基于口令的身份识别技术面临的安全威胁。

5．在 Needham-Schroeder 协议中随机数的作用是什么？

6．简述基于公钥密码身份识别技术的应用特点，并说明该技术是否存在安全隐患。

7．试着列出 5 种可以用于身份识别的生物特征，并比较各自的效率和设备成本的不同。

8．简述 4 种身份识别技术的特点。

9．什么是消息鉴别码？分析消息鉴别码与无条件安全鉴别码的异同。

10．简述抵赖的安全威胁。

11．设计一个对加密消息采用无条件安全鉴别码进行消息鉴别的方案。

12．假设用户 A、B 之间欲进行网上交易，A 和 B 共享有密钥，请根据本章所学的身份识别和消息鉴别技术设计一个交易方案，并分析所设计方案的安全目标和面临的安全威胁。

13．在进行人体特征认证时，可以利用指纹、图像、气味、声音等进行认证，如果在不同的系统中都采用该特征进行认证，即在不同的认证中使用同一特征，如何保证一个系统中的安全问题不影响另一个系统的安全使用？

14．简单认证一般采用用户 ID、口令的形式，提供使用者在系统中的身份认证。在简单认证中一般不使用加密作为认证的手段，但在网络上存在窃听的威胁，如何保证入侵者不能使用重放攻击？

第 6 章

# 访问控制理论

信息系统的保护本质上是通过一系列措施，使得系统满足一些"安全"条件。访问控制通过使用实体的标识、类别（如所属的实体集合）或能力，从而确定权限、授予访问权，拒绝实体试图进行的非授权访问。

20 世纪 70 年代，人们在研究操作系统安全和数据库安全中，提出了访问控制矩阵模型，把主体对客体的访问用权限矩阵来描述。本章通过对访问控制矩阵模型的介绍来引进一些基本概念，从而揭示访问控制的研究对象和方法。

一个系统的状态是指一组内部存储器或外部存储器的当前值。这些存储器中用来描述系统的安全保护的子集，称为系统的保护状态。假设 $P$ 是系统的保护状态，$Q$ 是 $P$ 中那些认为是安全的状态。这就是说当保护状态处于 $Q$ 中时，系统是安全的；而当系统的保护状态处于 $P-Q$ 时，系统是不安全的。访问控制通过刻画 $Q$ 中的状态，并保证系统处于 $Q$ 中的状态而达到安全性的目的。

刻画 $Q$ 中的状态是安全策略的研究目标，而保证系统处于 $Q$ 中的状态则是安全机制的研究目标。一组安全机制的作用是限制系统到达保护状态的子集合 $R \subseteq P$。最理想的情形当然是 $R=Q$，这时保护的力度恰到好处。与此相关的几个概念如下。

给定一组安全机制，如果 $R \subseteq Q$，称它对于安全策略 $Q$ 是安全的；如果 $R=Q$，称它是精确的；如果它是安全的但不是精确的，称它是过保护的；如果 $R \not\subset Q$，称它是宽松的。

## 6.1 访问控制矩阵模型

访问控制模型是用来描述系统保护状态，以及描述安全状态的一种方法。把所有受保护的实体（如数据、文件等）的集合称为客体（Object）集合，记为 $O$；而把能够发起行为的实体集合（如人、进程等）称为主体（Subject）集合，记为 $S$。主体是行为的发起者，处于主动地位；而客体是行为承担者，处于被动地位。在计算机系统中，常见的访问是 $r$（只读）、$w$（读写）、$a$（只写）、$e$（执行）、$c$（控制）等，它们被称为权限（Right）集合，记为 $R$。对于一个主体 $s \in S$ 和一个客体 $o \in O$，用 $a[s,o] \subseteq R$ 来表示当前允许 $s$ 对 $o$ 实施的所有访问权限集合。这样可以得到以 $S$ 中元素为行指标，$O$ 中元素为列指标，表值为 $a[s,o]$ 的一个矩阵 $A$，称为访问控制矩阵。这时，系统的保护状态可以用三元组（$S,O,A$）来表示。

表 6.1 表示了一个主体集合 $S=\{张三,李四,进程 1\}$，客体集合 $O=\{文件 1,文件 2,进程 1\}$ 的一个访问控制表（矩阵）。访问权限集合为 $R=\{r(只读),a(只写),ww(读写),e(执行),app(添加),o(拥有)\}$。本示例中，一个用户对文件的读、写权限，对进程的执行权限比较容易理解。李四对进程 1 的写权限可以定义为，李四给进程 1 发送数据，实现通信。同样，张三对进程 1 的读权限可以定义为，张三接收进程 1 发来的数据，实现通信。而进程 1 对自身没有任何操作权限，但对两个文件则有

读权限。值得注意的是，随着系统的不同，可能一个相同名字的权限会有不同的含义。如在一些系统中张三对进程 1 的读权限有可能会表示复制这个进程。

表 6.1                    访问控制矩阵示例一

| 客 体 \ 主 体 | 文 件 1 | 文 件 2 | 进 程 1 |
|---|---|---|---|
| 张三 | {w} | {r} | {e,r} |
| 李四 | {a,e} | {w,o,app} | {a} |
| 进程 1 | {r} | {r} | Φ |

表 6.2 给出访问控制矩阵的又一示例。主体集合 $S$=客体集合 $O$={主机 1,主机 2,主机 3}，访问权限集合为 $R$={ftp(通过文件传输协议 FTP 访问服务器),nfs(通过网络文件系统协议 NFS 访问文件服务器), mail(通过简单邮件传输协议 SMTP 收发电子邮件),own(增加服务器)}。这是由一台个人计算机（主机 1）和两台服务器（主机 2、主机 3）组成的一个局域网。主机 1 只允许执行 FTP 客户端，而不安装任何服务器；主机 2 安装了 FTP 服务器、NFS 服务器和 Mail 服务器，允许它用 ftp、nfs 和 mail 访问主机 3；主机 3 安装了 FTP 服务器、NFS 服务器和 Mail 服务器，仅允许它用 ftp 和 mail 访问主机 2。可见该例子描述系统之间的交互控制，而不是一台计算机内部的访问控制。

表 6.2                    访问控制矩阵示例二

| 客 体 \ 主 体 | 主机 1 | 主机 2 | 主机 3 |
|---|---|---|---|
| 主机 1 | {own} | {ftp} | {ftp } |
| 主机 2 | Φ | {ftp,nfs,mail,own} | {ftp,nfs,mail} |
| 主机 3 | Φ | {ftp,mail} | {ftp,nfs,mail,own} |

上面两个例子展示了静态的访问控制矩阵的概念。但是在实际系统中经常需要考虑保护状态处于动态转移的情形。例如，学生入学后，学校将授予他对图书馆文献检索系统的访问权限，但当他毕业时需要撤销这种权限。显然，访问控制矩阵的值发生了变化。

访问控制矩阵模型对访问控制理解提供了一个很好的框架。但是，当有成千上万个主体和客体，访问权限又比较多的情况下，直接用访问控制矩阵表示保护状态或安全状态是不现实的，就好像用列表法表示一个复杂函数一样复杂。6.2 节将会看到 BLP 模型就是用一些逻辑关系表示访问权限的例子。用访问控制矩阵模型来描述状态的转移也是不方便的。因为这使我们面临海量数据的表达问题，然而这仅仅是问题的一个方面，更严重的是使用大量数据经常会掩盖其内在的逻辑关系，使得分析和验证变得更加困难。

# 6.2  Bell-LaPadula 模型

## 6.2.1  模型介绍

Bell-LaPadula 模型（简称 BLP 模型）是 D.Elliott Bell 和 Leonard J.LaPadula 于 1973 年创

立的一种模拟军事安全策略的计算机操作模型，它是最早、也是最有影响的一种计算机多级安全模型。该模型除了它的实用价值外，其历史重要性在于它对许多其他访问控制模型和安全技术的形成具有重要影响。

在 BLP 模型中将主体对客体的访问分为 $r$（只读）、$w$（读写）、$a$（只写）、$e$（执行）以及 $c$（控制）等几种访问模式。其中，$c$（控制）是指该主体用来授予或撤销另一主体对某一客体的访问权限的能力。BLP 模型的安全策略从两个方面进行描述：自主安全策略（Discretionary Policy）和强制安全策略（Mandatory Policy）。自主安全策略使用一个访问控制矩阵表示，访问控制矩阵第 $i$ 行第 $j$ 列的元素 $a_{ij}$ 表示主体 $S_i$ 对客体 $Q_j$ 的所有允许的访问权限集合，主体只能按照在访问控制矩阵中被授予的对客体的访问权限对客体进行相应的访问。强制安全策略包括简单安全特性和*-特性。系统对所有的主体和客体都分配一个访问类属性，包括主体和客体的密级和范畴，系统通过比较主体与客体的访问类属性控制主体对客体的访问。

密级是一个有限全序集 $L$。用两个函数 $f_{1s}$ 和 $f_{1o}$ 表示主体 $S$ 和客体 $O$ 的密级函数。主体的密级函数为

$$f_{1s}: S \rightarrow L$$
$$s \mapsto l$$

客体的密级函数为

$$f_{1o}: O \rightarrow L$$
$$o \mapsto l$$

为了使模型能适应主体的安全级变化的需要，还引入了一个主体的当前密级函数 $f_{1c}$

$$f_{1c}: S \rightarrow L$$
$$s \mapsto l$$

主体的当前密级是可以变化的，但要求满足和 $f_{1s}(s) \geqslant f_{1c}(s)$ $f_{1c} \geqslant f_{1c}$（$\forall s \in S$）。为了能准确地理解密级的含义，这里用一个例子来说明。

**例 6.1** 假设主体的集合是 $S$={Alice,Bob,Carol}；客体的集合是 $O$={Email_File,Telephone_Number_Book,Personal_File}。它们的访问控制矩阵由表 6.3 给出。

**表 6.3** 访问控制矩阵

| 主体 ＼ 客体 | Email_File | Telephone_Number_Book | Personal_File |
|---|---|---|---|
| Alice | {w} | {r} | {r} |
| Bob | {a} | {w,o,app} | {a} |
| Carol | {a} | {r} | Φ |

假设密级集合 $L$={绝密,机密,秘密,敏感,普通}。如通常意义下一样，我们假设绝密是最高级，而普通是最低级。$L$ 中定义了一个序：绝密＞机密＞秘密＞敏感＞普通。密级函数表见表 6.4。

**表 6.4** 密级函数表

| 密级函数<br>主、客体 | $f_{1s}$ | $f_{1o}$ | $f_{1c}$ |
|---|---|---|---|
| Alice | 绝密 | | 敏感 |
| Bob | 机密 | | 敏感 |
| Carol | 普通 | | 普通 |
| Email_File | | 秘密 | |
| Telephone_Number_Book | | 普通 | |
| Personal_File | | 绝密 | |

　　BLP 模型中，不同的访问要有不同的密级关系。为了防止高密级的信息流入低密级的主体或客体中，在"读"访问中它要求主体的当前密级不得低于客体的密级，而在"写"访问中则要求主体的密级不得高于客体的密级。这样就能保证信息流只能从一个客体流到同等密级或较高密级的客体中，从而能适应军事指挥的信息机密性需求。

　　在本例中，Carol 可以从 Telephone_Number_Book 中读取信息，然后写到 Email_File 中。这些操作同时满足了密级的限制和访问控制矩阵的限制。三个主体中的任何一个都不能读取 Email_File 中的信息，因为 Bob 和 Carol 既不满足访问控制矩阵的要求，又不满足密级的限制，而 Alice 的当前密级不满足读的要求（当她密级升高后可以）。

　　BLP 模型除了实施上述访问控制矩阵的限制和密级限制外，还使用了范畴的概念。范畴描述了实体（主体和客体）的一种信息。每一个实体被指定到若干个范畴内，同一范畴中的实体具有该范畴所指的信息。这样，每一个实体对应到了范畴集合的一个子集，而按照包含关系"⊆"，实体的范畴子集构成了一种偏序关系。用 $(C, \subseteq)$ 表示范畴集合按照包含关系形成的偏序集。同实体的密级一样，定义主体的最高范畴等级函数 $f_{2s}$、主体的当前范畴等级函数 $f_{2c}$ 和客体的范畴等级函数 $f_{2o}$ 如下。

　　主体的最高范畴等级函数为

$$f_{2s} : S \to C$$
$$s \mapsto c$$

　　主体的当前范畴等级函数为

$$f_{2c} : S \to C$$
$$s \mapsto c$$

　　客体的范畴等级函数为

$$f_{2o} : O \to C$$
$$o \mapsto c$$

　　范畴概念的应用思想是，仅当主体有访问需要的时候才考虑这种访问，略称为"需要知道（need to known）"思想。范畴直观上是对业务的一种划分，以避免那些不需要的访问的发生。

　　我们再把实体的密级和范畴等级的笛卡尔积称为实体的安全级，按照下属规则它构成一个偏序。

**定义 6.1** 称安全级$(l,c)$控制安全级$(l',c')$，当且仅当$l \geqslant l'$且$c \supseteq c'$，记为$(l,c) \geqslant (l',c')$。特别地，当$(l,c)$控制安全级$(l',c')$且二者不相等时，称$(l,c)$大于$(l',c')$，记为$(l,c) > (l',c')$。

以后用$f_s$表示主体的最高安全等级函数$(f_{1s},f_{2s})$；用$f_c$表示主体的当前安全等级函数$(f_{1c},f_{2c})$；用$f_o$表示客体的安全等级函数$(f_{1o},f_{2o})$。

**例 6.2** 进一步假设范畴集合＝{VPN 课题组,办公室,后勤}，而相应的范畴等级函数由表 6.5 给出。

表 6.5 范畴等级表

| 主、客体 ＼ 范畴等级函数 | $f_{1s}$ | $f_{1o}$ | $f_{1c}$ |
|---|---|---|---|
| Alice | {VPN 课题组,办公室} | | {VPN 课题组} |
| Bob | {VPN 课题组} | | {VPN 课题组} |
| Carol | {办公室,后勤} | | {办公室,后勤} |
| Email_File | | {VPN 课题组} | |
| Telephone_Number_Book | | {办公室,后勤} | |
| Personal_File | | {VPN 课题组,办公室} | |

这时，Carol 仍然可以从 Telephone_Number_Book 中读取信息，因为 Carol 的当前安全等级（普通,{办公室,后勤}）等于 Telephone_Number_Book 的安全等级（普通,{办公室,后勤}），满足"读低"的要求。但她不可以写到 Email_File 中，因为 Email_File 的安全等级是（秘密,{VPN 课题组}），对 Carol 的最高安全等级（普通,{办公室,后勤}）没有控制关系，不满足"写高"的要求。

## 6.2.2 Bell-LaPadula 模型的形式化描述

BLP 模型是一个有限状态机模型，它形式化地定义了系统、系统状态以及系统状态间的转移规则，指定了一组安全特性，并形式化地定义了安全概念，以此对系统状态和状态转移规则进行限制和约束。使得对于一个系统，如果它的初始状态是安全的，并且经过满足特定规则的转移，那么系统将保持安全性。下面对模型进行形式化的描述。

### 1. 模型元素的含义

状态是系统中元素的表示形式，它由主体、客体、访问属性、访问矩阵以及标识主体和客体的安全级函数组成。状态用$V$表示所有的状态集合。$\upsilon \in V$由一个有序的三元组$(b,M,f)$表示。

$b \subseteq S \times O \times A$表示在某个特定的状态下，哪些主体以何种访问属性访问哪些客体，$b$的元素称为访问向量。$S$是主体集，$O$为客体集，$A = \{r,w,a,e\}$是访问属性集。这里，我们用$b$表示系统能够用某种方法实现的控制机制。

$M = (M_{ij})_{n \times m}$表示访问矩阵，其中元素$M_{ij} \subseteq A$表示主体$S_i$对客体$O_j$具有的访问权限集。这里，我们用$M$表示系统策略拟定的安全目标。

$f \in F$ 表示安全级函数，记作 $f = (f_s, f_o, f_c)$，$f_s$ 表示主体的最高安全级函数（包括主体的密级 $f_{1s}$ 和范畴等级 $f_{2s}$），$f_c$ 表示主体的当前安全级函数（包括主体的密级 $f_{1c}$ 和范畴等级 $f_{2c}$），$f_o$ 表示客体的安全级函数（包括主体的密级 $f_{1o}$ 和范畴等级 $f_{2o}$）。这里，我们用 $f$ 表示系统策略拟定的另一个安全目标。

用 $R$ 表示所有请求（输入）的集合。$R$ 中可能包括的元素包括以下 5 种类型。

（1）get 类

get 类包括 get-read/write/append/execute、release-read/write/append/execute，用来请求和释放访问。

（2）give 类

give 类包括 give-read/write/append/execute、rescind-read/write/append/execute，用来实现一个主体对另一个主体的授权或取消授权。

（3）change-object-security-level 类

change-object-security-level 类包括 change-object-security-level、create-object，用来改变客体的安全级或创建客体。

（4）delete-object-group 类

此类仅包括 delete-object-group，用来删除一个或一组客体。

（5）change-subject-current-security-level 类

此类仅包括 change-subject-current-security-level，用来改变主体的当前安全等级。

用 $D$ 表示所有判定（输出）的集合。$D$ 中可能包括的元素有"yes""no""error"和"?"，用来表示在当前状态下，对请求所做出的响应。

关于模型中这些请求和判定元素的描述，不详细展开讨论，其作用可参看下面关于安全系统的定义及表 6.6。

**2. 安全系统的定义**

一个有限状态机描述的是，在当前状态下，对于给定的输入，系统将进行怎样响应，状态怎样进行转换。即需要描述一个输出函数 $\lambda: R \times V \to D$ 和一个状态转移函数 $\tau: R \times V \to V$。如图 6.1 所示，下标 $i$ 表示时刻 $i$ 的输入、输出和状态。

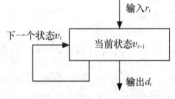

图 6.1　有限状态机示意图

可以把输出函数和状态转移函数合并为一个规则函数来表示，规则 $\rho: R \times V \to D \times V$ 既表示了输出函数也表示了状态转移。对规则的解释为，给定一个请求和一个状态，规则 $\rho$ 决定系统产生的一个响应和下一状态。其中，$R$ 为请求集，$V$ 为状态集，$D$ 为判定集。判定"yes"表示请求被执行，"no"表示请求被拒绝，"error"表示有多个规则适用于这一请求—状态对，"?"表示规则 $\rho$ 不能识别此请求。

设 $N$ 是正整数集合，用来表示时间。用 $X = R^N$ 表示请求序列的集合，其元素为 $x = (x_1, x_2, \cdots, x_n, \cdots)$，表示一个请求序列；而 $Y = D^N$ 表示判定序列的集合，其元素为 $y = (y_1, y_2, \cdots, y_n, \cdots)$，表示一个判定序列；$Z = V^{N \cup \{0\}}$ 表示状态序列的集合，其元素为 $z = (z_0, z_1, \cdots, z_n, \cdots)$，表示一个状态序列。上述三个序列可以解释为：在状态 $z_{i-1} \in V$ 下，一个主体对系统做出请求 $x_i \in R$，系统将按照规则 $\rho$ 做出响应（判定）$y_i \in D$，同时系统将按

照规则 $\rho$ 转移到状态 $z_i \in V$。

一个系统实际上由初始状态 $z_0 \in V$、输入序列、输出序列和判定序列组成。系统还可以形式地表示为一种关系 $\Sigma(R, D, \rho, z_0) \subseteq X \times Y \times Z$。$(x, y, z) \in \Sigma(R, D, \rho, z_0)$，当且仅当对于所有的 $i \in N$，关系式 $(y_i, z_i) = \rho(x_i, z_{i-1})$ 成立。而 $(x, y, z)$ 称为系统 $\Sigma(R, D, \rho, z_0)$ 的一个实现。

### 3. 基本安全定理

基本安全定理综合了简单安全特性（SSP）、*-特性（*-P）以及自主安全特性（DSP）。下面给出这三个安全特性的形式化定义。

**定义 6.2** 如果下列条件成立，则称访问向量 $(s, o, p) \in S \times O \times A$ 相对于安全级函数 $f$ 具有简单安全特性（SSP）。

（1）$p = a$ 或 e；

（2）$p = r$ 或 w，且 $f_c(s) \geqslant f_o(o)$。

该定义是说主体 $s$ 的安全级只有控制客体的安全级时，才允许进行读访问。如果 $b$ 的每一个元素相对于安全级函数 $f$ 都具有 SSP，则称一个状态 $(b, M, f)$ 满足 SSP。如果一个系统的每一个状态都满足 SSP，则称该系统满足 SSP。

**注**：原模型的定义中要求，$f_s(s) \geqslant f_o(o)$，会导致潜在的安全隐患。

**定义 6.3** 如果下列条件成立，则称访问向量 $(s, o, p) \in S \times O \times A$ 相对于安全级函数 $f$ 具有 *-特性（*-P）。

（1）$p = r$ 或 e；

（2）$p = a$ 或 w，且 $f_s(s) \leqslant f_o(o)$。

该定义是说主体 $s$ 的安全级只有被客体的安全级控制时，才允许进行写访问。如果 $b$ 的每一个元素相对于安全级函数 $f$ 都具有 *-P，则称一个状态 $(b, M, f)$ 满足 *-P。如果一个系统的每一个状态都满足 *-P，则称这个系统满足 *-P。

**定义 6.4** 如果对每一个访问向量 $(s, o, p) \in b$，都有 $p \in m[s, o]$，则称一个状态 $(b, M, f)$ 称为满足自主安全特性（DSP）。

该定义是说主体 $s$ 对客体 $o$ 的访问必须满足访问控制矩阵的要求。如果一个系统的每一个状态都满足 DSP，则称这个系统满足 DSP。

相对于自主安全特性来说，上面定义的简单安全特性和 *-特性合称为一个状态的强制安全特性（MSP）。

有了上面的准备，现在可以给出安全系统的定义。

**定义 6.5** 如果一个系统满足 SSP、*-P 和 DSP，则称这个系统是安全的。

下面不加证明地叙述下列的安全定理。

**定理 6.1** 从简单安全特性初始状态 $z_0$ 出发，系统 $\Sigma(R, D, \rho, z_0)$ 总具有简单安全特性，当且仅当对于 $\Sigma(R, D, \rho, z_0)$ 的每一个实现和每个正整数 $i \in N$，$z_{i-1} = (b, M, f)$ 和 $z_i = (b', M', f')$ 满足：

（1）$\forall (s, o, p) \in b' - b$，相对于 $f'$ 满足 SSP；

（2）若 $(s, o, p) \in b$ 相对于 $f'$ 不满足 SSP，则 $(s, o, p) \notin b'$。

类似地，有下列两个定理。

**定理 6.2** 从*-特性初始状态 $z_0$ 出发，系统 $\Sigma(R,D,\rho,z_0)$ 总具有*-特性，当且仅当对于 $\Sigma(R,D,\rho,z_0)$ 的每一个实现和每个正整数 $i \in N$，$z_{i-1}=(b,M,f)$ 和 $z_i=(b',M',f')$ 满足：

（1）$\forall(s,o,p) \in b'-b$，相对于 $f'$ 满足*-P；

（2）若 $(s,o,p) \in b$ 相对于 $f'$ 不满足*-P，则 $(s,o,p) \notin b'$。

**定理 6.3** 从自主安全特性初始状态 $z_0$ 出发，系统 $\Sigma(R,D,\rho,z_0)$ 总具有自主安全特性，当且仅当对于 $\Sigma(R,D,\rho,z_0)$ 的每一个实现和每个正整数 $i \in N$，$z_{i-1}=(b,M,f)$ 和 $z_i=(b',M',f')$ 满足：

（1）$\forall(s,o,p) \in b'-b$，满足 DSP；

（2）若 $(s,o,p) \in b$ 不满足 DSP，则 $(s,o,p) \notin b'$。

**基本安全定理** 系统 $\Sigma(R,D,\rho,z_0)$ 如果满足定理 6.1、定理 6.2 和定理 6.3 的条件，则该系统是安全的。

上述模型中的元素和相关定义总结如表 6.6 所示。

**表 6.6** BLP 模型元素说明

| 元 素 集 | 元 素 | 说 明 |
|---|---|---|
| $S$ | $\{s_1,s_2,\cdots,s_n\}$ | 主体：进程等 |
| $O$ | $\{o_1,o_2,\cdots,o_m\}$ | 客体：数据、文件等 |
| $L$ | $\{l_1,l_2,\cdots,l_p\}$ 其中 $l_1>l_2>\cdots>l_p$ | 密级 |
| $C$ | $\{c_1,c_2,\cdots,c_q\}$ | 范畴 |
| $L \times C$ | $\{(l_i,c_j)\}$ | 安全级 |
| $A$ | $\{r,w,e,a\}$ | 访问属性 |
| $R$ | {get,release,give,rescind,change-object-security-level, create-object,delete-object-group,change-subject-current-security-level } | 请求元素 |
| $D$ | $\{yes,no,error,?\}$ | 判定 |
| $N$ | $\{1,2,\cdots,n,\cdots\}$ | 时刻 |
| $F$ | $F \subseteq L^S \times L^O \times L^S$<br>任意一元素记为 $f=(f_s,f_o,f_c)$ | 访问类函数<br>$f_s$：主体安全级函数<br>$f_o$：客体安全级函数<br>$f_c$：主体当前安全级函数 |
| $X$ | $R^N$、$X$ 中的任意一元素记为 $x$ | 请求序列 |
| $Y$ | $D^N$、$Y$ 中的任意一元素记为 $y$ | 判定序列 |
| $M$ | $\{M_1,M_2,\cdots,M_i,\cdots\}$ | 访问矩阵 |
| $V$ | $2^{(S \times O \times A)} \times M \times F$，<br>$V$ 中的任意一元素记为 $v$ | 状态，其中 $2^U$ 表示 $U$ 的幂集 |
| $Z$ | $V^N$，其中 $Z$ 中的任意一元素记为 $z$ | 状态序列 |

# 6.3 RBAC 模型

RBAC 是基于角色的访问控制（Role Based Access Control）的英文缩写。RBAC 的基本思想是：将访问权限分配给角色；通过赋予用户不同的角色，授予用户角色所拥有的访问权限。这样访问控制就分成了访问权限和角色相关联以及用户和角色相关联，实现了用户和访问权限的逻辑分离，使得权限管理变得很方便。

RBAC 可以看作是访问控制模型和安全策略实现的一种框架，通过在用户（主体）和操作（权限）之间加入角色的概念使得访问控制模型的实现得到简化，结合等级和约束来描述各种安全策略。RBAC 遵循以下三个基本的安全原则。

（1）最小特权（Least Privilege）：引入会话的概念，一个会话中只赋予用户要完成任务所必需的角色，这就保证了分配给用户的特权不超过用户完成其当前工作所必需的权限。

（2）责任分离（Separation of Duty）：用户不能同时拥有互斥的角色，避免产生安全漏洞，例如，一个职员同时得到采购员和出纳两个角色，就可能产生欺骗行为。

（3）数据抽象（Data Abstract）：除了操作系统中提供的读、写以及执行权限之外，RBAC 中还可以根据实际应用的需要定义抽象的访问权限，如账号的借款和贷款。

RBAC 与自主性访问控制（DAC）和强制性访问控制（MAC，参看上节的 DSP 和 MSP）所描述的角度完全不同。但应当注意，RBAC 作为一种灵活的访问控制策略框架，经过一定的配置完全可以实现 DAC 和 MAC。

目前，RBAC 已经成为访问控制的一种通用方法，以其灵活性、方便性在许多系统尤其是大型数据库系统的权限管理中得到普遍应用。目前普遍认为 RBAC 是数字化政府的安全实施中最有吸引力的解决方案，同时还能满足 Web 应用的安全需求描述。

在过去的二十多年中，一些著名的科研机构和软件厂商对 RBAC 方法实现访问控制进行了大量研究，提出了各种扩展模型，如 GMU（George Mason University）的 Sandhu 等人提出的 RBAC96 模型。应当说这些方法各有特点。NIST 在 1993 年开始了 RBAC 的市场分析并进行了 RBAC 的原型实现。还有其他一些研究机构在这方面也进行了研究，并推出了新的 RBAC 模型和基于 RBAC 的应用。NIST RBAC 参考模型是 NIST（National Institute of Standards and Technology）在 RBAC96 的基础上于 2000 年提出，并在 2001 年的 TISSEC 中对该模型进行了详细的说明。NIST 建议将该参考模型作为 RBAC 标准。目前对 RBAC 的研究工作大多都在该模型的基础上进行，下面对该模型进行介绍。

## 6.3.1 RBAC 介绍

NIST RBAC 参考模型在用户和访问权限之间引入了角色的概念，这是其中的一个最关键概念。角色通常表示一个组织内部人员的职能分工。它的基本特征是根据安全策略划分角色，对每个角色分配一些操作权限，再通过为用户指派角色，这样间接地控制用户对信息资源的访问。

角色和操作系统中的组有一定的相似性，但两者的概念有很重要的差别：虽然组也是为了权限管理而设置的，但组主要是指用户的集合；而角色有更加丰富的含义，与具体用户的关系是动态的，本身更侧重与权限的关联。如"财务部长"角色有管理财务数据的权限。角色所拥有的权限以及用户属于哪个角色可以是自主的，也可以是强制的。

该参考模型包含 4 个构件模型，分别是核心 RBAC、角色层次、静态职责分离（Static SOD，SSD）和动态职责分离（Dynamic SOD，DSD），如图 6.2 所示。

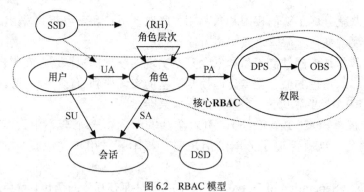

图 6.2　RBAC 模型

## 6.3.2　核心 RBAC

核心 RBAC 是任何基于角色的访问控制的必要构件，定义了 5 个基本元素集：用户（USERS）、角色（ROLES）、操作（OPERATIONS）、客体（OBJECTS）、权限（PERMISSIONS）。其中，权限是操作对象（OBJECTS）的组合。这些概念的含义如下。

用户：表示一个实体，可以是人、机器人、计算机、计算机网络等。

角色：表示组织内部人员的一种职能。

权限：用户对特定的信息客体进行特定的操作的许可。

RBAC 最基本的概念是为用户分配角色，为角色配置权限，用户通过其所担任的角色获得相关的访问权限。用户-角色、角色-访问权限之间为多对多的关系。

同时 RBAC 中引入会话（SESSIONS）的概念。会话是用户和激活角色集之间的一个映射。一个会话对应一个用户，一个用户可以建立一个或多个会话。用户可获得权限是用户所有会话所激活的角色被赋予的权限之和。

RBAC 由下列 4 个关系形式化地定义。

$UA \subseteq USERS \times ROLES$，指定用户到角色间的多对多关系。

$PA \subseteq PERMISSIONS \times ROLES$，指定权限到角色的多对多的关系。

$SA \subseteq SESSIONS \times ROLES$，指定会话到角色间的多对多关系。

$SU \subseteq USERS \times SESSIONS$，指定用户到会话间的一对多关系。

从上述 4 个关系可导出下列的几个映射。

（1）角色到用户幂集的映射

$$assigned\_users : ROLES \rightarrow 2^{USERS}$$
$$r \mapsto \{u \in USERS \mid (u,r) \in UA\}$$

（2）角色到权限幂集的映射

$$assigned\_permissions : ROLES \rightarrow 2^{PERMISSIONS}$$
$$r \mapsto \{p \in PERMISSIONS \mid (u,r) \in PA\}$$

（3）会话到角色幂集的映射

$$session\_roles : SESSIONS \rightarrow 2^{ROLES}$$
$$s \mapsto \{r \in ROLES \mid (s,r) \in SA\}$$

（4）用户到会话幂集的映射

$$user\_sessions : USERS \to 2^{SESSIONS}$$

$$u \mapsto \{s \in SESSIONS \mid (u,r) \in SU\}$$

（5）会话到用户的映射

$$sessions\_users : SESSIONS \to USERS$$

$$s \mapsto u : (u,r) \in SU$$

上式中，$u$ 是建立会话 $s$ 的用户，由 $(u,s) \in SU$ 唯一确定。

还可以导出用户到角色幂集的映射、权限到角色幂集的映射以及角色到会话幂集的映射，这里不再一一列举。

**定义 6.6** 核心 RBAC，是指定义了上述 4 个关系的四元组（USERS,ROLES,SESSIONS,PERMISSIONS），且满足对于任意的一个用户 $u$，成立

$$\bigcup_{s \in user\_session(u)} session\_roles(s) = \{r \in ROLES \mid (u,r) \subseteq UA\}$$

访问控制的最终目的是要得到用户的权限。在核心 RBAC 中，一个用户 $u$ 在一次会话中的权限是该会话的角色集权限的总和，用 $avail\_session\_perms(u)$ 表示，即

$$avail\_session\_perms(s) = \bigcup_{r \in session\_roles} assigned\_permissions(r)$$

### 6.3.3　角色层次

在核心 RBAC 的基础上可以为角色引入层次（Role Hierarchy，RH）的概念，对应的模型称为层次 RBAC。按照层次的不同限制，分为通用（General）层次 RBAC 和受限（Limited）层次 RBAC。RH 被认为是 RBAC 模型中一个主要的方面，在 RBAC 的产品中都应当实现。

层次是数学上的偏序集。RH 的基本想法是，高层角色可获得低层角色的权限，低层角色的用户集包含高层角色的用户集。角色层次关系的另一种解释是角色的继承关系。如果 $r_1$ 继承 $r_2$，则 $r_1$ 继承了 $r_2$ 的全部权限，$r_2$ 继承 $r_1$ 的所有用户。理想的角色层次有图 6.3 所示的特征。图中权限继承从上到下，用户继承从下至上。如果不满足这些关系，则需要适当地扩展用户及访问权限，使之具有继承的特征。

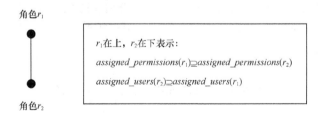

图 6.3　理想的角色层次示意图

通用角色层次提供任意的偏序，支持角色层次，包括权限和用户角色多继承的概念。受限层次加入约束，就形成了简单的倒树结构。

**定义 6.7** （通用角色层次）在一个核心 RBAC 基础上，定义角色 ROLES 的一个偏序关系，称为层次关系（RH），记为"$\geq$"。这时，角色 $r$ 对应的用户集 $authorized\_users(r)$ 称为

授权用户，而角色 $r$ 对应的权限集 $authotized\_permissions(r)$ 称为授权集。它们由下式定义：

$$authorized\_users : ROLES \rightarrow 2^{USERS}$$

$$r \mapsto \{u \in USERS | 存在 r' \geq r, \ 使得 (u,r') \in UA\}$$

$$authotized\_permissions : ROLES \rightarrow 2^{PRMS}$$

$$r \mapsto \{p \in PRMS | 存在 r' \leq r, \ 使得 (p, \ r') \in PA\}$$

在 RH 中用授权取代简单的权限，从而扩展了核心 RBAC 的访问权限检查。即一个角色不仅获得该角色的权限，同时还要继承比其小的角色的访问权限；一个角色不仅获得该角色的用户，同时还要继承比其大的角色的用户；容易验证授权满足

$$r_1 \geq r_2 \Rightarrow authorized\_permissions(r_2) \subseteq authorized\_permissions(r_1)$$

以及

$$authorized\_users(r_1) \subseteq authorized\_users(r_2)$$

通用角色层次支持多继承的概念，即可以继承多个角色的权限和角色的用户。

**定义 6.8** （受限角色层次）一个通用角色层次如果还满足

$$\forall r, \ r_1, \ r_2 \in ROLES, \ r \geq r_1 \wedge r \geq r_2 \Rightarrow r_1 = r_2$$

则称这种角色层次是受限角色层次。

层次 RBAC 的合理性：重复授权不是有效的，而且在管理上是冗余的。应用 RBAC 角色层次模型可以提高效率，支持结构化。通用 RH 可以使用任意偏序关系（Partial Orders）；而受限 RH 则对角色继承进行了一定限制，使得角色之间形成一个很简单的树形结构，也可以是倒置（Inverted）的树。

如果角色的某些权限不可用于继承，必须把该角色定义为一个私有（Private）角色，并将不可继承的权限分配给该角色。

## 6.3.4 受约束的 RBAC

受约束 RBAC 引入了职责分离（Separation of Duty，SD）概念，职责分离是实际组织中用于防止其成员获得超越自身职责范围的权限，解决利益冲突问题。SD 作为一种安全原则在很多商业、工业和政府部门的系统中得以实现。SD 有两种：静态 SD（SSD）和动态 SD（DSD），如图 6.2 所示。

**1. 静态职责分离（SSD）**

SSD 设置用户-角色授权的约束。依据 SSD 规则，用户不能被授予某一角色集中的一个或多个。

**定义 6.9** （静态职责分离 SSD）$N$ 表示自然数的集合，$SSD \subseteq 2^{ROLES} \times N$。如果满足

$$\forall (rs,n) \in SSD, \ \forall t \subseteq rs : |t| \geq n \Rightarrow \bigcap_{r \in t} assigned\_users(r) = \Phi$$

则称 $SSD$ 是一个静态职责分离集。

上式中给定的 $(rs,n) \in SSD$，是一个对。其中，$rs$ 是 ROLES 的子集，$n$ 是自然数，其含

义为不存在用户被委以角色集 $rs$ 中的 $n$ 个或多于 $n$ 个角色。

角色层次关系下的静态职责分离，则用下式代替：

$$\forall (rs,n) \in SSD, \ \forall t \subseteq rs : |t| \geq n \Rightarrow \bigcap_{r \in t} authorized\_users(r) = \Phi$$

其含义是，给定的 $(rs,n) \in SSD$，其中 $rs$ 是 ROLES 的子集，$n$ 是自然数，不存在用户被授予角色集中的 $n$ 个或多于 $n$ 个角色。

层次 RBAC 的静态职责分离，与基本的静态职责分离大体上相同，区别在于角色用户改变为角色的授权用户。对层次 RBAC 来说，使用第二个式子作为静态职责分离的定义，比把它看成基本的静态职责分离要严格一点。

静态职责分离 SSD 提供了强有力的方法，解决了角色互斥或利益冲突问题。

**2. 动态职责分离（DSD）**

DSD 通过限制用户会话中激活的角色，限制用户可获得的权限。

**定义 6.10** （动态职责分离 DSD）$N$ 表示自然数的集合，$DSD \subseteq 2^{ROLES} \times N$。如果满足

$$\forall (rs,n) \in DSD, \forall s \in SESSIONS, \forall t \subseteq rs \cap session\_roles(s) \Rightarrow |t| < n$$

则称 DSD 是一个动态职责分离集。

上式中给定的 $(rs,n) \in DSD$，是一个对。其中 $rs$ 是 ROLES 的子集，$n$ 是自然数，其含义为不存在用户可激活角色集 $rs$ 中的 $n$ 个或多于 $n$ 个角色。

动态职责分离定义了用户会话中，激活角色间的互斥关系。DSD 支持最小特权原则，即用户在不同的时间内依据操作任务具有不同的权限水平。这一点保证在执行职责时间以外权限不被保留。最小权限这方面通常指信任的及时撤销。没有动态的职责分离，动态权限的撤销会非常复杂。DSD 较之 SSD 通常更有效，更灵活。

DSD 的目的和 SSD 一样，也是为了减少用户可能获得的许可权以防止用户超越权限。SSD 直接对用户的许可空间进行约束，而 DSD 则是通过对用户会话所激活的角色进行约束来实现对用户许可权的限制。DSD 通过用户在不同时间内拥有不同权限来为最小特权原则提供支持。

## 6.3.5 NIST RBAC 参考模型的应用

NIST RBAC 参考模型引进了与现实联系紧密的角色概念，用角色代表用户具有的职权和责任，从而使模型细化的过程更平滑，使现实和计算机实现策略不矛盾。除了其便于授权管理、便于根据工作需要分级、便于赋予最小权限、便于任务分担等优势外，NIST RBAC 模型与 RBAC96 一样，是一种与策略无关的访问控制技术，它不局限于特定的安全策略，几乎可以描述任何安全策略。此外，NIST RBAC 模型使得安全管理更符合应用领域的机构或组织的实际情况，很容易将现实世界的管理方式和安全策略映射到信息系统中。对于实施整个组织的网络信息系统的安全策略，NIST RBAC 能够提高网络服务的安全性。

NIST RBAC 参考模型提供了一个分析现有系统的能力，评价其对 RBAC 的支持程度的框架，NIST 希望它能作为将来软件开发人员在未来系统中实现 RBAC 的准则。NIST2001 标准还对 RBAC 的功能进行了分类与描述，简述如下。

（1）管理功能：建立和维护 RBAC 的元素集和关系。

（2）支持系统功能：在用户和 IT 系统的交互过程中，RBAC 实现的功能需求要支持系

统的功能。

（3）审核功能：审核管理 RBAC 中元素的关系是否在逻辑上是正确的。

尽管 RBAC 与 DAC、MAC 相比具有更大的灵活性以及方便性，但它同样存在一些缺陷与局限性。参考模型只针对有关主体的角色抽象、访问约束等安全特征进行了较为深入细致的描述，缺乏访问控制过程中对受访客体的安全特征的抽象，在一定程度上降低了模型对现实世界的表达能力。NIST RBAC 自身缺乏良好的自我管理能力，在大型的分布式应用环境下，需要设置的角色成千上万，而系统的用户不计其数。管理数量巨大的用户、角色及其他们之间的关系是一项十分艰巨的任务，由一个或一组只有少数成员的安全管理员进行管理是不现实的。将对 RBAC 的管理任务分散同时又不失对安全的集中控制，对于系统的设计人员来说是一个很有挑战性的目标。NIST RBAC 参考模型对系统整体框架的管理策略并没有包含便于管理的组件描述。

# 6.4　授权与访问控制实现框架

前面介绍的几种访问控制安全模型，为访问控制的工程实现做了理论准备。本节将从工程实现框架的角度，论述访问控制技术中需要考虑的其他相关技术问题。这些问题主要包括身份识别、密钥分发和访问决策。本节用 privilege 来表示主体按照某种访问控制模型得到的抽象权限，与前面所讲的 permission 相比是一个更加抽象的权限概念。为简单起见，仍然用权限来表述。

## 6.4.1　PMI 模型

绝大多数的访问控制应用都能抽象成一般的权限管理模型，包括 3 个实体：客体、权限声明者（Privilege Asserter）和权限验证者（Privilege Verifier）。

（1）客体（或对象）是被保护的资源，例如，在一个访问控制应用中，受保护资源是客体。

（2）权限声明者是访问者，或主体，是持有特定权限并声明其权限具有特定使用内容的实体。

（3）权限验证者对访问动作进行验证和决策，是制定决策的实体，决定被声明的权限对于使用内容来说是否充分。

权限验证者根据以下 4 个条件决定访问通过/失败：

① 权限声明者的权限；

② 适当的权限策略模型；

③ 当前环境变量；

④ 权限策略对访问客体方法的限制。

它们构成了权限管理基础设施（Privilege Management Infrastructure，PMI）模型的基本要素。其中，权限策略说明了对于给定客体权限的用法和内容，用户持有的权限需要满足的条件或达到的要求。权限策略准确定义了什么时候权限验证者应该确认权限声明者声称的权限是"充分的"，以便许可（对要求的对象、资源、应用等）其访问。为了保证系统的安全性，权限策略需要完整性和可靠性保护，防止他人通过修改权限策略而攻击系统。

图 6.4 所示说明了验证者如何控制权限声明者对保护对象的访问，并描述了最基本的影响因素。

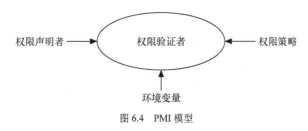

图 6.4　PMI 模型

PMI 模型的一项重要贡献是规范了由权威机构生成，并进行数字签名的属性证书（Attribute Certificate）的概念。该属性证书可用来准确地表述权限声明者的权限，而且便于权限验证者进行验证。关于属性证书的内容可参看相关书籍。

## 6.4.2　一般访问控制实现框架

前面已经介绍过几种访问控制，如 BLP 模型中的自主访问控制（DAC）、强制访问控制（MAC）和基于角色的访问控制（RBAC）。PMI 模型给出它们的访问控制授权实现框架。图 6.5 所示为该框架的基本要素。

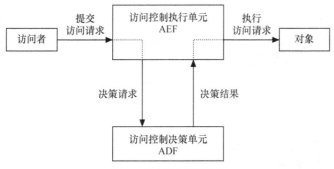

图 6.5　访问控制抽象模型

访问者提出对访问对象（资源）的访问请求，被访问控制执行单元（Access Control Enforcement Function，AEF）截获，执行单元将请求信息和目标信息以决策请求的方式提交给访问控制决策单元（Access Control Decision Function，ADF），决策单元根据相关信息返回决策结果，执行单元根据决策结果决定是否执行访问。其中执行单元和决策单元不必是分开的模块。

## 6.4.3　基于 KDC 和 PMI 的访问控制框架

与访问控制紧密关联的是实体的身份识别和密钥分发服务，如果把能够实现身份识别和密钥分发的基础设施——密钥分发中心（KDC）考虑在内，细化上面提到的 PMI，访问控制实现的整体框架结构如图 6.6 所示。

**1. 框架说明**

（1）KDC：密钥分发中心，应用网络中的两个分别与 KDC 共享对称密钥的通信方，通过 KDP（密钥分发协议）获得两者之间的通信共享密钥。

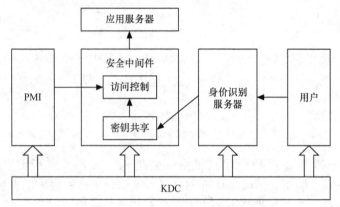

图 6.6　基于 KDC 和 PMI 的访问控制框架结构图

（2）身份识别服务器：用户通过安全的识别协议将用户标识和用户凭证提交到身份识别服务器，身份识别服务器完成识别，用户获得识别凭证，用于用户与应用服务器交互。如果用户事先未与 KDC 共享对称密钥，身份识别服务器还将和用户协商二者之间的共享对称密钥。应用 KDP 协议，通过身份识别协议，用户将获得与 KDC 共享的对称密钥，然后用户再与应用服务器交互。

（3）安全中间件：包括访问控制组件和密钥共享组件，部署在应用服务器之前，通过 KDC 实现应用服务器同用户的密钥共享，向 PMI 申请用户属性证书，并根据用户的属性来实现用户对服务的安全访问控制。

（4）PMI：通过属性证书的生成、分发和注销等整个生命周期的管理，实现用户权限的授予。

### 2. 功能介绍

基于 KDC 和 PMI 的安全框架从功能上分为身份识别与密钥分发、授权与访问控制两部分。

（1）身份识别与密钥分发

身份识别与密钥分发由两部分组成：身份识别服务器与 KDC。在应用网络内身份识别服务器和应用服务器的数量相对用户的数量而言比较少，可以通过物理方式或其他安全的方式与 KDC 之间共享对称密钥。用户的数量较多时，通过手工配置实现用户与 KDC 的密钥共享会给管理上带来沉重的负担。比较现实的方法是用户与身份识别服务器通过安全协议，获取与身份识别服务器之间的共享密钥。对 KDC 和用户来说，身份识别服务器是可信第三方。用户与 KDC 可通过 KDP 密钥分发协议实现密钥共享，并通过 KDC 实现与安全中间件之间的密钥共享，以便实现保护用户和应用服务器之间授权信息和应用数据的传递。当用户切换到不同的应用时，由于用户具有与 KDC 之间的密钥共享，可自动地获得与不同应用之间的密钥共享，从而实现用户的单点登录。根据安全的需求及应用的规模，用户到身份识别服务器之间认证的方式可以多种，如基于口令认证及密钥分发协议的身份识别、基于公钥证书的相互认证等。密钥分发协议也可以随着安全技术的发展更换不同的协议。

（2）授权与访问控制

授权与访问控制通过对用户属性证书的管理，实现对用户权限的管理。PMI 权限管理基础设施主要实现用户属性证书的生成、分发和注销等。属性证书具有包括分立的发行机构，独立于认证之外，将用户的标识与用户的权限属性绑定在一起；具有基于用户的各类属性，进行灵活的访问控制、短时效等特点；能被分发和存储或缓存在非安全的分布式环境中；属性证书不可伪造，防篡改。因此较好地解决了权限的管理问题。

用户通过与安全中间件之间的基于密钥共享的身份识别之后，访问控制根据用户的属性证书的属性及应用的策略规则决定是否允许用户对应用服务器资源进行访问。

基于 KDC 和 PMI 的访问控制框架中，用户通过 KDC、身份识别服务器获得与应用服务器之间的密钥共享，通过 PMI 签发的属性证书及访问控制策略获得应用服务器资源的安全访问，实现了用户到应用服务器之间统一的身份识别及用户权限的统一管理。

按照审计的定义，它是一套独立的运行审核机制，因此审计没有放到上述框架之中。但是安全审计对信息系统安全的评价和改进是一项非常重要的措施，在整体解决方案中是不容忽视的。

# 小　　结

本章主要探讨的访问控制模型中的 BLP 模型，是访问控制研究中最经典的模型之一。因为 BLP 是针对军事信息的机密性保护提出的模型，所以它仅适应信息的机密性保护。人们在该模型的基础上，或参照该模型，其后陆续提出了多个不同应用模型，如 Biba 模型，主要是针对信息的完整性（Integrity）保护的模型；Lipne 模型是把 BLP 模型和 Biba 模型结合起来，得到适用范围更加广泛的一个安全模型；Clark-Wilson 模型则是一种适合商业上"一致性检验的"完整性模型；Chinese Wall 模型则是把机密性和完整性考虑在一起的，适合于解决商业中的"利益冲突"的安全模型。这些模型极大地丰富了访问控制技术的研究。然而这些模型研究在深度上都有一定不足的地方，也有一些不大合理的"安全断言"值得切磋。

从工程实现的角度，我们提出了一种整体方案，希望对相关领域的研究有抛砖引玉的作用。

访问控制是信息安全的核心课题之一，但相关模型的研究还较为肤浅。因为其重要的应用价值，一些最基本的问题得到了较好的研究，但也有很多未解决或未解决好的问题有待进一步的研究。

# 习　题　6

1．在 BLP 模型中，DAC、MAC 是通过什么方法实现的？

2．试对 RBAC 框架与 BLP 模型进行比较，分别列举各自的 3 个优点（尽量不要重叠）。

3．在 BLP 模型中，给定密级集合 $L$={绝密, 机密, 秘密, 普通}（密级由高到低排列），范畴集合 $C$={$A,B,C$}。试对下列几种情形，确定允许的访问操作。这里访问属性集合为 $A$={读, 写, 读写}，这里不受自主访问控制（DAC）的限制。

（1）张毅具有安全级（绝密,{$A,C$}），想访问分类为（机密,{$B,C$}）的文件。

（2）王尔具有安全级（秘密,{$C$}），想访问分类为（秘密,{$B$}）的文件。

（3）李三具有安全级（机密,{$C$}），想访问分类为（秘密,{$C$}）的文件。

（4）赵司具有安全级（绝密,{A,C}），想访问分类为（秘密,{A}）的文件。

4．通用层次 RBAC 中，用户 U 得到的授权集是由哪些元素组成的？试进行描述。

5．给出一个实例，在该实例中保密性的破坏导致完整性的破坏。针对这种情况提出相应的安全策略。

6．考虑 3 个用户的计算机系统，这 3 个用户是张三、李四、王五。张三拥有文件 1，李四和王五都可以读文件 1；李四拥有文件 2，王五可以对文件 2 进行读写操作，但张三只能读文件 2；王五拥有文件 3，只有他自己可以读写这个文件。假设文件的拥有者可以执行文件。

（1）建立相应的访问控制矩阵。

（2）王五赋予张三读文件 3 的权限，张三取消李四读文件 1 的权限，写出新的访问控制矩阵。

7．降低密级主体违反了 BLP 模型中的*、特性。提升客体的密级会违反该模型的那种安全特性？为什么？

8．有人认为"角色和组的区别就是一个用户在不同的会话中角色可以转换，而用户的组身份是始终固定的"。

（1）假设有一个系统，用户在会话中始终保持一个固定的组身份。这时，将具有管理员功能的角色作为组有哪些优点？有哪些缺点？

（2）假设在一个系统中，一个进程只有一个 SSSS 组身份。为了改变组身份，用户必须执行某命令。这些组是否与角色有区别？请说明理由。

9．一个医生服用某种药物上瘾，而且他能给自己开处方药。请说明如何用 RBAC 模型来控制处方药的散播，以防止医生给自己开药。

10．简述 RBAC 参考模型中 4 个构件模型的作用。

# 第 7 章

# 计算机系统安全

有了前面对信息安全基础知识的储备，从本章开始，我们将从网络安全、系统安全、数据安全以及应用安全这几个方面介绍、讨论如何构筑安全的信息系统，防御各种安全威胁，保障信息安全。

本章将从计算机软件系统角度介绍安全问题与解决技术，重点介绍操作系统、数据库系统的安全机制，再介绍计算机病毒的机理与防护。

操作系统、数据库系统作为一种软件系统，在软件设计与实现的过程中，不可避免地会存在一些安全缺陷，从而被计算机病毒等恶意代码所利用，威胁到整个系统的安全。

## 7.1 可信计算基

可信计算基（Trusted Computing Base，TCB）的概念于 1979 年由 G.H.Nibaldi 提出，其思想是将计算机系统中所有与安全保护有关的功能提取出来，并把它们与系统中的其他功能分离开，然后将它们独立加以保护，防止其受到破坏，这样独立出来得到的结果就称为可信计算基。

为了更深入地阐述可信计算基的含义，本节首先引出可信计算基的理论基础——访问监视器，以及构建可信计算基的安全内核方法，然后细致和全面地介绍可信计算基。

### 7.1.1 访问监视器

访问监视器（Reference Monitor）于 1972 年由 J.P.Anderson 首次提出，D.B.Baker 于 1996 年再次强调了它的重要性。访问监视器是监督主体和客体之间授权访问关系的部件。

主体（Subject）：是引起信息流动的一种实体。通常，这些实体是指人、进程或设备等，一般是代表用户执行操作的进程。

客体（Object）：系统中主体行为的被动承担者。对一个客体的访问隐含着对客体所包含信息的访问。

J.P.Anderson 把访问监视器的具体实现称为访问验证机制（Reference Validation Mechanism），如图 7.1 所示。访问验证数据库包含由主体访问客体及其访问方式的相关信息，是安全策略的具体表现。访问监视器的关键是控制从主体到客体的每一次访问，并将重要的安全事件存入审计文件中。

访问验证机制的设计和实现需要满足以下 3 个原则。

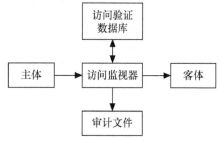

图 7.1 访问监视器的具体实现

（1）必须具有自我保护能力，保证访问验证机制即使受到攻击也能保持自身的完整性。

（2）必须总是处于活跃状态，保证主体对客体的所有访问都应得到访问验证机制的仲裁。

（3）必须设计得足够小，以利于分析和测试，保证访问验证机制的实现的正确性是可验证的。

可信计算基中最为关键的保护机制即为实现访问监视器思想的访问验证机制，因此可信计算基的设计和实现也必须满足上述的 3 条原则。

### 7.1.2　安全内核方法

可信计算基的设计可以基于安全内核方法，也可以将整个可信计算系统实现为可信计算基。但后者由于其规模和复杂度很难达到正确性可验证的目标，所以很难达到高的安全级别。

**安全内核**（Security Kernel）方法指的是通过控制对系统资源的访问来实现基本安全规程的计算机系统的中心部分，包括访问验证机制、访问控制机制、授权机制和授权管理机制等。安全内核方法的出发点是：在一个大型的计算机系统中，只有其中的小部分软件用于安全目的。TCSEC 标准中给出了对安全内核的权威定义：安全内核是一个可信计算基中实现访问监视器思想的硬件、固件和软件成分；它必须仲裁所有访问，必须保护自身免受篡改，必须能被验证是正确的。

如图 7.2 所示，安全内核由硬件和介于硬件和操作系统之间的一层软件组成，其软件

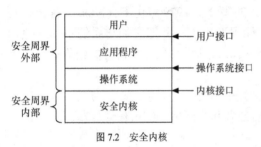

图 7.2　安全内核

和硬件都是可信的，处于安全周界内，而操作系统和应用程序处于安全周界以外。安全周界（Security Perimeter）是指用半径来标识的空间，该空间包围着用于处理敏感信息的设备，并在有效的物理和技术控制之下，防止未授权的进入或敏感信息的泄露。安全内核为操作系统提供服务，同时也对操作系统施加限制，安全策略的执行和验证完全由安全内核实现，操作系统和应用程序的任何错误均不能破坏安全内核的安全策略。

安全内核作为可信计算基的设计和实现方式，同样必须遵从访问验证机制的以下 3 条基本原则。

（1）防篡改原则：安全内核必须具有防篡改的能力，可以保护自己，防止偶然破坏和恶意攻击。

（2）完备性原则：主体访问客体必须通过安全内核进行验证，绝不能有任何绕过安全内核访问控制检查的访问行为存在。

（3）可验证性原则：安全内核方法以指导设计和开发的一系列严格的安全原则为基础，能够极大地提高用户对系统安全控制的信任度，是一种最常用的构建可信计算基的设计方法。

### 7.1.3　可信计算基

#### 1．可信计算基的定义

1985 年美国国防部颁布的可信计算机系统评价标准（TCSEC）中就使用可信计算基作为其贯穿始终的最重要的概念，并将可信计算基（Trusted Computing Base，TCB）定义为："可

信计算基是可信计算系统的核心，它包含了系统中所有实施安全策略及对象（代码和数据）隔离保护的机制，为了使得保护机制更容易被理解和验证，可信计算基应尽量简单，并与安全策略具有一致性”。

在我国的国家标准 GB 17859—1999《计算机信息系统安全保护等级划分准则》中，也对可信计算基给出了类似的定义：“可信计算基是可信计算系统的核心，是计算机系统内保护装置的总体，包括硬件、固件、软件及负责执行安全策略的组合体。它建立了一个基本的保护环境并提供一个可信计算系统所要求的附加用户服务”。

**2. 可信计算基的组成**

计算机系统的安全依赖于一些具体实施安全策略的可信的软件和硬件，这些软件、硬件和负责系统安全管理的人员一起组成了系统的可信计算基。具体来说，可信计算基由以下几个部分组成。

（1）操作系统的安全内核。

① 安全内核包括具有特权的程序和命令；

② 安全内核包括处理敏感信息的软件，如系统管理命令；

③ 安全内核包括与 TCB 实施安全策略有关的文件。

（2）其他有关的固件、硬件和设备。

（3）负责系统管理的人员。

（4）保障固件和硬件正确的程序和诊断软件。

其中可信计算基的软件部分是可信计算基的核心内容，它主要完成下述工作。

① 内核的良好定义和安全运行方式；

② 标识系统中的每个用户；

③ 保持用户登录到可信计算基的可信路径；

④ 实施主体对客体的访问控制；

⑤ 维持可信计算基功能的正确性；

⑥ 监视和记录系统中的相关安全事件，进行安全审计。

**3. 可信计算基安全功能**

可信计算基安全功能（TCB Security Function，TSF）指的是正确实施可信计算基安全策略的全部硬件、固件、软件所提供的功能。每一个安全策略的实现，组成一个安全功能模块。一个可信计算基的所有安全功能模块共同完成该可信计算基的安全功能。

可信计算基安全功能需要保证计算机系统具备物理安全、运行安全和数据安全 3 个安全特性。

（1）物理安全主要描述实体层面所涉及的硬件系统及其环境的安全，包括环境安全、设备安全、记录介质安全及安全管理等方面内容。

（2）运行安全包括系统层面、网络层面和应用层面所涉及的操作系统、数据库系统、网络系统和应用系统的运行安全。安全目标为身份识别、访问控制和可用性。

（3）数据安全包括系统层面、网络层面和应用层面所涉及的操作系统、数据库系统、网络系统和应用系统的数据安全。安全目标为数据的机密性和完整性。

**4. 可信计算基安全保证**

安全保证（Security Assurance）是为确保安全功能实现安全性目标所采取的方法和措施。

可信计算基的安全保证技术主要包括可信计算基自身安全、可信计算基设计与实现和可信计算基安全管理三个方面。

（1）根据可信计算基的抗篡改原则，必须通过一些安全保证技术来对可信计算基自身进行安全保护，可用的机制包括物理保护、TSF 自检、TSF 数据的机密性和完整性、TSF 有效性检测、恢复机制。

（2）可信计算基的设计与实现则重点在可验证的安全模型和完备性的保证上。安全管理的重点在保证人对系统的合理使用与使用控制方面。

（3）可信计算基的安全管理（TCB Security Management）指的是对可信计算基运行中的安全管理，包括对不同的管理角色和它们之间的相互作用（如权限分离）进行规定，对分散在多个物理分离的部件上有关敏感标记的传播，TSF 数据和功能配置等问题的处理，以及对 TCB 使用者安全属性的授予、撤销等内容。

## 7.2  操作系统安全

### 7.2.1  操作系统安全概述

操作系统是管理计算机硬件并为上层应用软件提供接口的系统软件，是计算机系统的核心。数据库系统、应用软件都运行在操作系统之上，因此操作系统安全是整个计算机系统安全的基石。如果不能保证操作系统的安全性，就不可能达到数据库安全和应用安全。

操作系统安全要达到的主要目标如下。

（1）依据系统安全策略对用户的操作进行访问控制，防止用户对计算机资源的非法访问（如窃取、篡改和破坏）。

（2）标识系统中的用户并进行身份识别。

（3）保证系统自身的可用性及系统数据的完整性。

（4）监督系统运行的安全性。

为了实现这些安全目标，需要依据特定的设计原则和设计方法，实现相应的安全机制，从而构建安全操作系统。其中关键的操作系统安全机制包括：客体重用保护、身份鉴别、访问控制、最小特权原则、可信通道和安全审计等。

### 7.2.2  操作系统安全机制的设计原则

J.H.Saltzer 和 M.D.Schroeder 提出了操作系统安全保护机制应符合下列设计原则。

（1）最小特权原则：为使有意或无意的攻击所造成的损失降低到最小限度，每个用户和进程必须按照"所需"原则，尽可能不使用特权或使用最小特权。

（2）机制的经济性：保护操作系统安全的机制应该具备简单性和直接性，并能够通过形式化证明方法或穷举测试验证其可靠性。

（3）开放设计原则：安全机制应该基于开放的前提设计，而不能依赖机制本身的保密；安全机制应依赖于极少量的关键数据的保密，如密钥或口令等；安全机制还应该接受广泛的公开审查，消除可能存在的设计缺陷。

（4）完全检查：每次访问尝试都必须通过检查。

（5）基于许可：对客体的访问应该是基于许可的，默认情况下应该是拒绝访问；主体还应该识别那些将被访问的客体，而不识别那些不能被访问的客体。

（6）多重防护：理想情况下，对敏感客体的访问应依赖多个条件，如用户识别和密钥，这样，即使攻击者攻破一种安全机制，也不能获得完全的访问权。

（7）最少公用机制：共享对象为信息流提供了潜在的通道。采用物理或逻辑隔离的系统减少了共享的风险。

（8）易用性：使用简单的安全机制，并且提供友好的用户接口，使其更容易被用户所接受。

尽管这些设计原则在几十年前就已经提出，但至今它们仍与当初提出时一样正确。在这些设计原则的指导下，诞生了许多成功的可信操作系统，更重要的是，过去的经验表明：在操作系统中出现的安全问题大多都是由于没有遵守这些原则中的一条或多条引起的。

### 7.2.3　操作系统安全机制

操作系统安全机制主要包括硬件安全机制、身份鉴别、访问控制、最小特权原则、可信通道和安全审计等。

**1. 硬件安全机制**

优秀的硬件保护机制是高效、可靠、安全的操作系统的基础，计算机硬件安全的目标是保证其自身的可靠性并为系统提供基本安全机制，其中基本安全机制主要包括存储保护、运行保护和 I/O 保护等。

（1）存储保护

存储保护主要是指保护用户在存储器中的数据和代码，对于在内存中一次只能运行一个进程的操作系统，存储保护机制应能防止用户程序对操作系统的影响。而允许多个进程同时执行的多道操作系统还需要进一步要求存储保护机制对各个进程的存储空间进行相互隔离。

（2）运行保护

安全操作系统的一个重要的设计原则是分层设计，而运行域正是符合分层设计原则的一种基于保护环的等级式结构。最内环是安全内核，具有最高的特权，外环则是不具有特权的用户程序。

运行保护包括等级域机制和进程隔离机制。等级域机制应该保护某一环不被其外环侵入，并且允许在某一环内的进程能够有效地控制和利用该环及该环以外的环。进程隔离机制则是指当一个进程在某个环内运行时，应保证该进程免遭同一环内同时运行的其他进程的破坏，也就是说系统将隔离在同一环内同时运行的各个进程。

（3）I/O 保护

绝大多数情况下，I/O 操作是仅由操作系统完成的一个特权操作，所有操作系统都对 I/O 操作提供一个相应的高层系统调用，在这些过程中，用户不需要控制 I/O 操作的细节。

I/O 操作访问控制机制最简单的方式是将 I/O 设备看作是一个客体，而对一个进行 I/O 操作的进程必须受到对设备的读写两种访问控制。

**2. 身份鉴别**

身份鉴别，即计算机系统对用户身份的标识与鉴别（Identification & Authentication，I&A）机制，用于保证只有合法用户才能进入系统，进而访问系统中的资源。

标识是系统要标识用户的身份，并为每个用户赋予一个系统可识别的内部名称——用户标识符。用户标识符必须是唯一而且不能够被伪造和篡改的，以防止一个用户冒充其他的用户。鉴别则是将用户和用户标识符联系在一起的过程。鉴别过程主要用以识别用户的真实身份，鉴别操作总是要求用户具有能够证明其身份的特殊信息，并且此信息应是机密的或独一无二的，任何其他用户都不能拥有此信息。

身份鉴别详细概念及具体技术参见第 5 章。在操作系统中，身份鉴别一般在用户登录系统时进行，常使用的鉴别机制有口令机制、智能卡和生物鉴别技术等。

### 3. 访问控制

访问控制的概念、理论模型及具体技术参见第 6 章。访问控制机制一般用于控制主体对客体的访问请求，包括以下 3 个任务。

（1）授权，即确定可给予哪些主体访问客体的权利。

（2）确定访问权限，在操作系统中一般是读、写、执行、删除和追加等访问方式的组合。

（3）实施访问权限控制。

安全操作系统一般采取强制访问控制机制或自主访问控制机制，或者两者结合使用。

强制访问控制是指访问控制策略的判决不受客体的拥有者单独控制，而是由中央授权系统来决定哪些客体可被哪些主体访问，而客体的拥有者不能够改变访问权。强制访问控制机制是一种非常严格的安全机制，在军事安全中得到普遍应用。

在强制访问控制机制下，系统中的每个进程、每个文件和每个 IPC 客体（包括消息队列、信号量集合和共享存储区）都被赋予了相应的安全属性，称为安全标签。这些安全标签不是像自主访问控制机制一样可由拥有者本身随意改变，而是由安全管理部分或操作系统自动地按照严格的规则来设置。当一个主体访问一个客体时，调用强制访问控制机制，根据主体的安全标签和访问方式，与客体的安全标签进行比较，从而确定是否允许其对客体的访问。如果系统判定拥有某一安全标签的主体不能访问某个客体，那么任何人，包括客体的拥有者，都不能使该主体访问该客体。

强制访问控制机制同美国国防部定义的多级安全策略含义非常接近，因此人们一般都将强制访问控制和多级安全体系相提并论。实际上强制访问控制从概念上讲，包含但不限于多级安全体系。

自主访问控制则是指客体的访问权限由此客体的拥有者或已被授权控制客体访问的用户来自主定义。拥有者或授权用户能够决定谁应该拥有对其客体的访问权及内容。

为了实现完备的自主访问控制机制，系统要将访问控制矩阵相应的信息以某种形式保存在系统中。访问控制矩阵的每一行表示一个主体，每一列表示一个受保护的客体，矩阵中的元素表示主体可对客体的访问模式。访问控制矩阵的效率很低，因此实际的操作系统主要采用基于行或基于列表达访问控制信息。

基于行的自主访问控制机制在每个主体上都附加一个该主体可访问的客体的明细表，最常见的是能力表，其中保护的能力信息决定用户是否可以对客体进行访问以及进行何种访问模式（如读、写、执行）。对于每个用户，系统都需要维护一个能力表，而能力表一般具有成千上万个条目，对于一个简单的"谁能读取该文件？"的问题，系统都需要花费大量时间在每个用户的能力表中进行查询，因此目前利用能力表实现的自主访问控制机制的系统并不多。

基于列的自主访问控制机制在每个客体上都附加一个可访问它的主体的明细表，最常见的是访问控制列表。访问控制列表是国际上流行的一种十分有效的自主访问控制模式，它在每个客体上都附加一个主体明细表，表示访问控制矩阵。表中的每项包括主体的身份和主体对该客体的访问权限。在实际应用中，当对某客体可访问的主体很多时，访问控制列表将会变得很长，这使得采用访问控制列表实现的自主访问控制机制的效率很低，因此实际系统一般会对访问控制列表进行简化。

UNIX、Linux 等操作系统实现了一种非常简单、常用而又有效的自主访问控制模式，即在每个文件上附加有关访问控制信息的 9 比特位，如图 7.3 所示，这些比特位反映了不同类别用户对此文件的访问方式，分别为文件拥有者（Owner）、与文件拥有者同组的用户（Group）及其他用户（Other）。9

| 拥有者 | | | 同组用户 | | | 其他用户 | | |
|---|---|---|---|---|---|---|---|---|
| r | w | e | r | w | e | r | w | e |

图 7.3　比特位模式

比特位访问控制模式非常简单有效，但其控制的粒度比较粗糙，无法精确控制某个用户对文件的访问权，如不能够指定与文件拥有者同组的用户 A 能够对该文件具有读、写、执行权限，而与文件拥有者同组的另一用户 B 对该文件不具有任何操作权限。

因此，在一些安全的操作系统中，如 UNIX SVR 4.1ES 中，实现了访问控制列表与 9 比特位访问控制模式相结合的方法，访问控制列表只对 9 比特位访问控制模式无法分组的用户才使用，两种自主访问控制模式共存于系统中，既保持了与原 UNIX 系列操作系统的兼容性，又将用户权限控制粒度细化到系统中的单个用户。

与强制访问控制机制相比，自主访问控制为用户提供了更大的灵活性，但缺乏高安全等级所需要的高安全性。

强制访问控制机制和自主访问控制机制可以结合应用，这时，在所有具有强制访问控制许可的主体中，只有通过自主访问控制许可的主体才能真正被允许访问这个客体。

**4.　最小特权原则**

为了保证操作系统的正常运行，系统中的某些特权进程需要具有一些可违反系统安全策略的操作能力，一般定义一个特权就是一个可违反系统安全策略的操作能力。

在目前多数流行的多用户操作系统（如 UNIX、Linux 和 Windows）中，超级用户一般具有所有特权，而普通用户不具有任何特权，一个进程要么具有所有特权（超级用户进程），要么不具有任何特权（普通用户进程）。这种特权管理方式便于系统维护和配置，但不利于系统的安全性。一旦超级用户被冒充或其口令丢失，将会对系统造成极大的损失，此外超级用户的误操作也是系统极大的安全隐患，因此高安全性的操作系统必须实现最小特权原则。

最小特权原则（Least Privilege Principle）的基本思想是系统中每一个主体只能拥有与其操作相符的必需的最小特权集，也就是系统不应给用户超过其执行任务所需特权以外的特权，从而减少由于特权用户口令丢失或盗用、恶意软件非法利用特权程序、特权用户误操作等因素引起的损失。

一种典型的将超级用户的特权进行细分的方案如下。

（1）系统安全管理员：负责对系统资源和应用定义安全级别，定义用户和自主访问控制的用户组，为用户赋予安全级别，限制隐蔽通道（是指系统安全策略的传送信息的通信信道，这些信道通常由共享资源和执行时间等间接形成）活动的机制等。

（2）安全审计员：负责安全审计系统的控制，与系统安全管理员形成一个"检查平衡"，系统安全管理员负责实施安全策略，而安全审计员控制审计信息，审核安全策略是否被正确实施。

（3）操作员：完成常规的、非关键的安全操作，不能进行影响安全级的操作。

（4）安全操作员：完成与操作员类似职责的日常例行活动，但其中的一些活动对安全性是关键的，如安全级定义。

（5）网络管理员：负责所有网络服务及通信的管理。

### 5. 可信通道

根据安全操作系统的一般设计思想，具体实施安全策略的软硬件构成安全内核，而用户是与安全周界外部的不可信的中间应用层及操作系统交互的，但用户登录、定义用户的安全属性、改变文件的安全级别等安全关键性操作，用户必须能够确认与安全内核进行交互，而不是与一个特洛伊木马程序打交道。这就需要提供一种安全机制，保障用户和安全内核之间的通信，而这种机制是由可信通道提供的。

可信通道（Trusted Path）机制即终端人员能借以直接与可信计算基通信的一种机制。该机制只能由有关终端操作人员或可信计算基启动，并且不能被不可信软件模拟。

Linux 操作系统对用户建立可信通道的一种常见的方案是基于安全提示键（Security Attention Key，SAK）实现。安全提示键是由终端驱动程序检测到的一个击键的特殊组合，每当系统识别到用户在一个终端上输入安全提示键，便会终止对应到该终端的所有用户进程，启动可信的会话过程，从而保证用户能够看到安全内核提供的真正的登录提示，防止中间的不可信软件窃取用户口令。

Linux 操作系统提供的安全提示键在 X86 平台下为 Alt+SysRq+K。Windows 操作系统的安全提示键则为 Ctrl+Alt+Del。

要说明的是，随着攻击技术的提高，用安全提示键建立可信通道的方法本身是否能有保障是至关重要的。无论如何，它在一些场景下能有效降低攻击风险，甚至能杜绝某些类别的攻击，其作用是很大的。

### 6. 安全审计

一个系统的安全审计是对系统中有关安全的活动进行记录、检查或审核。安全审计的主要目的是检测进而阻止非法用户对计算机系统的入侵行为，以及合法用户的误操作。安全审计主要作为一种事后追查的手段来保证系统的安全，它对涉及安全的关键操作进行完整的记录，为安全事故发生后事故原因、责任人的追查定位，以及正确地进行实时处理提供详细、可靠的依据和支持。另外，安全审计也可以与实时检测和报警功能相结合，以审计日志为检测和报警的数据源，从而能够实时发现违反系统安全策略的恶意操作或涉及系统安全的重要操作，及时向系统安全管理员发送相应的报警信息。

安全审计是操作系统安全的一个重要方面，安全操作系统也都要求用审计方法监视安全相关的活动。美国国防部颁布的 TCSEC 中明确要求，"可信计算基必须向授权人员提供一种能力，以便对访问、生成或泄露秘密或敏感信息的任何活动进行审计。通过一个特定机制和/或特定应用的审计要求，可以有选择地获取审计数据，但审计数据中必须有足够细的粒度，以支持对一个特定个体已发生的动作或代表该个体发生的动作进行追踪"。

安全审计机制的实现一般是一个独立的过程，应与系统其他功能相隔离，同时要求操作系统必须能够生成、维护及保护审计过程，使其免遭修改、非法访问及毁坏。

审计事件是安全审计机制最基本的单位，系统将所有要求审计或可以审计的用户动作归纳成一个个可区分、可识别、可标识的用户行为和可记录的审计事件。审计事件一般可分为注册事件、使用系统事件和利用隐蔽通道的事件 3 大类，也是用户身份鉴别机制的使用、把客体引入到用户的地址空间或从地址空间删除客体、特权用户所发生的动作以及利用隐蔽通道的事件。

审计记录是安全操作系统对审计事件的记录信息，一般包括如下信息：事件的日期和时间、代表正在进行事件的主体的唯一标识符、事件的类型、事件的成功与失败等。审计日志是存放审计记录的二进制码结构文件，每次审计进程开启后，都会按照设定好的路径和命名规则产生一个新的日志文件。

安全审计机制的实现方式如图 7.4 所示，一般在用户程序和操作系统的唯一接口——系统调用上设置审计点，从而对安全内核外部的所有使用内核服务的事件进行审计。另外安全内核内部的特权命令也必须设置审计点，对其进行审计。内核审计进程对审计事件产生审计记录，并完成写入循环缓冲区、写入磁盘文件、归档等操作。另外，审计机制应当提供灵活的选择手段，使审计员可以开启/关闭审计机制、增加/减少审计事件类型以及修改审计参数等。

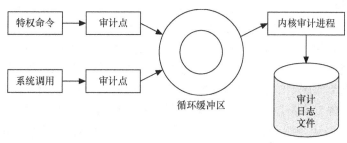

图 7.4 安全审计机制的实现方式

## 7.2.4 UNIX 操作系统的安全机制

因为 UNIX 操作系统是计算机操作系统研究领域著名的系统，同时也得到了广泛的应用，因此本节将以 UNIX 操作系统为例，介绍操作系统安全机制的具体实现。UNIX 是一种多用户多任务操作系统，其基本功能是要防止使用同一个操作系统的不同用户之间的相互干扰，因此 UNIX 操作系统在设计时就已经使用了以下的一些安全机制来适应安全性需求。

**1. 运行保护**

UNIX 操作系统具有两个执行态：核心态和用户态。运行内核中程序的进程处于核心态，而运行内核外程序的进程处于用户态。系统保证用户态下的进程只能访问它自己的指令和数据，而不能访问内核和其他进程的指令和数据，并且保证特权指令只能在核心态时执行。用户程序可以使用系统调用进入内核，运行完系统调用再返回用户态。系统调用是用户程序进入 UNIX 操作系统内核的唯一入口，因此用户对系统资源中信息的访问都要通过系统调用才能完成。一旦用户程序通过系统调用进入内核，便完全与用户隔离，从而使内核中的程序可对用户的访问请求进行响应，并且在不受用户干扰的情况下对该请求进行访问控制。

**2. 身份鉴别**

在 UNIX 操作系统中为每个用户分配一个唯一的标识号——UID，而每个用户可以属于一个或多个用户组，每个用户组由 GID 唯一标识。系统的超级用户（root）的 GID 和 root 组的 GID 均为 0。UNIX 操作系统采用口令机制对用户身份进行鉴别，系统所需要知道的关于每个用户的信息存在/etc/passwd 文件中（加密口令也可能存于/etc/shadow 文件中）。/etc/passwd 文件中包含用户的登录名、经过加密的口令、用户号、用户组号、用户注释、用户主目录和用户所使用的 shell 终端。用户登录系统时，需要输入口令来鉴别其身份。当用户输入口令时，UNIX 操作系统调用 crypt( )函数对口令进行加密获得口令密文，并与存储在/etc/passwd 文件或/etc/shadow 文件中的加密用户口令进行比较，若两者匹配，则说明当前登录用户身份合法，否则拒绝用户登录。

### 3. 访问控制

UNIX 操作系统的访问控制机制在文件系统中实现，采取 9 比特位访问控制模式。每个文件的 9 比特位访问权限分为 3 组，分别用于指出文件拥有者、同组用户和其他用户对该文件的访问权限，访问权限有允许读、允许写和允许执行 3 种类型。

ls 命令可列出文件（或目录）及不同用户对系统的访问权限，chmod 命令可以用来改变文件的访问权限，Umask 命令则用以控制该用户新建文件的访问权限。

有时没有被授权的用户需要完成某些要求授权的访问任务，如 passwd 程序，对于普通用户，它允许修改用户自身的口令，但其不能拥有直接修改/etc/passwd 文件的权限，以防止改变其他用户的口令。为了解决此问题，UNIX 操作系统允许对可执行的目标文件设置 SUID 和 SGID 特殊权限位。UNIX 操作系统的进程执行时被赋予了 4 个编号，以标识该进程隶属于哪个用户，分别为实际 UID、有效 UID、实际 GID 和有效 GID。实际 UID 和实际 GID 标识了该可执行文件的真实隶属用户及用户组的标识符，而有效 UID 和有效 GID 标识了正在运行该进程的用户及用户组的标识符，用于系统确认该进程对于文件的访问许可。而设置 SUID 位将改变上述情况，当设置 SUID 位后，进程的有效 UID 为该可执行文件的所有者的 UID，而不是执行该文件的用户的 UID，因此由该程序创建的进程都具有与该程序所有者相同的访问许可。SGID 和有效 GID 之间具有相似的关系。

### 4. 最小特权原则

UNIX 操作系统最初没有实现最小特权原则，超级用户拥有全部特权。在基于 UNIX 操作系统上开发的一些安全操作系统，如 UNIX SVR4.1ES 实现了最小特权原则，从而降低了由于超级用户口令被破解或其误操作所带来的安全风险。

### 5. 安全审计

UNIX 操作系统的安全审计机制监控系统中发生的安全关键事件，以保证安全机制正确工作并及时对系统异常情况进行报警。UNIX 操作系统的审计日志主要包括如下内容。

（1）acct 或 pacct：记录每个用户使用过的命令历史列表。

（2）lastlog：记录每个用户最后一次成功登录的时间和最后一次登录失败的时间。

（3）loginlog：记录失败的登录尝试记录。

（4）messages：记录输出到系统主控台以及由 syslog 系统服务产生的信息。

（5）sulog：记录 su 命令的使用情况。

（6）utmp 或 utmpx：记录当前登录的每个用户。

（7）wtmp 或 wtmpx：记录每一次用户登录和注销的历史信息，以及系统关闭和启动的信息。

大部分版本的 UNIX 操作系统都具备安全审计服务程序 syslogd，实现灵活配置和集中式安全审计和管理。当前的大部分 UNIX 操作系统实现的安全审计机制达到了 TCSEC 的 C2 级安全审计标准。

### 6. 网络安全性

UNIX 操作系统属于网络型操作系统，因此网络安全性是 UNIX 操作系统关注的一个重要方面。网络安全性的目标是通过防止本机或本网被非法入侵、访问，从而达到保护本系统可靠、安全运行的目的。UNIX 操作系统通过以下配置文件选择性地允许用户和主机与其他主机之间的网络连接，从而对网络访问控制提供强有力的安全支持。

- /etc/inetd.conf 文件：控制系统提供哪些网络服务。
- /etc/services 文件：罗列了各种网络服务的端口号、协议和对应的网络服务名称。
- /etc/hosts.allow 和/etc/hosts.deny 两个文件：控制哪些 IP 地址被禁止登录，哪些被允许登录。

## 7.3 数据库安全

### 7.3.1 数据库系统概念

数据库由数据和规则组成，规则指定了数据之间的关系。用户通过规则描述数据的逻辑格式，数据存储在文件中，但用户并不需要关心这些文件的实际物理格式。数据库管理员负责定义数据库中的数据规则，同时控制对数据各个部分的访问权限。用户通过数据库管理系统（Database Management System，DBMS）来访问数据库的数据。

#### 1. 数据库系统的组成

数据库系统主要包括两个核心：一个是按一定规则组织的数据集合本身；另一个是数据库管理系统，为用户提供访问接口并且具有对数据库的管理、维护功能，保证数据库的安全性、可靠性和完整性。数据库系统示意图如图 7.5 所示。

此外，支持数据库系统运行的计算机系统，由用户开发的完成一定业务功能的数据库应用系统等也是数据库系统不可或缺的组成部分。

#### 2. 数据库的历史

数据库技术是现代信息系统的基础和核心。数据库技术最初产生于 20 世纪 60 年代中期。根据数据模型的发展，数据库的发展可以划分为三个阶段。

第一代数据库的数据模型代表是 1969 年 IBM 公司研制的层次模型和 20 世纪 70 年代美国的数据系统语言

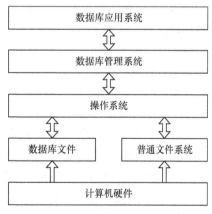

图 7.5　数据库系统示意图

协会 CODASYL 下属数据库任务组 DBTG 提议的网状模型。这两种模型的数据库具有如下共同点：支持外模式、模式、内模式三级模式，保证数据库系统具有数据与程序的物理独立性和一定的逻辑独立性；用存取路径来表示数据之间的联系；有独立的数据定义语言；导航式的数据操作语言。

第二代数据库的主要特征是关系数据模型。关系模型具有以下特点：关系模型的概念单一，用关系来表示实体和实体之间的联系；数据的物理存储和存取路径对用户不透明；关系数据库语言是非过程化的。

第三代面向对象的数据库产生于 20 世纪 80 年代，主要有以下特征：支持数据、对象和知识管理；保持和继承了第二代数据库系统的技术；对其他系统开放，支持数据库语言标准，支持标准网络协议，有良好的可移植性、可连接性、可扩展性和互操作性等。第三代数据库支持多种数据模型（如关系模型和面向对象的模型）。

虽然在 20 世纪 90 年代初期曾一度受到面向对象数据库的巨大挑战，但是目前关系数据库技术仍然是主流。随着计算机软硬件的高速发展，以及受互联网发展的推动，数据库技术和诸多新技术相结合，衍生出了多种新的数据库技术，比较有代表性的是针对特定应用的轻量级数据库（如 LDAP）、支持大数据分析的非结构化数据库（如 Hadoop、Spark），还有数据仓库技术、云数据库技术、多媒体数据库技术、Web 数据库技术、内容管理技术等。

### 3. 数据库的特性

数据库除了具有多用户、高可靠性、频繁的更新和数据文件大等特性外，还具有以下技术特性。

（1）数据共享。这是数据库先进性的重要体现，它有三个层次的含义：第一，系统中的所有合法用户都可以访问数据库中的数据；第二，可以增加新用户并与当前系统中的用户同时访问数据库中的数据；第三，用户可以使用多种方式和多种程序命令语言来访问数据库中的数据。

（2）减少数据冗余。如果不采用数据库技术，每一个应用程序必须建立各自的数据文件，由于使用文件的方式无法做到记录级的数据共享，即使多个应用系统使用相同的数据，也必须建立各自不同的数据文件，因此造成了大量数据冗余。数据冗余不仅造成存储空间的浪费，还带来了更新冗余副本的操作开销，冗余副本所处的更新阶段不同，会造成数据的不一致性。

（3）数据的一致性。数据的一致性指的是数据的不矛盾性，数据库提供了一系列的检查、控制和约束，从而保证了更新数据的同时更新所有的冗余副本，同时避免相互关联的数据的矛盾。

（4）数据的独立性。数据独立于应用程序之外，数据库物理结构的变化不会影响数据库的应用结构，从而也就不影响相应的应用程序，保持数据库的物理独立性。另外数据的逻辑结构的变化也需要做到不影响用户的应用程序，保持数据库的逻辑独立性。相对于物理独立性而言，实现数据库逻辑的独立性是非常困难的。

（5）数据保密性。数据库系统有一套规则和措施来达到安全保密性，如将数据库中需要保护的部分与其他部分相隔离，使用授权规则，将数据加密后以密文的形式存储等。

（6）数据的完整性。数据完整性包括数据的正确性、有效性和一致性。

（7）并发控制。并发控制保证多个用户对同一数据同时修改、读取操作不出现错误。如当一个用户在对数据进行修改，在修改存入数据之前，其他用户此时如果访问此数据，那么读出的数据可能就是不正确的，数据库需要对这种并发操作实施控制，排除和避免并发时的错误，通常使用加锁的机制来进行。

（8）故障恢复。当数据库遭受到局部或全局性的损坏，如系统运行时出现物理或者逻辑上的错误时，系统能够尽快地恢复正常，这就是数据库系统的故障恢复功能。

## 7.3.2 数据库安全技术

### 1. 安全威胁

在考虑系统安全问题时，需要发现威胁安全的因素并制定保障安全的措施，这是安全问题的两个方面。对数据库系统安全的威胁包括对数据本身的损坏、篡改、窃取和阻碍系统正常提供数据服务两部分，可以用机密性、完整性和可用性来概括。如图 7.6 所示，数据库安全威胁主要表现在以下一些方面。

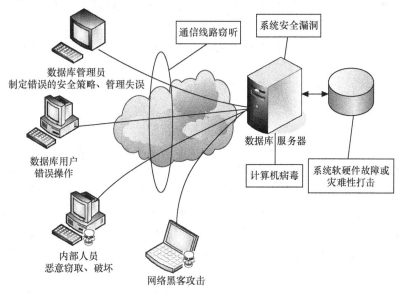

图 7.6 数据库安全威胁示意图

（1）偶然的、无意的损坏。如计算机受到无意的摔碰，甚至地震、水灾和火灾等造成的硬件损坏，导致数据的损坏和丢失。

（2）系统软、硬件错误和故障导致数据丢失。系统软、硬件错误和故障会导致系统的防护机制失效，也可导致数据的非法访问或者系统拒绝提供服务。

（3）人为的失误。如由于授权者制定的策略不安全或者授权不严格，造成的敏感数据泄露、越权访问、系统操作人员的错误输入、应用系统的不正确使用等。

（4）对信息的非正常修改，包括破坏数据一致性的修改和删除。

（5）蓄意的攻击和破坏。为了某种目的，滥用权限蓄意窃取和故意破坏数据。

（6）病毒入侵造成的数据的丢失和损坏。

（7）由合法访问的数据，推理出不应访问的敏感数据。

（8）后门、隐蔽通道。在特定的条件下，绕过系统的安全审查，窃取和破坏数据。

（9）其他的通过各种方法干扰系统的正常运行，使合法用户不能及时得到数据服务。

面对各个方面的安全威胁，必须制定有效的安全措施和策略，采取一定的安全技术策略，才能保证数据库安全。

### 2. 安全策略

数据库的安全策略是数据库操作人员合理设置和管理数据库的目标，各种安全策略是由数据库安全机理来具体实现的。它包括以下几方面。

（1）最小权限策略。最小权限策略是指用户被分配最小的权限，此权限可以保证用户合法访问其应该访问的数据。对用户权限的最小控制可以减少数据泄密的机会和破坏数据库完整性的可能性。

（2）最大共享策略。最大共享策略是在保密的前提下，实现最大程度的信息共享。

（3）粒度适当策略。数据库系统中不同的安全控制项被分成不同的颗粒，颗粒越小，安全级别越高，但管理也越复杂。通常根据实际情况决定粒度的大小。

（4）开放系统和封闭系统策略。在一个开放系统中，一般都允许访问，除非明确禁止。而在一个封闭系统中，一般访问都被禁止，除非明确授权。

（5）按内容访问控制策略。根据访问的内容，设定访问控制方案的策略称为按内容访问控制策略。

（6）按类型访问控制策略。根据访问的类型，设定访问控制方案的策略称为按类型访问控制策略。

（7）按上下文访问控制策略。上下文访问控制策略涉及预定的关系，主要用于限制用户同时对多个域进行访问。一方面，限制用户在一次请求中对不同属性的数据进行存取；另一方面，可以规定用户对某些不同属性的数据必须同时存取。

（8）根据历史的访问控制策略。为防止用户进行某种推理而非法得到保密数据，必须记录数据库用户过去的访问历史，根据其以往执行的操作，来控制现在提出的请求。

数据库安全问题本身非常复杂，简单的一种或几种安全策略并不能完全涵盖数据的安全问题，在实际应用时需要根据具体的情况，选取适当的安全策略集合才能很好地保护数据库的安全。

**3. 安全需求**

保证数据库的安全，先要保证数据库系统的两个核心部件的安全：数据库系统本身的数据文件的安全和数据库管理系统的安全。客观上需要一个安全的操作系统和一个运行可靠的数据库管理系统。

对操作系统的安全要求包括：应能防止对数据库管理系统和用户程序的非法修改；应能保护存储的数据文件不被非法修改；应能识别数据库的合法用户，当非法用户访问时能及时报警。

对数据库管理系统的要求包括：有正确的编译功能，能正确地执行规定的操作；能正确地执行数据库命令；能保证数据的机密性和完整性，能抵御一定的物理破坏，能维护数据库逻辑的完整性，能恢复数据库中的内容，对数据的修改不影响其他数据；能识别用户，按照授权进行访问控制；保证数据库系统的可用性，用户能顺利访问被授权的信息，不会出现拒绝服务，同时保证通信安全。

保证数据库本身和数据库管理系统安全的安全需求如表 7.1 所示。

**表 7.1　　　　　　　　　　　　　　数据库安全需求**

| 安全性问题 | 注　　释 |
| --- | --- |
| 物理完整性 | 预防数据库物理方面的问题，不受掉电等情况的影响，并可重建被灾难破坏掉的数据 |
| 逻辑完整性 | 保护数据库的结构，如一个字段的修改不会影响其他字段 |
| 元素完整性 | 包含在每个元素中的数据都是正确的 |

续表

| 安全性问题 | 注　释 |
|---|---|
| 可审计性 | 能够追踪到谁修改和访问过数据库中的元素以及修改或访问过哪些元素 |
| 访问控制 | 限制用户只能访问被授权的数据，限制不同的用户有不同的访问模式（如读或写） |
| 机密性 | 保证授权用户对数据存储和传输的机密性 |
| 用户鉴别 | 确保每个用户都被正确识别，可以进行审计跟踪，同时也可进行授权访问 |
| 可用性 | 用户一般可以正常访问被授权的数据 |

另外，参照计算机系统的 TCSEC 标准，数据库系统从高到低被分为 A、B（B1、B2、B3）、C（C1、C2）、D 4 类 7 个安全级别。该标准从用户登录、授权管理、访问控制、审计跟踪、隐蔽通道分析、可信通道建立、安全检测、生命周期保障、文本写作和用户指南都提出了规范性要求。

通常来讲，数据库及商业信息系统应达到 C2 安全级别。在 C2 安全级别上，能够使用登录过程、审计跟踪并对安全性有关的事件进行资源隔离；而处理保密的和要求更高敏感度的信息系统，应达到 B1 安全级别，这样能使用标记机制对特定的客体进行强制访问控制。

### 4. 安全技术

根据上述安全需求，相应的数据库安全技术主要有以下几种。

（1）用户标识和鉴别

用户标识信息是公开信息，一般用用户名和用户 ID 实现。与操作系统类似，DBMS 也是通过用户身份标识（ID）和口令来识别用户的。DBMS 要求严格的用户身份鉴别，数据库不允许一个未经授权的用户对数据库进行操作，除了通过口令检查外还可以通过限制登录的时间、地点来进行严格控制，通过核对用户的身份标识，决定用户对系统的使用权。通常数据库是作为一个应用程序运行在操作系统中的，在没有很好的可信通道下，DBMS 不能信任操作系统的任何请求，必须自己进行用户的鉴别。

（2）访问控制

访问控制是限制和检查哪些用户能够以哪些方式访问哪些数据对象。DBMS 把对每个用户的每一个授权定义信息存储在数据字典中，每当用户请求访问时，对照数据字典检查用户的访问权限，如果用户的请求操作超过了定义的权限，系统将拒绝此访问。事实上，访问控制是根据用户的权限进行逻辑分割，检查和限制哪些用户能够访问哪些数据，如一般的用户只能访问自己的薪酬信息，而人事部门可以访问所有人的薪酬信息。因此，DBMS 提供了一定的访问控制策略，来达到授权访问只能访问指定的数据，不允许越权访问的目的。访问控制策略大致有自主访问控制、强制访问控制、基于角色的访问控制等。另外，DBMS 还提供了多种访问模式，这样授权用户可以分别或者同时得到如读取、修改、删除以及增加记录的权限，进一步可以得到对部分数据库的管理维护能力，如索引的建立权，数据表的建立、修改、删除权，数据库的创建权等。

数据库的访问控制从概念上和操作系统的访问控制是很相似的，都是提供一种对特定的资源访问的控制能力。然而，数据库的访问控制更加复杂，首先是控制对象的粒度大小差异很大。操作系统控制的对象是文件级别的，而每个数据库文件可能包含的几百个数据域是数据库的控制对象，细小的粒度使得访问控制更为复杂，也影响了数据库处理的能力。其次，操作系统所控制的对象，如大量的数据文件都是相互没有关系的项，但数据库中的记录、元素都是相互有关联的。在操作系统中，用户不可能通过一个文件内容来推理出其他文件的信息，然而在数据库中这种推理能力是存在的，即用户可以通过访问其他的一些元素的内容并用推理或统计的方式得到另一个元素的内容，这种被称为推理攻击的方法是数据库访问控制中所要阻止的。因此，数据库访问控制必须通过限制访问来阻止非授权用户的推理能力，这也限制了合法用户的正常访问。数据库为防止可能的推理攻击而检查每一个访问请求，这实际上降低了 DBMS 的性能。

（3）数据完整性

数据库中存在各种来源的数据，DBMS 需要正确地维护数据库中的数据，保证所提供的数据是可信的。数据的完整性主要是防止数据库中存在不符合语义的数据，防止错误信息的输入和输出。数据的完整性包括数据的正确性、有效性和一致性。数据库的完整性可以用物理完整性、逻辑完整性和元素完整性三个级别来控制。

操作系统提供对文件系统的保护，操作系统的备份机制会保证定期地进行数据库文件的备份，操作系统在正常的 I/O 操作时会对所有的数据库的完整性进行检查，这些操作系统的机制会对数据库文件的物理的完整性提供保证。

数据库管理员通过定期备份数据库来保护整个数据库的安全，以预防数据库物理方面的问题。在受到一些如火灾、水灾等外力破坏以及掉电之类的影响，造成存储介质被损坏时，可重建被灾难破坏掉的数据。数据库的定期备份是控制灾难性故障的最好方法。DBMS 通过记录数据的操作日志，在数据库发生故障时，可以在数据库的备份副本上重新执行操作日志来恢复数据。另外数据库管理员可以通过操作的日志取消任何不正确的改变，保证数据库逻辑上的完整性。

对于数据库元素的完整性，DBMS 通过 3 种方式来保证：每个元素必须满足自己的数据完整性约束条件，包括数据类型与值域的约束（如日期类型的数据月份值只能在 1～12 之间）、关键字约束（包括主关键字和外部关键字）、数据关联约束（如几个数据间存在计算关系等）；访问控制，通过对不同用户的访问授权，防止数据被非法改变；维护数据库操作日志，通过数据库日志，数据库管理员可以取消任何不正确的改变。

DBMS 提供两阶段更新技术，对于数据库系统来说，在处理一系列同步更新的操作时，中途出现故障是一个比较严重的问题。例如，在仓库进货时，需要更新仓库货物存量，与此同时应该同步更新财务部门对应的财务信息，如果更新仓库货物存量后在更新财务信息时出现系统故障，这就造成了仓库的数据和财务数据出现不一致的问题，在同时修改的信息比较多的情况下，问题将变得更加复杂。Lampson 和 Sturgis 提出两阶段更新的技术来解决了此类问题：第一阶段 DBMS 收集所有的需要更新的资源，包括收集数据，创建哑元记录，打开文件，锁定其他用户的访问等，做好更新前的所有的工作，但不对数据库做任何的改变，第一阶段的最后动作是事务提交，系统进入第二阶段；在第二阶段数据库才进行实际的数据更新。第二阶段的更新是可以重复进行的，因此在第二阶段更新时系统发生任何故障，均可以重复所有的更新动作，而第一阶段没有进行任何的实际更新操作，故障如果出现在第一阶段，不会对数据造成任何的损坏。这样通过两阶段提交的技术很好地解决了数据同步更新的问题，对数据库的一致性要求提供了技术保证。

对于数据内在一致性的检查，多数的 DBMS 是通过附加标准的检错和纠错码冗余信息或者使用影子域（或冗余）的方法来进行的，其实就是使用冗余的信息来加强数据的一致性。此外，系统维护的访问日志也会用来保证数据库的完整性，一旦发现了故障，就重新装载数据库备份，根据访问日志将数据库恢复到故障前的一个正确状态。另外，DBMS 提供的各种约束机制，如数据类型与值域的约束、关键字约束（包括主关键字和外部关键字）、数据关联约束等，在提供了数据有效性保障的同时，也提供了对数据一致性的保障。

由于数据库是一个多用户的系统，并发性控制机制保证对同一个数据的同时的读写访问不会发生冲突。典型的情况是当用户在修改一组数据时，另外一个用户需要读取该数据，究竟后者读到的数据是修改前的还是修改后或者部分修改前部分修改后的？DBMS 使用加锁的机制来进行并发访问的控制，保证数据的正确性。

（4）审计

审计的主要任务是对应用程序或用户使用的数据库资源的情况进行记录和审查，发现问题，查找问题原因。审计记录包括对记录、字段和数据元素一级的访问（审计事件见表 7.2），这些记录可以协助维持数据的完整性，或者可以事后发现什么人在什么时候修改了什么数据。多数对数据库信息的窃取，不是一两次访问能够完成的，窃取被保护的数据往往是通过一系列的访问完成的，特别是对于推理攻击等一些间接获取敏感信息的方式，审计追踪是分析窃取者线索的重要方式。

**表 7.2**                   **典型的审计痕迹事件类型**

| 事 件 类 型 | 审 计 数 据 |
| --- | --- |
| 最终用户 | 由最终用户导致的 DBMS 中的所有动作 |
| 数据库管理员 | 操作员和数据库管理员控制或配置 DBMS 运行的动作 |
| 数据库安全管理员 | 对权限和允许的授予和回收以及对标记的设置 |
| 数据库元数据 | 关系到数据库结构的操作 |
| 数据库系统级别 | 实用命令，死锁检测，事务的回滚，恢复等 |
| 操作系统接口 | 在 OS 和 DBMS 之间的实用工具的使用和配置的变化 |
| 应用 | 特定应用的安全相关事件 |

数据库系统的审计工作主要包括如下几种。

① 设备安全审计：主要审查系统资源的安全策略、安全保护措施及故障恢复计划等。

② 操作审计：对系统中的各种操作进行记录、分析，特别是敏感信息的操作。

③ 应用审计：审计建于数据库之上的整个应用系统的功能、控制逻辑、数据流是否正确。

④ 攻击审计：对已经发生的攻击性操作及危害系统安全的事件和企图进行检测和审计。

（5）数据库加密

考虑到数据窃取者可能旁路系统的情况，如物理地盗取数据库内容、窃听通信线路等，对付这种威胁最有效的解决办法就是数据加密，即以密文形式存储和传输数据。相对于文件数据加密技术，数据库加密一般分为表级、记录级和数据项级加密，加密的粒度越小，灵活性和安全性越高，但同时带来的复杂性也越大。

数据库加密有其特点和要求：数据库中的数据是共享的，有权限的用户随时需要查询数据，因此相应的加密算法运算速度要快，密码算法及密钥结构要适合用户访问权限控制的特点；存储加密中应当使用随机加密算法以避免记录级数据的推理攻击；数据库的内容存储与传输受到的威胁不同，其密钥管理方案应当分别进行。

另外，一方面加密后的数据库要经得起来自操作系统和 DBMS 的攻击；另一方面 DBMS 要完成对数据库的管理和使用，它必须能够识别部分的数据，因此只能对数据库中的数据加密，其他的部分不能加密，包括索引字段、关系运算的比较字段、表间的连接字段等。

数据库的加密可以在操作系统层、DBMS 内核层和 DBMS 外层来进行。

加密后的数据库对数据库的性能和功能也带来了一定的影响，主要包括无法对数据库的约束条件定义，无法对密文数据进行检索、排序、分组和分类，数据库查询语言中的内部函数无法使用，DBMS 的一些应用开发工具的使用受到限制等。

（6）数据库备份

数据库备份是应对数据库故障，特别是灾难性故障最完整、最安全的手段，如系统软、硬件的故障导致数据的丢失、系统数据的毁灭性破坏等。数据库备份需要根据数据库中保存的数据的特点制定相应的备份策略，主要包括备份周期、备份方式、备份的数据范围、备份存储的介质以及数据库备份的保存地点等。从技术方面来讲，数据库备份主要包括冷备份、热备份和逻辑备份 3 种方式。

另外，数据库备份也可以通过操作系统提供的备份机制来进行。

# 7.4　计算机病毒防护

计算机病毒是恶意软件的一种。恶意软件是按计算机攻击者的意图执行以达到恶意目标的指令集。根据执行方式、传播方式和所造成的影响可以把恶意软件分为计算机病毒、蠕虫、恶意移动代码、特洛伊木马、后门等。由于计算机病毒是历史上出现较早的一类恶意软件，而且目前的反病毒软件也已将其检测范围覆盖到各类恶意软件，从而造成一定的概念混淆，因此在非专业化的一些媒体上，经常以计算机病毒来概括各类的恶意软件。

## 7.4.1　恶意软件简介

恶意软件（Malware）是使计算机按照攻击者的意图执行以达到恶意目标的指令集。恶意软件与传统的恶意代码概念基本等同。

分析一下这个定义。首先恶意软件是一组指令集，并不一定是二进制执行文件。恶意软件的实现方式可以多种多样，如二进制执行文件、脚本语言代码、宏代码或是寄生在其他代码中的一段指令流。其次，恶意软件的攻击目的是由恶意软件编写者所决定的，以满足他们心理上或利益上的一些需求。

### 1. 攻击目的

恶意软件典型的攻击目的包括但不局限于以下几点。

（1）单纯的技术炫耀，或恶作剧。

（2）远程控制被攻击主机，使之能成为攻击者的傀儡主机（也称僵尸主机），满足其实施跳板攻击或进一步传播恶意软件的需要。

（3）窃取私人信息（如用户账号/密码、信用卡信息等）或机密信息（如商业机密、政治军事机密等）。

（4）窃取计算、存储、带宽资源。

（5）拒绝服务、进行破坏活动（如破坏文件/硬盘/BIOS 等）。

**2. 分类**

恶意软件可以根据其执行方式、传播方式和对攻击目标的影响分为计算机病毒、蠕虫、恶意移动代码、后门、特洛伊木马等。表 7.3 列出了这几类恶意软件的特性及著名的实例。需要注意的是，一些恶意软件会综合使用多种技术，因此具有多种分类的特性，本书将其归为融合型恶意软件。

表 **7.3**                                                恶意软件分类

| 恶意软件类型 | 定 义 特 性 | 著 名 实 例 |
|---|---|---|
| 计算机病毒 | 通过感染文件（包括二进制及数据文件）进行传播，需要宿主程序被执行才能运行 | CIH |
| 蠕虫 | 单独的软件，不需要宿主软件，通过攻击网络漏洞等方式主动传播，通常不需要人为干预 | Morris Worm、Code Red I/II、Slammer |
| 恶意移动代码 | 从远程主机下载到本地执行的轻量级恶意代码，不需要或仅需要极少的人为干预 | Cross Site Scripting |
| 后门 | 绕过正常的安全控制机制，从而为攻击者提供访问的途径 | Netcat、BO、冰河、LRK |
| 特洛伊木马 | 伪装成一个有用的软件，隐藏其恶意目标，从而欺骗用户安装 | Setiri |
| 融合型恶意软件 | 融合上述特性的各种恶意软件技术 | Nimda、APT、WannaCry |

（1）计算机病毒

计算机病毒是一种能够自我复制的代码，通过将自身嵌入其他程序进行感染，而感染过程通常需要人工干预才能完成。

（2）蠕虫

蠕虫的自我复制机制与计算机病毒类似，但蠕虫是一类自主运行的恶意软件，并不需要将自身嵌入到其他宿主程序中。蠕虫通常通过修改操作系统相关配置，使其能够在系统启动时得以运行。蠕虫一般通过主动扫描和攻击网络服务的漏洞进行传播，一般不需要人工干预。蠕虫最初的概念在 1982 年由 Xerox PARC 的 J. Shoch 和 J. Hupp 提出，但当时仅作为一种分发并在系统上安装软件的高效途径，还未用于恶意用途；1988 年 Morris 蠕虫爆发，使得早期的互联网瘫痪；2000 年左右，随着 Code Red 等蠕虫的频繁爆发，蠕虫开始成为危害互联网安全的一类重要的恶意软件。

（3）恶意移动代码

恶意移动代码属于移动代码的范畴。移动代码指的是可以从远程主机下载并在本地执行的轻量级程序，不需要或仅需要极少的人为干预。移动代码通常在 Web 服务器端实现，实现技术包括 Java Applets、JavaScript 脚本代码、VBScript 脚本代码和 ActiveX 控件等。恶意移动代码指的是在本地系统执行一些用户不期望的恶意动作的移动代码。

（4）后门

后门指的是一类能够绕开正常的安全控制机制，从而为攻击者提供访问途径的恶意软件。攻击者可以通过使用后门工具对目标主机进行完全控制，著名的后门工具包括 Netcat、Back Office（BO）、Linux Root Kit（LRK）和冰河等。

（5）特洛伊木马

特洛伊木马是一类伪装成有用的软件，但隐藏其恶意目标的恶意软件。后门和特洛伊木马两个概念经常混淆，后门仅为攻击者给出非法访问途径，而特洛伊木马的特征则在于伪装性。当然，许多工具融合了后门和特洛伊木马两者的特性，即攻击者将后门工具伪装成善意的软件，诱导用户安装从而为其给出访问权，此类工具可称为木马后门（Trojan Horse Backdoors）。

随着各种恶意软件技术的融合，攻击者们逐渐在编写恶意软件时使用多种技术，从而编写出一系列拥有多种特性、更高效、更具威力的融合型恶意软件。如 Nimda 蠕虫病毒使用了蠕虫主动攻击网络服务漏洞的主动传播方式、通过 E-mail 进行传播的方式及通过感染共享文件进行传播的方式等来加快其传播速度，并加大其传播范围。

**3．发展历程**

图 7.7 给出了恶意软件在近 20 年的发展历程图。

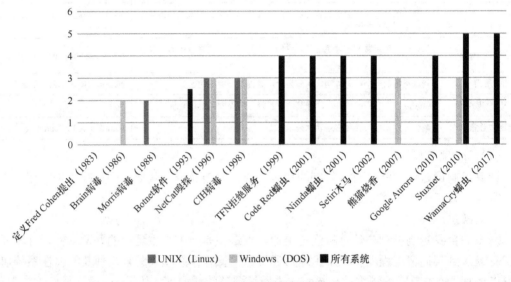

图 7.7　恶意软件发展历程图

（1）1983 年，计算机病毒的形式化定义出现。Fred Cohen 将计算机病毒定义为："计算机病毒是一个能感染其他程序的程序，它靠篡改其他程序，并把自身的拷贝嵌入其他程序而实现病毒的感染"。

（2）1986 年，第一个 PC 病毒出现。第一个感染 PC 的 Brain 病毒开始传播，Brain 病毒感染微软公司的 DOS 操作系统。

（3）1988 年，第一个互联网蠕虫爆发。Morris 蠕虫在 1988 年 11 月投放，马上造成了早期的互联网完全瘫痪。Morris 蠕虫事件直接催生了美国计算机应急响应组（CERT）的成立。

（4）1993 年，在 IRC 聊天网络中出现了 Bot 工具——Eggdrop，这是第一个僵尸程序，能够帮助用户方便地使用 IRC 聊天网络。然而这个设计思路却为黑客所利用，他们编写出了带有恶意的 Bot 工具，开始对大量的受害主机进行控制，利用他们的资源达到恶意目标。2003年之后，Bot 的传播开始使用蠕虫的主动传播技术，从而能够快速构建大规模的 Botnet。2004年后又开始独立使用 P2P、HTTP 结构构建控制信道。Botnet 逐渐发展成规模庞大、功能多样、不易检测的恶意网络，给当时的网络安全带来了不容忽视的威胁。

（5）1996 年、1998 年，最著名的后门工具——"瑞士军刀"Netcat UNIX 版本和 Windows 版本先后发布。

（6）1998 年，破坏力极强的病毒 CIH 出现（该病毒由中国台湾大同工学院陈盈豪编写）。CIH 病毒直接攻击主板 BIOS 信息导致硬件损坏，这是计算机病毒史上最具破坏力的病毒，也是影响最大的病毒之一。

（7）1999 年，分布式拒绝服务攻击出现。分布式拒绝服务攻击工具 Tribe Flood Network（TFN）发布。此工具使得攻击者可以同时控制上千个主机对目标站点进行洪水攻击，造成其拒绝服务。它也是 Botnet 的一种变形。

（8）2001 年，蠕虫年。Code Red I、Code Red II、Nimda 等蠕虫相继爆发，Nimda 蠕虫病毒也显示了病毒技术和蠕虫技术的融合。

（9）2002 年，木马后门 Setiri 发布。Setiri 工具能够绕过个人防火墙、网络防火墙和 NAT 设备，使得攻击者能够在任意复杂的网络环境中完全控制安装 Setiri 的目标主机。

（10）2006 年，"熊猫烧香"（由 25 岁的湖北人李俊编写）出现，2007 年初肆虐网络，它主要通过下载的文件传染，是一款拥有自动传播、自动感染硬盘能力和强大的破坏能力的病毒。它不但能感染系统中 exe、com、pif、src、html、asp 等文件，还能中止大量的反病毒软件进程并删除扩展名为 gho 的文件（系统备份工具 GHOST 的备份文件），使用户的系统备份文件丢失。被感染的用户系统中所有 .exe 可执行文件图标全部被改成熊猫举着三根香的模样。

（11）2010 年，Google 称它和至少 20 家其他公司遭到了基于 IE 浏览器的一个 0-day 漏洞攻击，造成部分 Google 知识产权被盗。这次攻击被称为 "Aurora（极光）" 行动（张韶涵有一首同名歌曲《欧若拉》）。Google Aurora 是由一个有组织的网络犯罪团体精心策划的，它综合应用多种网络攻击技术，目的是长时间地渗入这些企业的网络并窃取数据。它是一种高级的持续性威胁（Advanced Persistent Threat，APT）的一个版本。

（12）2010 年，第二种高级的持续性威胁 APT——"震网病毒" Stuxnet 首次被发现，它悄然袭击了伊朗核设施，是有史以来最复杂的网络武器。2010 年 9 月该病毒已经入侵中国及全球工业界，截至 2011 年，感染了全球超过 45 000 个网络，60% 的个人计算机感染了这种病毒。此后几年有各种版本的 APT 被报道。

（13）2017 年，勒索病毒登场。2017 年 5 月 12 日，一种名为 WannaCry（想哭）的勒索病毒袭击全球 150 多个国家和地区，影响领域包括政府部门、医疗服务、公共交通、邮政、通信和汽车制造业。它是一种 "蠕虫式" 的勒索病毒软件，由不法分子利用 NSA（National Security Agency，美国国家安全局）泄露的危险漏洞 "EternalBlue（永恒之蓝）" 进行传播，伺机加密用户或机构的数据，然后进行勒索钱财。WannaCry 勒索病毒全球大爆发，造成中国部分 Windows 操作系统用户遭受感染，校园网用户首当其冲，受害严重，大量实验室数据和毕业设计被锁定加密。部分大型企业的应用系统和数据库文件被加密后，无法正常工作，损失惨重。其后又有 NotPetya、Bad Rabbit、Mind Lost、GlobeImposter、"麒麟 2.1" 等多个变种，在世界各地肆虐。2018 年 3 月，国家互联网应急中心发现 23 个锁屏勒索类恶意程序变种。该类病毒通过对用户手机锁屏，勒索用户付费解锁，对用户财产和手机安全均造成严重威胁。

### 4. 发展形势

从图 7.7 中可以归纳出以下几点恶意软件发展的趋势。

（1）恶意软件的复杂度和破坏力在不断增强。从早期简单感染 DOS 操作系统的 Brain 病毒到复杂的内核级后门工具和破坏力强大的蠕虫，恶意软件在传播速度、隐蔽性及破坏力上都在不断地发展。

（2）恶意软件的发布和技术的创新越来越频繁。特别是在最近的几年中，大量的新概念被不断提出，同时验证这些新概念和新技术的恶意软件也频繁地公布于众。

（3）关注重点从计算机病毒转移到蠕虫和内核级的攻击工具。在 20 世纪八九十年代，恶意软件集中在感染可执行程序的计算机病毒，但从最近几年的发展趋势看，更多的恶意软件已经转移为对整个互联网造成严重危害的蠕虫，以及内核级的高级攻击技术。

（4）一些攻击技术如 APT、勒索软件等，它们的目的性强，实施过程有组织、有预谋，隐蔽性强，持续性时间长，难于发现，所用技术综合各种恶意软件和病毒技术，危害性更大。

## 7.4.2　计算机病毒概述

### 1. 计算机病毒基本概念

计算机病毒的概念在 1983 年由 Fred Cohen 首次提出，他认为："计算机病毒是一个能感染其他程序的程序，它靠篡改其他程序，并把自身的拷贝嵌入其他程序而实现病毒的感染。"1989 年，他进一步将计算机病毒定义为："病毒程序通过修改其他程序的方法将自己的精确拷贝或可能演化的形式放入其他程序中，从而感染它们。"

Ed Skoudis 在其著作 *"Malware: Fight Malicious Code"* 中为了区分计算机病毒和蠕虫，给出了以下定义："计算机病毒是一种能够自我复制的代码，通过将自身嵌入其他程序进行感染，而感染过程通常需要人工干预才能完成。"

1994 年，《中华人民共和国计算机安全保护条例》给出了国内对计算机病毒的具有法规效力的定义："计算机病毒是指编制或者在计算机程序中插入的，破坏计算机功能或数据，影响计算机使用，并能自我复制的一组计算机指令或者程序代码。"

虽然各种定义在描述上有所不同，但都概括了计算机病毒所具有的如下一些基本特性。

（1）感染性

感染性又可称为传染性、自我复制、自我繁殖、再生性，指的是计算机病毒具有把自身复制到其他程序中的特性。感染性是计算机病毒最本质的特性，也是判断一个恶意软件是否是计算机病毒的首要依据。

计算机病毒一旦进入计算机并被执行，就会通过扫描或监视的方式寻找符合其感染条件的感染目标，并采用附加或插入等方式将自身复制链接到目标程序中，同时被感染的目标程序一旦执行，其又成为新的病毒感染源，去感染系统中其他可被感染的目标。计算机病毒所具有的感染性使其能够在系统中迅速扩散。

（2）潜伏性

计算机病毒一旦感染目标程序后，一般情况下除了感染外，并不会立即进行破坏行为，而是在系统中潜伏。同时计算机病毒的感染过程一般也是非常隐蔽的，不会带有外部表现，而且感染速度极快。

（3）可触发性

可触发性是指计算机病毒在满足特定的触发条件后，激活其感染机制或破坏机制。触发的实质是一种或多种判断条件控制。可以作为计算机病毒触发判断条件的有系统日期、时间、特定的文件类型或数据的出现、病毒体自带的计数器等。

（4）破坏性

计算机病毒在触发后会执行一定的破坏性动作来达到病毒编写者的目标。病毒编写者的目标可以分为两类：一是为了表现炫耀自己的技能、恶作剧等，二是为了破坏计算机系统的正常运行。前者编写的病毒程序一般不会对感染目标主机造成严重危害，仅仅会影响用户使用计算机的工作效率；而后者则通过删除文件、格式化磁盘、阻塞网络甚至是破坏硬件等方式对感染目标造成重大危害。

（5）衍生性

计算机病毒的编写者或其他了解此病毒的人可以根据其个人意图，对某一个已知的病毒程序做出修改，从而衍生出另外一种或多种病毒变种。计算机病毒具有的衍生性使得新的计算机病毒的产生更加容易，而对通过病毒特征码进行匹配的传统病毒检测技术提出了很大的挑战。

**2. 计算机病毒的分类**

从 1986 年诞生第一例病毒 Brain 后，病毒的数目一直不断地快速增长，2000 年 12 月在日本东京举行的亚洲计算机反病毒大会的报告中说，2000 年 11 月以前的病毒数量超过 55 000 种。针对众多的计算机病毒进行科学的分类，对系统性地研究计算机病毒具有重要意义。着眼于不同的维度来分析这些病毒，对计算机病毒就会有不同的分类方法。

（1）按攻击操作系统平台分

按病毒攻击的操作系统平台，病毒可分为攻击 DOS 操作系统的病毒、攻击 Windows 操作系统的病毒和攻击 UNIX 操作系统的病毒等。

攻击 DOS 操作系统的病毒种类及变种极多。但 1995 年之后 DOS 操作系统已逐渐被 Windows 操作系统取代，攻击 DOS 操作系统的病毒已成为历史。

由于 Windows 操作系统已成为目前操作系统的主流，因此攻击 Windows 操作系统的病毒成为目前最主要的一类病毒。自从 1996 年 1 月出现首例 Window 95 病毒——Win95.Boza 以后，攻击 Windows 操作系统的计算机病毒就日趋增多。著名的有 CIH 病毒、Nimda 蠕虫病毒等。

起初，人们以为 UNIX 操作系统和 Linux 操作系统是免遭病毒侵扰的"乐土"，然而 1997 年 2 月出现的首例攻击 Linux 操作系统的病毒——Bliss 病毒打破了 Linux 和 UNIX 操作系统环境下的平静。2001 年又相继出现了攻击 Linux 操作系统的 Adore 病毒和具有 UNIX 操作系统、Windows 操作系统双重感染能力的 Win32.Winux 病毒。

（2）按传播媒介分

按病毒的传播媒介，病毒可以分为单机病毒和网络病毒两类。单机病毒在计算机之间传播的媒介是磁盘，早期的病毒都属于此类。而随着网络的大规模应用，特别是互联网的迅速发展，病毒也将网络作为其快速传播的媒介，此类病毒称为网络病毒，如今几乎所有的病毒都是网络病毒。

（3）按寄生方式分

按病毒感染目标以及嵌入目标程序的寄生方式的不同，病毒可分为操作系统型病毒、外壳型病毒、嵌入型病毒和源码型病毒。

操作系统型病毒在一般情况下并不感染普通文件，而是直接感染操作系统，如修改磁盘的引导扇区、攻击文件分配表等。

外壳型病毒在感染目标程序时，将自身依附于目标程序的头部或尾部，相当于给宿主程序加了个"外壳"。

嵌入型病毒将自身嵌入到其宿主程序的中间。嵌入型病毒比外壳型病毒更难发现和清除。

源码型病毒攻击用高级语言编写的源代码，它们不但能够将自身插入到宿主源代码中，而且在插入后还能与宿主源代码一起编译、链接为可执行文件，使之直接感染。

（4）按感染方式分

按病毒感染方式，病毒可分为引导型病毒、文件型病毒和混合型病毒。引导型病毒利用磁盘启动的原理，感染磁盘的主引导扇区，使得病毒能够在磁盘启动时就被运行，获得系统控制权，并驻留在内存中。文件型病毒是通过操作系统的文件系统实施感染的病毒，这类病毒既可以感染可执行文件，也可以感染数据文件。混合型病毒则结合了两种感染方式，能够同时感染文件系统和磁盘引导扇区。

在给出计算机病毒科学的、系统性的分类原则后，我们还必须规范化计算机病毒的命名规则，才能够更好地促进对计算机病毒及反病毒技术的研究。目前广泛使用的计算机病毒命名规则为"三元组合命名"规则，即以[前缀.]病毒名[.后缀]的形式来命名。其中，前缀为可选项，为病毒发作的操作系统平台或该病毒的类型名；病毒名为该病毒的名称及其家族名，是必选项；后缀为可选项，以字母来表示该病毒家族中的第几种变种，或以阿拉伯数字区分同一个家族中的不同病毒变种。

### 3. 计算机病毒发展历史

在 20 世纪 40 年代诞生人类第一台计算机之后不久，1949 年，计算机之父 Von Neumann 在"复杂自动机组织论"中就提出了计算机程序自我复制的概念，指出"一部事实上足够复杂的机器能够复制自身"。但当时的人们还不能够充分理解和想象自我复制的概念，因此当时计算机病毒并未引起人们的注意。

1960 年，康维编写出著名的"生命游戏"，首次实现了自我繁殖的概念。在这个游戏中，每个生命元素在屏幕上用一个图形表示，当其生存空间过大或过小时都会死亡，而只有在空间合适时才能够进行自我复制和传染。1961 年前后出现了一款游戏，游戏中的角色通过复制自身来摆脱对方的控制，这个游戏被认为是计算机病毒的雏形。而计算机病毒这一名词最初在 1977 年美国作家 Thomas J. Ryan 的科幻小说 *"The adolescence of P-1"* 中提出，该书首次描述了一种可以在计算机中互相传染的"病毒"。

在 1983 年 11 月 3 日召开的美国计算机安全学术讨论会上，计算机安全专家 Fred Cohen 首次证实了计算机病毒的存在，并给出了计算机病毒的定义。

1986 年，巴基斯坦两兄弟 Basit 和 Amhad Farooq Alvi 编写出第一例计算机病毒 Brain，并在 1987 年席卷全球。

1990 年，出现了第一个多态病毒 Chameleon、多级加密/解密和反跟踪技术的 Whale 病毒，同时保加利亚程序员开发的用于开发病毒的工具软件——Virus Production Factory 发布，标志着病毒编写技术的进一步提高。

1995 年 8 月 9 日，出现第一个宏病毒 Concept。Concept 病毒专门攻击 Word 文件，它的出现使得病毒的感染目标不再局限于可执行程序，也宣告了攻击 Windows 操作系统的病毒的大规模出现。

1998 年 6 月，由中国台湾大同工学院的陈盈豪编写的 CIH 病毒爆发。CIH 是首例破坏计算机硬件的病毒，造成了病毒史上极严重的危害，从而也成为影响最大的病毒之一。

1999 年，通过邮件进行病毒传播成为主要的传播途径。这一年爆发的最为著名的邮件病毒是 Melissa 病毒，它是一种宏病毒和邮件病毒的混合物，通过电子邮件系统大量传播，造成网络的阻塞和瘫痪。

2001 年被称为蠕虫年，病毒技术与蠕虫技术相互融合。同年 9 月份 Nimda 蠕虫病毒现身于美国。Nimda 蠕虫病毒融合了攻击微软公司 IIS 服务器、主动植入、通过 E-mail 大肆传播、通过浏览网页下载、通过感染网络共享文件等各种不同的传播途径，最终以 36.07%的感染率高居该年度病毒感染率第一。

**4. 计算机病毒发展趋势**

从计算机病毒的发展历史可以看出计算机病毒如下的一些发展趋势。

（1）隐蔽性

新的计算机病毒更具隐蔽性，更难被反病毒技术发现和追踪。实现隐蔽性的最新技术包括多态性、变形性、抗分析和使反病毒软件无效等。

① 多态性。

多态性一般通过采取特殊的加密技术编写病毒主体程序来实现，此类病毒的出现使得所有基于简单病毒特征码的病毒检测技术完全失效，从而极大地增加了反病毒软件的开发难度。

② 变形性。

变形性是指通过修改病毒代码而形成一种新的病毒变种，使其可以逃避反病毒软件的检测。病毒的变形性也使得基于简单病毒特征码的病毒检测技术在生成各个病毒变种的特征码时的工作量和时延大大提高。病毒的变种可以通过"病毒制造机"等技术很容易地产生。

③ 抗分析。

具有此类新特性的病毒采用了加密技术和反跟踪技术来对抗反病毒技术的分析和扫描，极大地增加了计算机病毒防范人员对病毒工作机理的分析难度。

④ 使反病毒软件失效。

有些病毒能够在感染计算机后不断地查询内存中的进程，若发现反病毒软件进程在运行，则会将该进程终止。使反病毒软件失效的新特性也表明了新一代计算机病毒和反病毒技术之间的对抗性。

（2）传播方式

新出现的计算机病毒的传播方式更具有诱惑欺骗性，传播方式更加多样化和更具广泛性，此外传播的目标也进入一些新领域，如手机病毒等。

① 诱惑欺骗性。

计算机病毒通过许多具有诱惑欺骗性的手法引诱用户激活病毒，从而完成感染过程。

② 传播方式多样化。

当前已出现可以通过多样化的方式进行传播的计算机病毒，如 Nimda 蠕虫病毒至少使用了 6 种传播方式。

③ 更新的感染目标——手机病毒。

手机病毒是一类计算机程序，可利用发送普通短信、彩信，上网浏览，下载软件、铃声等方式，实现网络到手机、手机到手机之间的传播，具有类似传统病毒的危害后果。第一个手机病毒 VBS.Timofonica 于 2000 年 6 月在西班牙出现。随着手机操作系统的标准化和公开化，手机联网功能的增强和普及，手机应用软件、游戏、铃声的泛滥，手机病毒已经成为危害通信网络安全的一个严重威胁。

（3）与其他恶意软件攻击技术的融合

病毒技术已经与蠕虫技术相融合，传播途径中不再需要用户的人工干预即可完成整个传播过程。同时病毒技术也在与其他恶意软件攻击技术如后门、木马等相互融合，从而更具有危害性。

### 7.4.3　计算机病毒机理分析

虽然计算机病毒的数量、种类繁多，但大部分计算机病毒拥有同样的结构模式，如图 7.8 所示。计算机病毒的基本结构包括引导模块、感染模块和破坏模块。其中，感染模块又由感染触发条件的判断部分和感染功能的实现部分组成，破坏模块由破坏触发条件的判断部分和破坏功能的实现部分组成。

计算机病毒程序工作的流程如图 7.9 所示。

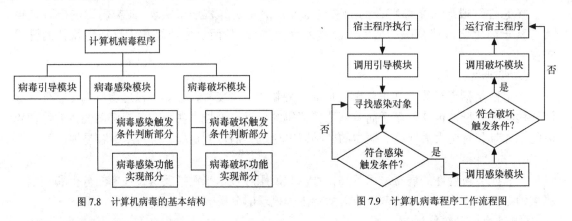

图 7.8　计算机病毒的基本结构　　　　　图 7.9　计算机病毒程序工作流程图

从计算机病毒的基本结构及程序工作流程图可以看出，计算机病毒机理主要包括病毒引导和感染机制、触发机制和破坏机制。

**1. 引导及感染机制**

计算机病毒需要将自身嵌入到一个宿主程序上才能运行，而感染的方式也决定了计算机病毒从宿主程序上被引导运行的方式，因此计算机病毒的感染和引导机制是紧密相关的。计算机病毒潜在的感染目标可分为可执行文件、引导扇区和支持宏指令的数据文件 3 大类。

（1）感染可执行文件

可执行文件是计算机病毒最普遍的感染目标，因为以可执行文件作为宿主程序，当其被用户运行时，依附在上面的病毒就可以被激活取得控制权。最普遍的 3 种对可执行文件的感染方式包括前缀感染机制、后缀感染机制和插入感染机制。除此之外，还有重复感染、交叉感染等更复杂的感染方式。

① 前缀感染机制，如图 7.10 所示。前缀感染机制指的是病毒将自身复制到宿主程序的前端。当宿主程序被执行时，操作系统先会运行病毒代码，在大多数情况下，病毒在判断其触发条件是否满足后会将控制权转交给宿主程序，因此用户很难感觉到病毒的存在。

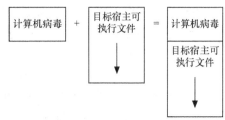

② 后缀感染机制，如图 7.11 所示。后缀感染机制指的是病毒将自身复制到宿主程序的末端，然后通过修改宿主程序开始时的指令，加入一条跳转指令，使得在宿主程序执行时先跳转到病毒代码，执行完病毒代码后再通过一条跳转指令继续执行宿主程序。

图 7.10　前缀感染机制示意图

③ 插入感染机制，如图 7.12 所示。插入感染机制指的是病毒在感染宿主程序时，能将它拦腰截断，把病毒代码放在宿主程序的中间。插入感染机能够通过零长度插入技术等使得病毒更加隐蔽。截断宿主程序插入感染机制时位置要恰当，需要保证病毒能够先获得控制权，而且病毒不能被卡死，宿主程序也不能因病毒的插入而无法正常工作。因此编写此类病毒需要高超的技巧。

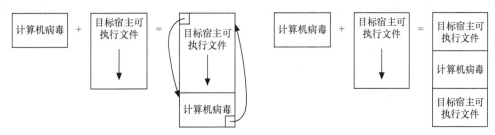

图 7.11　后缀感染机制示意图　　　　　　图 7.12　插入感染机制示意图

（2）感染引导扇区

图 7.13 所示给出了计算机启动过程中的操作。首先是通过 BIOS 定位到磁盘的主引导区，运行存储在那儿的主引导记录，主引导记录接着从分区表中找到第一个活动分区，然后读取并执行这个活动分区的分区引导记录，而分区引导记录负责装载操作系统。

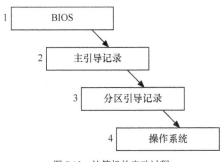

图 7.13　计算机的启动过程

引导型病毒的感染目标为主引导区和分区引导区，通过感染引导区上的引导记录，病毒就可以在启动时先于操作系统截取系统控制权。

（3）感染数据文件——宏病毒

传统意义上的数据文件只存储数据，因此不会被执行，从而不会成为计算机病毒的感染目标。但目前许多流行的数据文件格式支持在数据文件中包含一些执行代码，使得应用软件在打开这些数据文件时自动执行所包含的代码，从而完成一些自动化数据处理的功能。在数据文件中包含的可执行指令也称为宏指令，支持宏指令的著名应用软件包括微软公司的 Office 系列软件、AutoCAD 软件等。

自从支持宏指令的数据文件格式出现后，这些数据文件也成为计算机病毒的感染目标。这类病毒称为宏病毒，宏病毒感染数据文件的方式是将自身以宏指令的方式复制到数据文件中，因此当被感染的数据文件被应用软件打开时，将自动执行宏病毒体，完成病毒的引导。

**2. 触发机制**

计算机病毒必须具备良好的潜伏性才能不被人们发现，但其最终目标不是潜伏，而是破坏。为了达到更大范围的破坏目标，计算机病毒还需要进行大范围的感染。病毒的感染动作和破坏行为何时实施是由它的触发机制决定的。

病毒的触发条件包括病毒感染的触发条件和病毒发作进行破坏行为的触发条件。病毒感染的触发条件是指当此条件满足时，病毒即开始寻找并感染目标程序；病毒发作的触发条件是指当此条件满足时，病毒即开始进行对计算机正常运行的破坏行为。病毒的触发条件种类繁多，较典型的有日期触发、时间触发、键盘触发、感染触发、启动触发、访问磁盘次数触发、调用中断功能触发、打开邮件触发、随机触发和利用系统或工具软件的漏洞触发等。

**3. 破坏机制**

计算机病毒的破坏机制取决于该病毒编写者自身的设计思想和目标及其编程技术。随着计算机病毒技术的发展，其破坏机制更加隐蔽和严重，影响的范围也更大。典型的破坏行为包括如下几种。

（1）弹出对话框，扰乱键盘操作，干扰屏幕显示，影响计算机使用效率。

（2）占用系统运行资源，使系统操作和运行速度下降。

（3）攻击文件，修改、删除文件和数据。

（4）盗版，窃取信息。

（5）攻击 BIOS、引导区、系统中断向量、文件系统等，使得系统崩溃。

（6）格式化整个磁盘。

（7）攻击邮件。

（8）阻塞网络。

## 7.4.4　计算机病毒防治

对计算机病毒的防治包括预防、检测和清除 3 个阶段。

**1. 计算机病毒预防**

计算机病毒的预防，是指通过建立合理的计算机病毒预防体系和制度，及时发现计算机病毒入侵，并采取有效的手段阻止计算机病毒的传播和破坏。

计算机病毒的预防需要从法律法规、安全管理和技术 3 个层面进行综合控制。

法律控制是对计算机病毒的编写者最具威慑力的强力控制手段。从 1987 年出现第一部计算机犯罪法《佛罗里达州计算机犯罪法》以来，世界各国都不断推出遏制计算机犯罪的法律。我国也发布了一系列相关的法律和行政法规，包括 1994 年颁布实施的《中华人民共和国信息系统安全保护条例》、1997 年出台的新刑法中增设的"破坏计算机系统罪"等。2000 年4 月 26 日，公安部颁布实施了《计算机病毒防治管理办法》，进一步加强了对计算机病毒的预防和控制工作。

有效的安全管理措施是保护计算机系统不受病毒攻击的重要手段，建立和健全各项安全管理制度是确保计算机安全不可缺少的措施。预防计算机病毒感染的安全管理措施包括加强信息安全教育，提高安全意识；加强计算机管理，特别是移动存储设备的使用和网络通信接口的安全管理，严防病毒进入；安装、部署并及时更新防病毒软件等。

在技术层面上预防计算机病毒主要有以下方法：通过及时对系统进行更新升级进行安全加固；提高防毒意识，如不随意执行来源不明的程序，不打开陌生人的邮件等；安装反病毒软件，并实时更新病毒特征库，从而能够实时监视系统，在计算机病毒运行之前发出警报，将其清除或隔离。

**2. 计算机病毒检测**

计算机病毒在感染系统后，必然会留下痕迹，计算机病毒检测技术利用病毒留下的痕迹确认出计算机病毒的存在。计算机病毒检测技术主要有如下几种。

（1）病毒特征码匹配法

病毒特征码匹配法是检测已知病毒的最简单也是最有效的方法，其原理是通过对已知病毒样本进行人工或自动化的剖析，提取出其病毒特征码，并将这些病毒特征码搜集到反病毒软件的病毒特征库中。检测时，以扫描的方式将待检测程序与病毒特征库中的每个病毒特征码进行一一对比，若发现相同的代码，则可判定该程序已被病毒感染。

病毒特征码匹配法检测准确、快速，能够识别出病毒的名称，误报率很低，并能依据检测结果，做出相应的杀毒处理，因此是目前反病毒软件的基本检测方法。但该方法不能检测未知病毒，同时必须不断更新病毒特征库，才能保证检测的有效性。

（2）完整性验证法

完整性验证法通过判断文件完整性是否被破坏来验证其是否被计算机病毒所感染。完整性验证法又称为检验和法，将正常文件的内容计算其"校验和"，并写入文件中或写入其他文件中保存，在文件使用过程中，定期或每次使用文件前，检查文件现有内容所计算的"检验和"是否与原先的一致，以此发现其是否被病毒感染。

完整性验证法实现简单，能发现未知病毒，被查文件的细微变化也能被发现。缺点是：必须预先记录正常文件的"校验和"、误报率较高、不能识别病毒名称、不能对付隐蔽型病毒等。

（3）启发式行为监测法

利用病毒的特有行为特性来监测病毒的方法，称为启发式行为监测法。病毒的典型行为特征包括抢占 INT 13H 号中断、更改.com、.exe 文件内容、企图修改引导记录、病毒程序和宿主程序的切换等。

采用启发式行为监测法可发现未知病毒，并可相当准确地预报未知的多数病毒，但也可能误报警，而且不能识别病毒名称。

（4）软件模拟法——对多态性病毒的检测

多态性病毒每次感染都变化其病毒密码，对付多态性病毒，病毒特征码匹配法完全失效。为了检测多态性病毒，提出了软件模拟法，即用软件方法来模拟和分析程序的运行，从而判断其运行过程中是否符合病毒的特性。

（5）新一代病毒检测技术

在上述几种基本检测技术的基础上，随着病毒与反病毒斗争的不断升级，病毒检测技术也在不断地发展。新一代的病毒检测技术包括沙箱技术、启发式查毒技术、主动内核技术、智能引擎技术、嵌入式杀毒技术和压缩智能还原技术等。

### 3. 计算机病毒的清除

在正确检测出计算机病毒的基础上，还需要将计算机病毒从被感染文件中清除，同时尽量使得被感染文件恢复到被病毒感染前的状态。

对文件型病毒的清除过程实质上是病毒感染过程的逆过程，清除文件型病毒通常按照以下步骤进行。

（1）分析病毒和被感染文件之间的链接方式。

（2）确定病毒程序处于被感染文件中的位置，找到病毒程序开始和结束的位置，还原被感染文件的主要部分。

（3）恢复被感染文件的文件头部参数。

对引导型病毒的清除原理如下。

（1）寻找一台同类型、相同硬盘分区的无毒机器，将其引导扇区中的引导记录写入引导磁盘。

（2）无毒引导磁盘启动系统。

（3）将此可引导磁盘插入染毒机器，将引导记录写入被感染的引导扇区，覆盖病毒感染后的引导记录，即可修复。

宏病毒可通过应用软件提供的删除宏功能清除数据文件中所感染的宏病毒代码。

## 7.5　可信计算平台

目前的计算机系统安全主要通过在操作系统、数据库系统及应用系统中实现一些安全机制加以保障。尽管这些安全机制在理论上能够解决一大部分的安全问题，但由于实现上存在着大量的漏洞，攻击者或恶意软件仍能够轻易地绕过这些安全机制，对计算机系统造成危害。此外，攻击者和恶意软件在绕过安全机制后，还能够安装后门，修改系统及文件使其能够控制计算机系统进行进一步的恶意破坏和攻击。在这样的安全威胁下，计算机系统的安全性难以得到保障，用户很难对其充分信任。

从芯片、主板等硬件结构和 BIOS、操作系统等底层软件做起，综合采取措施来构建可信计算平台，从而有效地提高计算机系统的安全性，这样的技术路线正在被信息安全领域越来越多的安全专家所重视。可信计算平台的基本思路是建立一个信任根，信任根的可信性由物理安全和管理安全来确保；再建立一条信任链，从信任根开始到硬件平台，到操作系统，再到应用，一级认证一级，一级信任一级，从而把这种信任扩展到整个计算机系统，以达到增强安全性和可靠性的目的。

可信计算组（Trusted Computing Group，TCG）是一个非盈利性的工业标准化组织，于2003 年春季在其前身可信计算平台联盟（Trusted Computing Platform Alliance，TCPA）的基础上成立，其目标是通过硬件平台、操作系统平台和应用软件厂商的协作，发布一个由安全性增强的硬件和操作系统构建的可信计算平台规范，从而能够提高客户使用计算机系统的可信度。可信计算组的计划具体包括：定义可信计算平台体系结构、功能及接口的标准规范，为各种不同的计算平台实现提供参照基准；针对特定的计算平台环境，如个人计算机、PDA、手机和其他计算设备，发布更详细的执行规范；基于 TCG 标准规范构建的平台期望能够满足更高可信度的要求，TCG 还将制定和发布对可信计算平台的评估准则，以及特定平台的保护轮廓，使得能够为评估采用 TCG 标准规范构建的计算设备提供一套普遍适用的衡量准则；为了使可信计算平台达到更高的可信度，还需要在部署计算平台后的维护过程中保证其运行的完整性，TCG 将提供在这些部署的平台上维持信任度的推荐操作流程。

TCG 构建的可信计算平台最基本的思想是信任根与信任链。信任根是可信计算平台所必须信任的一些部件，而此信任关系可以通过硬件机制、物理安全和管理安全来确保。信任根应仅包含用以验证计算平台可信性的最少的功能模块，在一个可信计算平台中一般包含以下 3 个信任根：用以完整性验证的信任根（Root of Trust for Measurement，RTM）、用以存储的信任根（Root of Trust for Storage，RTS）和用以报告的信任根（Root of Trust for Reporting，RTR）。RTM 是具有进行可信赖的完整性验证能力的计算引擎。RTS 是具有可信赖的完整性校验值存储能力的计算引擎。RTR 则是对在 RTS 中存储的完整性校验值的可信赖报告能力的计算引擎。

最典型的 RTM 是在 BIOS 启动时执行的一段指令，称为 CRTM（Core Root of Trust for Measurement），CRTM 同时是图 7.14 所示的信任链的根，在 BIOS 启动后，将首先通过 CRTM 对操作系统引导代码进行完整性验证，在确定其可信性后，再运行并对操作系统代码进行完整性验证，如此逐层地验证和执行，构成一条从硬件到操作系统，再到应用的信任链，保证整个计算平台的可信度。

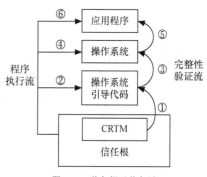

图 7.14 信任根及信任链

在上述思想的指导下，TCG 目前已发布了 TCG 主规范、硬件安全模块（Trust Platform Module，TPM）规范、可信软件栈（Trust Software Stack，TSS）规范、可信网络接入（Trust Network Connection，TNC）规范及 PC 细节实施规范，构成了一个较为完整的可信计算平台的框架，如图 7.15 所示。

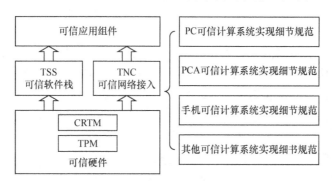

图 7.15 TCG 可信计算平台规范框架

TCG 主规范和硬件安全模块规范主要定义了保证计算平台硬件可信性的安全模块的设计规范、准则及结构参考。TPM 主要包括存储和报告完整性度量的信任根（即 RTS 和 RTR）。TPM 通常实现为一个安全芯片，并在芯片中包含计算引擎、平台配置寄存器（Platform Configuration Register，PCR）、非对称密钥产生器、非对称加密协处理器（如 RSA 加密协处理器）、真随机数产生器、SHA-1、HMAC 摘要算法模块等实现其所需的安全功能。CRTM 是实现完整性验证的信任根的核心模块，目前在 TPM 安全芯片的固件中对其进行存储和保护，但可能会根据平台的不同实现，放置在其他固件中。

TCG 的可信软件栈 TSS 规范则定义了在 TPM 提供的可信硬件之上，如何实现一个可信软件栈的设计规范、准则及结构参考。TSS 提供了对 TPM 功能的一个通用的接口，TSS 的主要目标包括以下几点。

（1）为应用软件提供对 TPM 功能的单点访问入口。

（2）提供对 TPM 的同步访问机制。

（3）对应用程序隐藏构建完整性验证指令流的细节问题。

（4）管理 TPM 资源。

（5）适当的时候释放 TPM 资源。

TCG 的 TNC 规范关注于网络访问控制方案之间的互操作性，以及基于可信计算平台作为增强这些方案安全性的基础。使用完整性验证的方法确定网络终端的可信度，作为网络访问控制方案决定是否让其获得网络接入的评估基础。TNC 的目标是提供一个体系框架，在这个体系框架中多家厂商能够制定一致的规范达到能够提供以下特性的网络标准。

（1）平台认证：对网络接入申请者的身份鉴别和其平台的完整性状况进行验证，从而决定是否赋予其网络接入的权限。

（2）终端策略遵从（授权）：对终端的安全状态建立可信度级别，如确认委托管理应用程序的存在、状态和版本级别，反病毒软件与入侵检测/防御软件的特征库更新，终端操作系统和应用软件的补丁级别等。终端策略遵从也可以看成是一个授权过程，即仅当终端遵从了给定的安全策略后，才能被授权获得网络的访问权。

（3）访问策略：保证终端主机和/或用户在连接网络之前对其进行认证，并建立起它们的可信级别。

（4）评估、隔离和补救：对于不符合可信度要求安全策略的终端主机，保证其被隔离，并尽可能进行相应的补救措施，如升级软件或病毒特征库使得终端能够符合安全策略，从而能够获得网络接入。

TCG 的 PC 细节实施规范给出了其主规范、TPM 规范和 TSS 规范标准在 PC 特定的平台环境下的实现细节规范，TCG 还将推出 PDA 和手机平台环境下的实现细节规范。

可信计算平台在我国引起极大关注，多家厂商先后加入可信计算组，积极参加国际技术交流，同时也在可信计算平台技术研发方面取得相当的成果。另外，除紧跟国际上可信计算平台的潮流外，信息安全标准化技术委员会也成立了专门的可信计算小组，致力于可信计算平台国家标准的制定。可以预见，在不久的将来，可信计算平台技术将会得到更多的关注，并得到更充分的研究和开发，从而为用户提供更高安全性的计算设备。

# 小　结

本章主要阐述了可信计算基、操作系统安全、数据库安全、病毒防护、数据备份和可信计算平台等系统安全知识。

可信计算基是可信计算系统的核心，其功能是保证计算机系统具备物理安全、运行安全和信息安全。

操作系统是管理计算机硬件，并为上层应用软件提供接口的系统软件，是计算机系统的核心。操作系统的安全是整个计算机系统安全的关键。操作系统安全机制主要包括硬件安全机制、身份鉴别、访问控制、最小特权原则、可信通道和安全审计等。

数据库的安全首先是数据库系统本身的数据文件安全和数据库管理系统（DBMS）的安全，然后是物理完整性、逻辑完整性、元素完整性、可审计性、访问控制、用户鉴别和可用性的保证。保障数据库安全的技术主要有用户标识和鉴定、访问控制、数据完整性、审计、数据库加密和数据库备份等。

计算机病毒是恶意软件的一种，其基本结构包括引导模块、感染模块和破坏模块。相应地，其机理主要包括病毒引导和感染机制、触发机制和破坏机制。计算机病毒的防治包括预防、检测和清除 3 个过程。

# 习　题　7

1．什么是访问监视器？它的实现原则是什么？

2．可信计算基的设计方法有哪两种？这两种方法各有什么特点？

3．可信计算基的安全功能包括哪些？为了使这些安全功能达到安全目标，需要采用哪些技术进行保证？

4．什么是强制访问控制机制？强制访问控制机制如何防止"特洛伊木马"的非法访问？

5．什么是自主访问控制机制？自主访问控制机制的实现模式有哪几种？各有什么优势和缺陷？

6．请对比自主访问控制机制和强制访问控制机制的概念以及各自的优缺点。

7．计算机病毒的特性有哪些？请结合一个病毒实例进行说明。

8．简述计算机病毒的一般构成，各功能模块的作用和作用机理。

9．计算机病毒的检测技术有哪些？各有什么优势和缺陷？

10．如何区分计算机病毒与蠕虫？各举出 5 个实例。为什么计算机病毒会和蠕虫相互融合？请举出 3 个实例。

11．如何区分特洛伊木马和后门？各举出 3 个实例。为什么特洛伊木马会和后门相互融合？请举出 2 个实例。

12．当前流行的计算机病毒有哪些新的特征？举例说明。

13．通过查找并阅读有关资料，给出 Linux 操作系统或 Windows 系列操作系统所采用的安全机制。

14．对自己的计算机安装反病毒软件，更新最新的病毒库，并对系统进行查毒、杀毒操作。

# 第 8 章

# 网络安全

前面的章节主要介绍了信息安全的基础知识，以及传统的信息安全保障技术。随着计算机与网络应用的迅速发展，计算机与网络已经成为当今社会生活不可或缺的一部分。同时，计算机病毒、蠕虫、恶意软件、黑客、网络犯罪等针对计算机与网络的攻击也越来越多，网络安全事件逐年增加，网络安全技术也得到迅猛发展。

本章将讨论如何构筑安全的网络系统，以及一些典型的网络安全技术。

## 8.1 网络安全概述

### 8.1.1 网络简述

计算机网络是指多台计算机设备通过传输介质相连，并通过软件系统实现计算机之间通信的计算机集合。通过计算机网络，用户可以共享资源、协同工作、交互信息、实时处理，以及提供各种网络服务等。

在第 2 章中介绍了网络的 OSI 模型，那是一种抽象的概念模型。而 TCP/IP 是目前网络的主流。TCP/IP 4 层结构模型（应用层、传输层、网络层和网络接口层）是网络安全研究的主要参考模型。

根据网络覆盖的范围，计算机网络通常分为下列几种。

**1. 局域网**

局域网（LAN）一般是指一个组织结构在一个物理相邻（如一栋建筑物内）区域构建的网络，其覆盖范围比较小。局域网在网络接口层通常采用令牌环网协议或以太网协议。

**2. 广域网**

广域网（WAN）是相对于局域网而言在规模、距离上都更大的网络，跨越不同城市甚至不同国家，而且一般也不仅仅是一个组织结构的网络。与广域网相当的还有校园网、城域网等。广域网由多种网络接口层协议组网，用路由器把多个局域网连接在一起，通常支持统一的网络层协议，即 IP。

**3. 互联网**

互联网是由各种计算机网络构成的网络，这些网络各自独立进行管理和控制。最典型的互联网就是因特网（Internet）。互联网所采用的联网协议同广域网类似。

### 8.1.2 网络安全措施

计算机网络设计之初主要是为了方便资源的共享等，没有考虑网络的安全性问题。TCP/IP 存在许多的安全问题，主要包括以下几个方面。

（1）TCP/IP 不能提供可靠的身份验证。在协议中使用 IP 地址作为网络节点的唯一标识，而 IP 地址很容易被伪造和更改，因此通信双方只能采用另外的技术手段来确认对方真实身份。

（2）TCP/IP 对数据都没有加密，一个数据包在传输过程中会经过很多路由器和网段，在其中的任何一个环节都可能被窃听。更严重的是，现有大部分协议都使用明文在网络上传输，攻击者只需在某个节点简单地安装一个网络嗅探器，就可以得到通过该节点的所有网络数据包。

（3）TCP/IP 中缺乏可靠的信息完整性验证手段。在 IP 中仅对 IP 头实现校验和保护。在 UDP 中，对整个报文的校验和检查是可选的。在 TCP 中，虽然对每个报文都进行校验和检查，但实际上这仅仅是一种简单的通信编码。因为攻击者可以对报文内容进行修改后，重新计算校验和。另外，TCP 的序列号也可以被随意修改，从而可以在源数据流中添加和删除数据。

（4）TCP/IP 设计的一个基本原则是自觉原则，协议中没有提供任何机制来控制资源分配，因此，攻击者可以通过发送大量的垃圾数据包来阻塞网络，也可以发送大量的连接请求对服务器造成拒绝服务攻击。

（5）TCP/IP 中缺乏对路由协议的鉴别，因此可以利用修改数据包中的路由信息来误导网络数据的传输。

（6）在实现 TCP、UDP 的过程中还存在许多安全隐患：TCP 的三次握手过程可能导致系统受到 SYN Flood 攻击；TCP 可靠连接是建立于一个随机的 32 位初始序列号的基础上的，而实现随机序列号的多数随机数发生器都不是真正随机的，对于攻击者来说，该序列号可以猜测得到，得到了初始序列号后就可以针对目标发起 IP Spoofing 攻击，其危害将是巨大的；UDP 是面向无连接的协议，攻击者极易利用 UDP 发起 IP 源路由和拒绝服务器攻击。

（7）TCP/IP 设计上的问题导致其上层的应用协议存在许多安全问题。例如，通过修改网络数据包影响信息的完整性；通过窃听网络数据影响信息的机密性；通过 IP 欺骗、TCP 会话劫持影响信息的真实性；另外还可以对网络服务以及网络传输进行阻塞，造成拒绝服务。

因此为了保障网络系统的安全，网络中采取的主要安全措施有如下几种。

### 1. 协议安全

针对 TCP/IP 中存在的许多安全缺陷，必须使用加密技术、鉴别技术等来实现必要的安全协议。安全协议可以放置在 TCP/IP 协议栈的各层中，如图 8.1 所示，如 IPSec 位于 IP 层，SSL 协议位于 TCP 与应用层之间，而在应用层针对不同的应用有一系列的安全协议，如 PGP、SET 等。

（a）网络层　　　　　（b）传输层　　　　　（c）应用层

图 8.1　一些典型的安全通信协议所处的位置

## 2. 访问控制

网络的主要功能是资源共享，但共享是在一定范围、一定权限内的共享，因此需要严格控制非法的访问，保护资源的正常使用。一般通过制定合理的安全策略，保障网络内部资源的合法使用和提供网络边界的安全机制。

## 3. 系统安全

网络通信和应用系统是通过软件完成的，这里的软件系统包括操作系统、应用系统等。软件系统总是存在着一些有意或无意的缺陷，因此既要在设计阶段引入安全概念，又要在具体实现时减少缺陷，编写安全的代码，才能有效提高系统的安全性。

## 4. 其他安全技术

上述 3 类安全措施，并不能完全保障网络系统的安全，还需要有针对网络系统安全威胁的检测和恢复技术，如入侵检测、防病毒等安全专项技术。

# 8.2　IPSec

IPSec（IP Security）是一个开放式的 IP 网络安全标准，它在 TCP/IP 协议栈中的网络层实现，可为上层协议无缝地提供安全保障，各种应用程序可以享用 IP 层提供的安全服务和密钥管理，而不必从头设计自己的安全机制。它是 IETF 为在 IP 层提供安全服务而定义的一种安全协议的集合，其将密码技术应用在网络层，提供发送端、接收端的身份识别、数据完整性、访问控制以及机密性等安全服务。高层应用协议可以透明地使用这些安全服务。目前，IPSec 已经被广泛接受和应用。它有以下的一些特点。

（1）对 IP 层的所有信息进行过滤处理工作。

（2）有比较好的兼容性，比高层的安全协议更容易实施，比低层协议更能够适应通信介质的多样性。

（3）透明性好。IP 层以上的所有应用都不需要修改即可获得安全性的保障，同时终端用户不需要了解相关安全机制就可使用。

（4）可以轻松实现 VPN，保护、确认路由信息，使路由器不会受欺骗而阻断通信等。

## 8.2.1　IPSec 体系结构

IPSec 提供 3 种不同的形式来保护 IP 网络的数据。

（1）原发方鉴别：可以确定声称的发送者是真实的发送者，而不是伪装的。

（2）数据完整：可以确定所接收的数据与所发送的数据是一致的，保证数据从原发地到目的地的传送过程中没有任何不可检测的数据丢失与改变。

（3）机密性：使相应的接收者能获取发送的真正内容的同时，非授权的接收者无法获知数据的真正内容。

IPSec 通过 3 个基本的协议来实现上述 3 种保护，它们是鉴别报头（AH）协议、载荷安全封装（ESP）协议、密钥管理与交换（IKE）协议。鉴别报头协议和载荷安全封装协议可以通过分开或组合使用来达到所希望的安全特性。IPSec 还涉及鉴别算法、加密算法和安全关联（SA）等更加基础的组件，本书将在后面的部分对这些关键组件进行详细描述。它们之间的关系如图 8.2 所示。

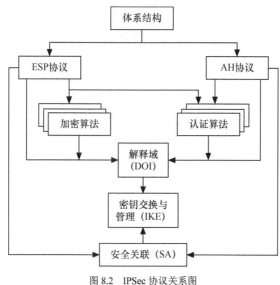

图 8.2 IPSec 协议关系图

## 8.2.2 IPSec 提供的安全服务

IPSec 提供访问控制、无连接完整性、数据原发方鉴别、反重放、机密性、有限的数据流量机密性等服务，具体如表 8.1 所示。

表 8.1　　　　　　　　　　　　　IPSec 提供的安全服务

| | AH | ESP（只加密） | ESP（加密和鉴别） |
|---|---|---|---|
| 访问控制 | √ | √ | √ |
| 无连接完整性 | √ | | √ |
| 数据原发方鉴别 | √ | | √ |
| 反重放 | √ | √ | √ |
| 机密性 | | √ | √ |
| 有限的数据流量机密性 | | √ | √ |

## 8.2.3 安全关联

安全关联（Security Association，SA）是安全策略（Security Policy）的一种具体实现。它指定了对 IP 数据报提供何种保护，并以何种方式实施保护。它也是发送方和接收方之间的一个单向逻辑连接的安全机制，决定保护什么、如何保护以及谁来保护通信数据。如果需要双向的安全服务，那就要建立起两条（或更多条）安全连接，安全关联通过指定 AH 协议或 ESP 协议来实现。

安全关联的参数包括以下几个。

（1）序列号计数器：一个用来产生 AH 协议或 ESP 协议头中序列号的 32 位增量计数器。

（2）序列号计数器溢出标志：标志序列号计数器是否溢出，生成审核事件。溢出时阻止安全连接上剩余报文继续传输。

（3）反重放窗口：一个确定内部 AH 报文或 ESP 报文是否为重放报文的 32 位计数器。

（4）AH 信息：鉴别算法、密钥、密钥的生存期和 AH 的相关参数。

（5）ESP 信息：加密和鉴别算法、密钥、初始值、密钥生存周期和 ESP 的相关参数。

（6）安全关联的生存期：用一个特定的时间间隔或字节计数，超过后，必须终止或由一个新的安全关联替代。

（7）IPSec 工作模式：分为隧道模式和传输模式。

（8）路径最大传输单元。

## 8.2.4　IPSec 的工作模式

IPSec 的工作模式分为传输模式和隧道模式，AH 和 ESP 均支持这两种模式，如图 8.3 所示。

图 8.3　传输模式和隧道模式下的受 IPSec 保护的 IP 包

### 1.　传输模式

传输模式主要为上层协议提供保护，同时增加了对 IP 包载荷的保护，用于两台主机之间，实现端到端的安全。当数据包从传输层传递给网络层时，AH 和 ESP 协议会进行拦截，在 IP 头上与上层协议头之间插入一个 IPSec 头（AH 头或 ESP 头）。在 IPv4 中，传输模式的安全协议头位于 IP 报头和可选部分之后，上层协议（如 TCP 或 UDP）之前。在 IPv6 中，安全协议头出现在基本报头和扩展报头之后，目的端可选报头之前或之后，上层协议之前。对于 ESP，传输模式的安全连接仅为上层协议提供安全服务，不为 IP 的基本报头和扩展报头提供安全服务。对于 AH，这种保护也提供给部分被选择的基本报头、扩展报头和可选报头（包括 IPv4 报头，IPv6 端对端扩展报头，IPv6 目的端扩展报头）。

当同时应用 AH 和 ESP 传输模式时，首先应用 ESP，再用 AH，这样数据完整性可应用到 ESP 载荷。

### 2.　隧道模式

隧道模式的安全连接实质上是一种应用在 IP 隧道上的安全连接。在隧道模式中，所选择的协议（AH 协议或 ESP 协议）将原始的数据报（包括报头）封装成一个新的数据报，并将它作为有效载荷来对待。隧道模式对整个原始数据报提供了所需的服务，常用于主机与路由器或两台路由器之间。

在隧道模式的安全连接中，有一个外层 IP 报头指定 IPSec 处理的目的端。内层 IP 报头指定 IP 包的最终目的端。安全协议头位于外层 IP 报头之后，内层 IP 报头之前。如果在隧道模式中使用 AH 协议，部分外层 IP 报头和所有的隧道 IP 包（包括内层 IP 报头和上层协议）均受到保护；如果使用 ESP 协议，只有隧道 IP 包受到保护。

IPSec 支持隧道的嵌套，即对已隧道化的数据再进行隧道化处理。

## 8.2.5 封装安全载荷

封装安全载荷（Encapsulating Security Payload，ESP）协议利用加密机制为通过不可信网络传输的 IP 数据提供机密性服务，同时也可以提供鉴别服务。ESP 协议的机密性服务必须支持密码分组链接模式和 DES 算法，同时也兼容其他加密算法：三重 DES、RC5、IDEA、CAST 等算法。ESP 协议的鉴别服务必须支持 NULL 算法，也兼容其他哈希算法，如 MD5 和 SHA-1 算法。这些加密和鉴别机制可为 IP 数据报提供原发方鉴别、数据完整性、反重放和机密性安全服务，可在传输模式和隧道模式下使用。其结构如图 8.4 所示。

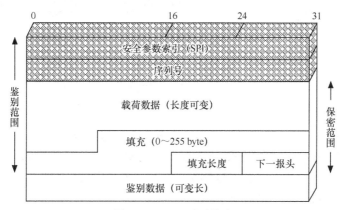

图 8.4　IPSec ESP 报头格式

其各字段含义如下。

（1）安全参数索引 SPI（32 bit）：标识一个安全关联（SA）。

（2）序列号（32 bit）：增量计数器的值，用来提供反重放与完整性服务。当在源端和目的节点之间建立安全关联时，发送方和接收方的计数器将被初始化，发送方每次传输都必须增加该计数器的值；而接收方可以选择不处理此次传输。只有在接收方处理该计数器时，这种服务才有效。

（3）载荷数据（长度可变）：指在隧道模式下 IP 数据包或在传输模式下的传输层数据段，通过加密进行保护。

（4）填充（0～255 byte）：额外的填充字段，主要用来实现某些加密算法对明文分组字节数的要求。

（5）填充长度（8 bit）：表示填充字段的字节数。

（6）下一报头（8 bit）：通过标识有效载荷的第一个报头来说明有效载荷数据字段中包含的数据类型。

（7）鉴别数据（可变长）：一个可变长字段（必须是 32 bit 字的整数倍），用来填入对 ESP 包中除鉴别数据字段外的数据进行完整性校验时的校验值。该字段的默认长度是 96 bit。

## 8.2.6 鉴别报头

鉴别报头（Authentication Header，AH）可以保证 IP 分组的可靠性和完整性。其原理是将 IP 分组头、上层数据和公共密钥通过 Hash 算法（MD5 或 SHA-1）计算出 AH 报头鉴别数据，将 AH 报头数据加入 IP 分组，接收方将收到的 IP 分组运行同样的计算，并与接收到的

AH 报头比较进行鉴别。

数据完整性可以对传输过程中的非授权修改进行检测；鉴别服务可使末端系统或网络设备鉴别用户或通信数据，根据需要过滤通信量，验证服务还可防止地址欺骗攻击及重放攻击。IPSec 的鉴别报头格式如图 8.5 所示。

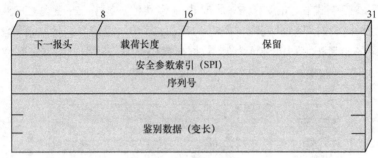

图 8.5　IPSec 的鉴别报头格式

AH 各字段含义如下。

（1）下一报头（8 bit）：表示紧跟验证头的下一个头的类型。

（2）载荷长度（8 bit）：以 32 bit 字节为单位的鉴别头长度再减去 2。其缺省值为 4，这时它表示认证数据长度是 3 个单位，鉴别报头长度是 6 个单位。

（3）保留（16 bit）：留作将来使用。

（4）安全参数索引 SPI（32 bit）：用来标识一个安全关联。

（5）序列号（32 bit）：增量计数器的值，与 ESP 中的功能相同。

（6）鉴别数据（可变长）：一个可变长字段（必须是 32 bit 字的整数倍），用来填入对 AH 包中除鉴别数据字段外的数据进行完整性校验时的校验值。该字段的默认长度是 96 bit。

同样 AH 协议可以使用传输和隧道两种模式。

### 8.2.7　解释域

解释域是 Internet 统一协议参数分配机构（IANA）中数字分配机制的一部分，它将所有 IPSec 协议捆绑在一起，包括被认可的加密、鉴别算法标识和密钥生存周期等 IPSec 安全参数。

### 8.2.8　密钥管理

IPSec 的密钥管理包括密钥的确定和分配，分为手工和自动两种方式。IPSec 默认的自动密钥管理协议是 Internet 密钥交换（Internet Key Exchange，IKE），它规定了对 IPSec 对等实体自动验证、协商安全服务和产生共享密钥的标准。

## 8.3　防火墙

### 8.3.1　防火墙概述

随着计算机的应用由单机发展到网络，网络面临大量的安全威胁，其安全问题日益严重。

计算机单机防护的方式已经不能适应计算机网络发展的需要，计算机系统的信息安全防护由单机防护向网络防护发展。

计算机网络按区域范围划分，可以分成局域网、广域网、互联网等，在局域网内还可以进一步细分为网段。不同的网段、不同的局域网之间，就好像不同的省市、不同的国家一样有一个边界。通过在边界——边境线设立边防检查站，并要求所有的人员只能从检查站出入边境，就可以检查、控制、记录、管理出入边境的人员，知道有哪些人、携带什么东西出入边境，还可以根据这些人是否有合法的出入境证件、携带的东西是否合法等决定是否允许其出入边境。

防火墙是计算机网络中的边境检查站，如图 8.6 所示。受防火墙保护的是内部网络，也就是说，防火墙是部署在两个网络之间的一个或一组部件，要求所有进出内部网络的数据流都通过它，并根据安全策略进行检查，只有符合安全策略、被授权的数据流才可以通过，由此保护内部网络的安全。它是一种按照预先制定的安全策略来进行访问控制的软件或设备，主要是用来阻止外部网络对内部网络的侵扰，是一种逻辑隔离部件，而不是物理隔离部件。

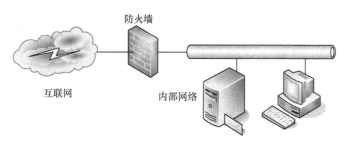

图 8.6  防火墙在网络中的位置

### 1. 防火墙的防护机制

防火墙作为计算机网络中的边境检查站，被部署在网络的边界，在内部网络与外部网络之间形成隔离，防范外部网络对内部网络的威胁，起到一种边界保护的机制。但内部网络的相互访问，因为没有穿越防火墙，所以防火墙是无法进行控制的。

防火墙要起到边界保护的作用，要求做到如下几点。

（1）所有进出内部网络的通信，都必须经过防火墙

防火墙作为网络边界的安全防护设备，其发挥防护作用的首要前提是能够对进出内部网络的所有通信进行检查、控制。如果在受保护的网络内，可以通过拨号上网，则该通信绕过了防火墙的检查，将使防火墙失去防护作用。这就如同在一个保卫森严的城堡内，挖了一条通向城堡外的地道，使城堡的城墙、城门都失去了保护城堡的作用。

（2）所有通过防火墙的通信，都必须经过安全策略的过滤

使所有进出内部网络的通信都必须经过防火墙，但如果对这些通信不按照安全策略进行检查，或者安全策略的配置漏洞百出、自相矛盾，则防火墙将形同虚设，无法起到应有的防护作用。

（3）防火墙本身是安全可靠的

虽然防火墙对所有进出内部网络的通信按照安全策略都进行了严格的检查，但如果防火墙自身存在安全漏洞，那么黑客就可以通过防火墙的安全漏洞，控制甚至摧毁防火墙。

### 2．防火墙的形态

防火墙的访问控制通过一组特别的安全部件实现，其形态有以下几种。

（1）纯软件

纯软件防火墙简单易用、配置灵活，但因底层操作系统是一个通用型的系统，其数据处理能力、安全性能水平都比较低。

（2）纯硬件

为了解决纯软件防火墙的不足，设计人员将防火墙软件固化在专门设计的硬件上，数据处理能力与安全性能水平都得到了很大的提高。但因来自网络的威胁不断变化，防火墙的安全策略、配置等也需要经常进行调整，而纯硬件防火墙的调整非常困难。

（3）软、硬件结合

这种防火墙结合了上述两种防火墙的优点，针对防火墙的特殊要求，对硬件、操作系统进行裁减，设计、开发出了防火墙专用的硬件、安全操作系统平台，然后在此平台上运行防火墙软件。

在实际应用中，上述3种形态的防火墙，可以根据各自的特点应用于不同安全要求的情形。如纯软件防火墙可以应用于个人主机上，纯硬件防火墙可以应用于数据处理性能要求高、安全策略比较稳定的情况等。

### 3．防火墙的功能

防火墙是一种网络边界保护型的安全设备，为了达到安全保护内部网络的目的，一般具有如下一些功能。

（1）访问控制

访问控制是防火墙最基本、也是最重要的功能。如防火墙通过身份识别，辨别请求访问内部网络者的身份，然后根据该用户所获得的授权，控制其访问授权范围的内容，保护网络的内部信息。

防火墙还可以对所提供的网络服务进行控制，通过限制一些不安全的服务，减少威胁，提高网络安全的保护程度。

（2）内容控制

防火墙可以对穿越防火墙的数据内容进行控制，阻止不安全的数据内容进入内部网络，影响内部网络的安全。

病毒、木马等经常隐藏在可执行文件或 ActiveX 控件中。通过限制网络内部人员从外部网络下载这些文件或控件，可以减少威胁。

（3）安全日志

因为所有进出内部网络的通信都必须经过防火墙，所以防火墙可以完整地记录网络通信情况，通过分析、审计日志文件，可以发现潜在的威胁，并及时调整安全策略进行防范；还可以在发生网络破坏事件时，发现破坏者。

（4）集中管理

防火墙需要针对不同的网络情况与安全需求，制定不同的安全策略，并且还要根据情况的变化改进安全策略。而且在一个网络的安全防护体系中，会有多台防火墙分布式部署，因此防火墙需要进行集中管理，以方便实施统一的安全策略，避免出现配置上的安全漏洞。

（5）其他附加功能

防火墙还有其他一些附加功能，如支持 VPN、NAT 等。

① 虚拟专用网（Virtual Private Network，VPN）

防火墙所处的位置是网络的出入口，因此它是支持 VPN 连接的理想接点。目前的许多防火墙都提供 VPN 连接功能。有关 VPN 的详细介绍，请参见 8.4 节。

② 网络地址转换（Network Address Translation，NAT）

NAT 是将内部网络的 IP 地址，转换为外部网络的 IP 地址的技术。此技术主要是为了解决 IPv4 的 IP 地址即将耗尽的问题。NAT 可大大节约对外部网络 IP 地址的使用，减缓耗尽 IP 地址的速度。

NAT 应用于对网络边界进行保护的防火墙中，起到对内部网络的计算机进行保护的作用。因为如果网络上的计算机有一个静态的 IP 地址，黑客就可以很容易地定位，并进行长时间有针对性的连续攻击，如 APT 攻击。而 NAT 相当于网络级的代理，将内部网络计算机的 IP 地址转换成防火墙的 IP 地址，代表内部网络的计算机与外部网络通信，从而使黑客无法获取内部网络计算机的 IP 地址，进而无法实施有针对性的攻击。

## 8.3.2　防火墙技术原理

自美国 Digital 公司于 1986 年在 Internet 上安装了全球第一个商用防火墙系统后，随着基于 Internet 的应用迅速发展，防火墙的技术与应用得到了快速的发展。防火墙技术的发展主要经历了包过滤技术、状态检测技术、代理服务技术等历程。

### 1. 包过滤技术

包过滤（Packet Filtering）是指防火墙在网络层中，通过检查网络数据流中数据包的报头（如源地址、目的地址、协议类型、端口等），将报头信息与事先设定的过滤规则相比较，据此决定是否允许该数据包通过，其关键是过滤规则的设计，如图 8.7 所示。

包过滤技术是最早应用于防火墙的技术，也是最简单、在某些情形下最有效的防火墙技术。

包过滤技术检查的数据包报头信息主要有以下几种。

（1）IP 数据包的源 IP 地址、目的 IP 地址、协议类型、选项字段等

根据 IP 数据包报头信息进行过滤，主要是建立按IP 地址进行访问控制的安全策略。

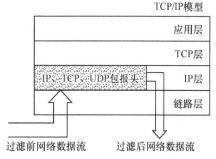

图 8.7　包过滤技术示意图

通过建立基于源 IP 地址的过滤规则，可以建立只允许外部特定 IP 地址主机与内部网络连接，拒绝所有其他主机的连接。

如只允许 IP 地址为 162.168.250.1～162.168.250.255 的主机与内部网络进行连接，设定过滤规则为只允许该 IP 地址段的数据包通过防火墙。防火墙在检查数据流中 IP 包的报头时，如果检查到该数据包的源地址是 162.168.250.1～162.168.250.255 中的一个，则允许通过，否则禁止通过，从而拒绝除此以外所有主机的连接。

而建立基于目的 IP 地址的过滤规则，则可以建立外部主机只能访问内部指定公共服务

器的安全策略。但这种策略对服务器的访问控制太弱，通过增加对协议类型（TCP、UDP、ICMP 等）、端口的过滤规则，可以进一步加强对该公共服务器的访问控制。

（2）TCP 数据包的源端口、目标端口、标志段等

TCP 端口号 1024 以下被用于一些标准的通信服务，如表 8.2 所示。

**表 8.2　　　　　　　　　　　　一些常用的 TCP 端口**

| 端　　口 | 协　　议 | 用　　途 |
| --- | --- | --- |
| 21 | FTP | 文件传输 |
| 23 | Telnet | 远程登录 |
| 25 | SMTP | 电子邮件 |
| 69 | TFTP | 简单文件传输协议（Trivial FTP） |
| 79 | Finger | 查询有关一个用户的信息 |
| 80 | HTTP | WWW 服务 |
| 110 | POP-3 | 远程电子邮件 |
| 119 | NNTP | USENET 新闻 |

如只允许 HTTP 通信，而不允许 Telnet 通信，可通过设定允许 TCP 端口 80 的通信、禁止 TCP 端口 23 的通信，即可简单方便地对这两项服务进行过滤。

（3）UDP 数据包的源端口、目标端口

UDP 的应用有域名系统（Domain Name System，DNS）、远程调用（Remote Procedure Call，RPC）、实时多媒体应用实时传输协议（Real-time Transport Protocol，RTP）等，同样通过设定基于 UDP 端口的过滤规则，可以方便地对各项服务进行过滤。

（4）ICMP 类型

Internet 控制消息协议（Internet Control Message Protocol，ICMP）主要用于传递控制或错误消息，如常用的端到端故障查找工具 ping 是利用 ICMP 中的"回应请求"（ICMP 类型编号 8）实现的。因此通过设定 ICMP 关键字或类型编号的过滤规则，可以对 ICMP 通信进行过滤，如表 8.3 所示。

**表 8.3　　　　　　　　　　　　一些常见的 ICMP 类型**

| ICMP 类型编号 | ICMP 类型名称 | 可能的控制原因 |
| --- | --- | --- |
| 0 | 回应答复 | 对 ping 的响应 |
| 3 | 无法到达目的地 | 无法到达目标地址 |
| 4 | 源端抑制 | 路由器接收通信量太大 |
| 8 | 回应请求 | 常规的 ping 请求 |
| 11 | 超时 | 到目的地时间超时 |

基于包过滤技术的防火墙有如下优点。

（1）不需内部网络用户做任何配置，对用户来说是完全透明的。

（2）简单、有效。

但其弱点如下。

（1）防火墙位于底层，其安全过滤规则与用户网络安全策略的描述之间很难给出一个简单而恰当的对应关系，导致防火墙的过滤规则十分复杂，或者根本就不可能实现用户的安全策略。

（2）只能检查数据包的报头信息，无法检查数据包的内容，不能进行数据内容级别的访问控制。

（3）没有考虑数据包的上下文关系，每一个数据包都要与设定的规则匹配，影响数据包的通过速率，无法满足一些访问控制的要求。

（4）过滤规则的制定很复杂，容易产生冲突或漏洞，出现因配置不当而带来的安全问题。

### 2. 状态检测技术

一个正常网络连接中的源地址和目的地址、协议类型、协议信息（如 TCP/UDP 端口、ICMP 类型）、标志（如 TCP 连接状态标志）等构成该连接的状态表，将数据包报头的相关信息与状态表进行对比，可以知道该数据包是一个新的网络连接还是某个已有连接中的数据包。

状态检测（Stateful Inspection）技术也叫动态包过滤技术，是包过滤技术的延伸。

基于状态检测技术的防火墙可以简单理解为在包过滤技术防火墙的基础上，增加了对状态的检测，其工作原理如图 8.8 所示，具体描述如下。

（1）检测数据包是否是状态表中已有连接的数据包，如果是已有连接的数据包而且状态正确，则允许通过。

（2）如果不是已有连接的数据包，则进行包过滤技术的检查。

（3）包过滤允许通过，则在状态表中添加其所在的连接。

（4）某个连接结束或超时，则在状态表中删除该连接信息。

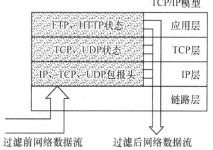

图 8.8　状态检测技术示意图

状态检测防火墙的数据包过滤规则是预先设定的，但状态表是动态建立的，可以实现对一些复杂协议建立的临时端口进行有效的管理。如 FTP 只是通过 21 端口进行控制连接，其数据传送是通过动态端口建立的另一个子连接进行传送。如果边界部署的是一个基于包过滤技术的防火墙，就需要将所有端口打开，这将会带来很大的安全隐患。但对于基于状态检测技术的防火墙，则能够通过跟踪、分析控制连接中的信息，得知控制连接所协商的数据传送子连接端口，在防火墙上将该端口动态开启，并在连接结束后关闭，保证内部网络的安全。

从状态检测防火墙的工作原理可发现，状态检测技术不是简单地根据状态标志对数据包进行过滤，而是为每一个会话连接建立、维护其状态信息，并利用这些状态信息对数据包进行过滤。如状态检测可以很容易实现只允许一个方向通信的"单向通信规则"，在允许通信方向上的一个通信请求被防火墙允许后，将建立该通信的状态表，该连接在另一个方向的回应通信属于同一个连接，因此将被允许通过。这样就不必在过滤规则中为回应通信制定规则，可以大大减少过滤规则的数量和复杂性；而且也不需对同一个连接的数据包进行检查，从而提高过滤效率和通信速度。

动态状态表是状态检测防火墙的核心，利用它可以实现比包过滤防火墙更强的控制访问能力。

但状态检测防火墙的弱点是也没有对数据包的内容进行检查，不能进行数据内容级别的控制，而且也允许外部主机与内部主机的直接连接，容易遭受黑客的攻击。

### 3. 代理服务技术

代理服务（Proxy Server）是代表内部网络与外部网络进行通信的服务器，通信发起方首先与代理服务建立连接，然后代理服务另外建立到目标主机的连接，通信双方通过代理进行间接连接、通信，不允许端到端的直接连接。各种网络应用服务也是通过代理提供，由此达到访问控制的目的。

（1）应用级代理

应用级代理也被称为应用级网关（Application Gateway），工作在 TCP/IP 模型的应用层，是一组特殊的应用服务程序，如图 8.9 所示。

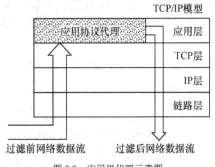

图 8.9　应用级代理示意图

其具体工作原理如下。

当接收到客户方发出的连接请求后，应用代理检查客户的源和目的 IP 地址，并依据事先设定的过滤规则决定是否允许该连接请求。如果允许该连接请求，则进行客户身份识别，决定是否需要阻断该连接请求。通过身份识别后，应用代理建立该连接请求的连接，并根据过滤规则传递和过滤该连接之间的通信数据。当一方关闭连接后，应用代理关闭对应的另一方连接，并将这次的连接记录在日志内。

应用代理服务器一般运行在具有两个网络接口的双重宿主主机的防火墙上，两个网络接口分别连接内、外网络，并且禁止 IP 转发，切断内外网络之间直接的 IP 通信，由代理服务器按照一定的安全策略提供 Internet 连接和服务。

以电子邮件应用代理为例。正常的电子邮件传输是发起方与接收方首先通过一个建立邮件传输合法性的协议建立连接，然后进行邮件传输。加入电子邮件应用代理后，发起方与接收方通过代理在中间进行转发通信，代理既代表发起方与接收方通信，也代表接收方与发起方通信，代理工作在应用层上，可以对数据内容进行审查，对垃圾邮件等含有不良信息的邮件进行过滤。

代理服务技术的优点如下：

① 内部网络的拓扑、IP 地址等被代理服务器屏蔽，能有效实现内外网络的隔离；

② 具有强鉴别和日志能力，支持用户身份识别，实现用户级的安全；

③ 能进行数据内容的检查，实现基于内容的过滤，对通信进行严密的监控；

④ 过滤规则比数据包过滤规则简单。

其缺点如下：

① 代理服务的额外处理请求降低了过滤性能，其过滤速度比包过滤器速度慢；

② 需要为每一种应用服务编写代理软件模块，所提供的服务数目有限；

③ 对操作系统的依赖程度高，容易因操作系统和应用软件的缺陷而受到攻击。

（2）电路级代理

电路级代理也被称为电路级网关，是一个通用代理服务器，工作在 TCP/IP 模型的传输层

（TCP 层），如图 8.10 所示。

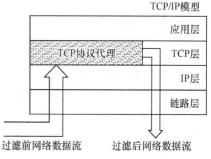

图 8.10　电路级代理示意图

电路级代理也可以认为是包过滤技术的延伸，但它不像包过滤技术那样只是基于 IP 地址、端口号等报头信息进行过滤，还能进行用户身份鉴别。而且对于已经建立连接的网络数据包，电路级代理不再对其进行过滤。

与应用级代理相比较，电路级代理不用为不同的应用开发不同的代理模块，具有较好的通用性。但也对网络数据包进行了复制和转发，因此同样存在占用资源大、速度慢的缺点。而且包过滤技术的缺点在电路级代理也同样存在。

#### 4. 安全策略与规则

在上述防火墙技术的叙述中，不论是包过滤技术，还是状态检测技术或代理服务技术，都是以安全策略及其展开的过滤规则为基础，实现防火墙的访问控制目的。

访问的畅通与控制是网络边界安全策略的一对矛盾，组建网络的目的是为了提供方便的访问功能，提供多种服务，保证网络传输的性能；而控制则是要检查、拒绝未授权的访问或服务，保护内部网络的安全。防火墙的基本控制策略有以下两类。

（1）没有被明确允许的，就是禁止的

这是一种以控制为中心的控制策略。防火墙阻隔所有数据流，然后再根据需要逐一开启网络访问和服务。这种策略可以提供很安全的网络环境，但能使用的网络服务受到严格限制，网络应用的方便性受到了很大的影响。

（2）没有被明确禁止的，就是允许的

这是一种以畅通访问为中心的控制策略。防火墙允许所有数据流通过，然后再逐一屏蔽可能有害的网络访问和服务。这种策略可以提供很多服务，构建灵活、方便的网络应用环境，但面对众多的网络服务，很难实施有效的控制，网络的安全性会受到很大的影响。

不同的网络环境有不同的安全需求，部署防火墙时，首先要根据具体网络环境的安全需求，制定相应的安全策略类别，然后再根据安全策略制定相应的过滤规则。如果不以安全策略为基础，想起一件事就添加一条规则，则规则之间缺乏联系，规则库不统一。随着规则数目的增长，规则库将变得难以维护，而且容易出现相互矛盾的规则。

制定一个网络安全策略，有如下一些基本步骤。

（1）确定内部网络访问控制的策略，是以控制为中心，还是以畅通访问为中心，并结合具体情况进行修订。

（2）明确网络内需要保护的资产（如服务器、路由器、软件、数据等）情况，分析潜在的风险。

（3）明确安全审计内容，以便将这些内容记录在日志文件中。

（4）定义可执行、可接受的安全策略。

（5）验证策略的一致性。

（6）注意安全策略的使用范围和时间。

（7）安全事件的响应。

### 8.3.3 防火墙的应用

8.3.2 小节介绍了几种防火墙的主要技术原理。在实际应用中，防火墙技术的应用都不是单一的，而是根据不同的网络环境和不同的安全策略等需求，结合多种技术构筑防火墙的体系结构，实现一个实用、有效的防火墙系统。

在介绍防火墙的体系结构之前，先介绍一下堡垒主机的概念。堡垒主机是位于内部网络的最外层，像堡垒一样防护内部网络的设备。堡垒主机是在防火墙体系结构中暴露在 Internet 上、最容易遭受攻击的设备，因此对其安全性要给予特别的关注。

**1. 防火墙体系结构**

（1）屏蔽路由器结构

屏蔽路由器结构是一种最简单的体系结构，屏蔽路由器（或主机）作为内外连接的唯一通道，对进出网络的数据进行包过滤。其结构如图 8.11 所示。

（2）双重宿主主机结构

双重宿主主机从形态上讲不是路由器。这种主机至少有两个网络接口，一个网络接口连接内部网络，另一个网络接口连接外部网络，因此主机可以扮演内外网的路由器角色，并能从一个网络向另一个网络直接发送 IP 数据包。

双重宿主主机的防火墙体系结构围绕双重宿主主机构建，但不允许从一个网络向另一个网络直接发送 IP 数据包，它们的 IP 通信被完全阻断。内部网络与外部网络通过双重宿主主机的过滤、转接方式进行通信，而不是直接的 IP 通信。双重宿主主机上运行防火墙软件（一般是代理服务器），为不同的服务提供代理，并同时根据安全策略对通信进行过滤和控制。其结构如图 8.12 所示。

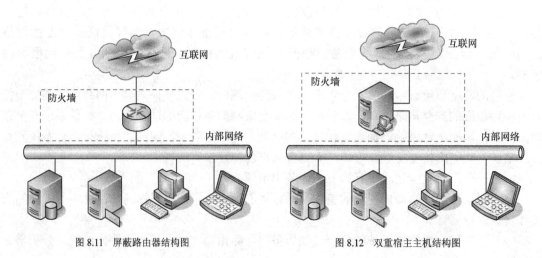

图 8.11 屏蔽路由器结构图　　　　　　　图 8.12 双重宿主主机结构图

这种体系结构比较简单，双重宿主主机充当了堡垒主机的角色，其弱点在于主机的脆弱性，一旦入侵者攻破堡垒主机，使其仅仅为一个路由器，则外部网络的用户就可以直接访问内部网络。

（3）屏蔽主机结构

屏蔽主机结构如图 8.13 所示。与双重宿主主机结构的防火墙体系结构相比较，屏蔽主机结构的防火墙使用一个路由器隔离内部网络和外部网络，代理服务器堡垒主机部署在内部网络上，并在路由器上设置数据包过滤规则，使堡垒主机成为外部网络唯一可以访问的主机，通过路由器的包过滤技术和堡垒主机的代理服务技术防护内部网络的安全。

屏蔽主机的防火墙体系结构易于实现，而且比双重宿主主机结构的安全性高，应用比较广泛。

（4）屏蔽子网结构

与屏蔽主机结构相比较，屏蔽子网结构的防火墙通过建立一个周边网络来分隔内部网络和外部网络，进一步提高了防火墙的安全性。其结构图如图 8.14 所示。

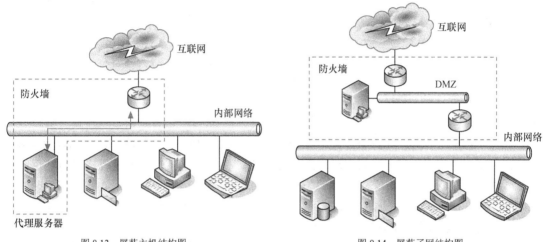

图 8.13　屏蔽主机结构图　　　　　　　　图 8.14　屏蔽子网结构图

周边网络是一个被隔离的子网，在内部网络与外部网络之间形成一个"非军事化区"（DeMilitarized Zone，DMZ）的隔离带。

屏蔽子网结构防火墙最简单的形式是用两个屏蔽路由器把周边网络分别与内部网络、外部网络分开，一个路由器控制外部网络数据流，另一个路由器控制内部网络数据流，内部网络和外部网络均可访问周边网络，但不允许穿过周边网络进行通信。

在屏蔽子网结构中还可以根据需要在屏蔽子网中安装堡垒主机，为内部网络与外部网络之间的通信提供代理服务，但对堡垒主机的访问都必须通过两个屏蔽路由器。

如果攻击者试图完全破坏屏蔽子网结构的防火墙，需要重新配置连接外部网络、周边网络、内部网络的路由器，这大大增加了攻击的难度。如果进一步禁止访问路由器或者只允许内部网络中的特定主机才可以访问，则攻击会变得更加困难。屏蔽子网结构的防火墙具有很高的安全性，但所需设备较多、费用较高，而且实施和管理比较复杂。

**2. 防火墙的局限性**

如上所述，防火墙虽然能在网络边界对受保护网络进行很好的防护，但并不能解决所有的安全问题。

防火墙只是一种边界安全保护系统，因此首先要保证边界的所有出口都有防火墙的保护，才能形成对网络边界内环境的防护。如果在内部网络中可以通过拨号方式与外部网络通信，就会形成一条绕过防火墙的网络通道，使整个内部网络受到攻击的威胁。

其次，防火墙只能保护边界内的环境，通信数据在穿越边界出去后，将失去防火墙的防护。而内部人员发起的攻击，因没有经过防火墙，所以防火墙也无法提供防护。

最后，防火墙的配置是基于已知攻击知识制定的，因此无法对一种新的攻击进行防护，需要经常更新配置。防火墙对通信内容的控制很弱，因此其对病毒、蠕虫、木马等恶意代码的防护能力很弱。

因此，不能认为安装了防火墙，内部网络的安全问题就可以彻底解决了，需要结合其他安全技术，构建不同层次、不同深度的防御体系。

### 8.3.4 防火墙的发展趋势

防火墙是信息安全领域最成熟、应用最广的产品之一，随着相关技术的发展，防火墙技术也在不断地发展，以适应新的安全需求。

#### 1. 分布式防火墙

防火墙一般部署在网络的边界，无法对网络内部计算机之间的访问进行监测、控制。为了解决这一问题，提出了分布式防火墙的概念。分布式防火墙是一种新的防火墙体系结构，在内外网络边界、内部网络各子网之间、关键主机等不同节点分布式部署防火墙，通过管理中心进行统一监测、控制。

在网络边界、子网之间部署的是传统的网络边界型防火墙，在关键主机上部署的是纯软件的单机防火墙，而且将上述防火墙技术结合起来，根据不同节点的不同需求进行搭配，弥补单一方式的不足。这些分布式部署的防火墙的安全策略，由一个管理中心统一管理，各个防火墙监测到的信息也统一向管理中心汇总，由管理中心进行决策。

#### 2. 网络安全技术的集成与融合

传统包过滤技术仅检查 TCP/IP 数据包的报头信息，不能检查隐藏在数据包内容里的恶意行为，如垃圾邮件、不良信息、病毒、木马程序等，无法适应安全需求的发展，在此背景下产生了全面的数据包检查技术。该技术除了检查报头信息外，还引入模式识别、人工智能等技术，对数据包内容进行辨识，判别其是否携带不良信息和恶意代码，从而阻止这些数据包通过防火墙。

另外，新的网络协议、服务的出现，也促使防火墙技术要发展相应的处理机制来适应。如 IPv6 的迅速发展，使网络边界更加复杂，有纯 IPv4 或纯 IPv6 的网络边界，还有 IPv4 封装 IPv6、IPv6 封装 IPv4、IPv4 与 IPv6 并列的网络边界。现在基于 IPv4 的防火墙技术肯定无法满足这些新的网络安全需求，已经有一些研究机构开始了相关方面的研究工作。

网络安全的威胁随着网络应用的发展而日益严重，攻击方法不断变化，新的病毒、蠕虫、木马程序等恶意代码层出不穷，仅靠防火墙技术已经不能满足网络安全的需求，因此防火墙技术正逐渐与入侵检测技术、防病毒技术、抗攻击技术（如抗分布式拒绝服务攻击技术等）、VPN、PKI 等集成、融合，成为一个更加全面、完善的网络安全防御体系，能更加有效地保护内部网络的安全。

#### 3. 高性能的硬件平台技术

防火墙的访问与控制的矛盾还体现在安全性与效率上，一般来说，安全性越高，效率就越低。而随着网络技术与应用的发展，网络传输速度越来越高、应用越来越丰富，防火墙作为网络边界的访问控制设备，成为性能提升的瓶颈，因此现实对防火墙的安全性与效率都提出了更高的要求。

通过采用一些高性能、多处理器的并行处理硬件平台，将不同的处理任务分配给不同的处理器，并行处理不同访问控制，可以有效地提高防火墙的处理性能。或者可以通过设计新的防火墙专用硬件平台、技术架构，解决日益严重的安全与效率矛盾。

# 8.4　VPN

## 8.4.1　VPN 概述

随着信息数字化、网络化应用的迅速发展，各行各业的机构都建立了局域网或内部局域网（Intranet），并通过 Internet 进行通信，人们对网络的依赖越来越大，例如：

（1）出差人员需要随时随地访问单位的 Intranet 获得信息；

（2）分布在各地的下属分支机构需要与总部的 Intranet 连接，互通信息；

（3）合作伙伴、产品供应商等需要与企业的 Intranet 连接，互通信息。

早期只能通过租用专线、建立拨号服务等方式解决上述需求，费用昂贵，而且扩展性不好，不能很好地满足机构规模扩大等的需要。

Internet 的迅速发展和普及，促进了解决上述需求的技术发展与成熟，出现了现在经常使用的虚拟专用网（Virtual Private Network，VPN）。VPN 是指通过在一个公用网络（如 Internet 等）中建立一条安全、专用的虚拟通道，连接异地的两个网络，构成逻辑上的虚拟子网。通过 VPN 从异地连接到机构的 Intranet，就像在本地 Intranet 上一样。

V（Virtual），是相对于传统的物理专线而言的。VPN 是通过公用网络建立一个逻辑上的、虚拟的专线，实现物理专线所具有的功效。

P（Private），是指私有专用的特性。一方面，只有经过授权的用户才能够建立或使用 VPN 通道；另一方面，通道内的数据进行了加密和鉴别机制处理，不会被第三者获取利用。

N（Network），表明这是一种组网技术。也就是说为了应用 VPN，需要有相应的设备和软件来支撑。

VPN 因其安全可靠、易于部署、成本低廉等优点，已经被越来越广泛地应用。

（1）安全可靠。VPN 对通信数据进行加密、鉴别，有效地保证数据通过公用网络传输时的安全性，保证数据不会被未授权的人员窃听和篡改。

（2）易于部署。VPN 只需要在节点部署 VPN 设备，然后通过公用网络建立起犹如置身于内部网络的安全连接。如果要与新的网络建立 VPN 通信，只需增加 VPN 设备，改变相关配置即可。

与专线连接相比较，特别是在需要安全连接的网络越来越多时，VPN 的实施要简单很多，费用也可以节省很多。

（3）成本低廉。如果通过专线进行网络间的安全连接，租金昂贵。而 VPN 通过公共网络建立安全连接，只需一次性投入 VPN 设备，价格也比较便宜，大大节约了通信成本。

## 8.4.2　VPN 技术原理

在 8.2 节中介绍过隧道模式的概念。这里从构建 VPN 的角度对这个概念的含义进行深化。VPN 是通过公用网络来传输企业内部数据的，因此需要确保传输的数据不会被窃取、篡改，其安全性的保证主要通过密码技术、鉴别技术、隧道技术和密钥管理技术等实现。

密码技术、身份鉴别技术与密钥管理技术在前面的章节中已经介绍，这里主要介绍 VPN 的基本技术——隧道技术。

### 1. 隧道概念

隧道技术，类似于点到点连接技术。它是在源节点对数据进行加密封装，然后通过在一个公用网络（如 Internet）中建立一条数据通道——隧道，将数据传送到目标节点，目标节点对数据包进行反解，得到原始数据包。VPN 隧道示意图如图 8.15 所示。

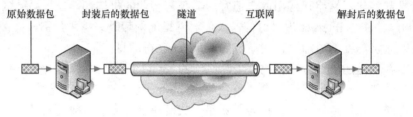

原始数据包　　封装后的数据包　　隧道　　互联网　　解封后的数据包

图 8.15　VPN 隧道示意图

以 IPSec 隧道为例。在隧道源节点将其他协议的数据包编码、封装成 IP 包，然后通过互联网传输到隧道目标节点；在目标节点去掉新加的 IP 头，进行解密或鉴别，得到原始的数据包。

隧道由隧道协议形成，主要有在数据链路层进行隧道处理的第二层隧道协议，以及在网络层进行隧道处理的第三层隧道协议。[1]

第二层隧道协议是先把需要传输的协议包封装到 PPP 中，再把新生成的 PPP（Point-to-Point Protocol）包封装到隧道协议包中，然后通过第二层协议进行传输。第二层隧道协议有 L2F、PPTP、L2TP 等，其中 L2TP 是目前的 IETF 标准。

第三层隧道协议是把需要传输的协议包直接封装到隧道协议包中，新生成的数据包通过第三层协议进行传输。第三层隧道协议有 IPSec 等。

第二层隧道协议一般包括创建、维护和终止三个过程，其报文相应地有控制报文与数据报文两种。而第三层隧道协议则不对隧道进行维护。

隧道建立后，就可以通过隧道，利用隧道数据传输协议传输数据了。例如，当隧道客户端向服务器端发送数据时，客户端首先对数据包进行封装，加上一个隧道数据传送协议包报头，然后把封装的数据通过公共网络发送到隧道的服务器端。隧道服务器端收到数据包之后，去掉隧道数据传输协议包报头，然后将数据包转发到目标网络。

### 2. 隧道类型

根据隧道端点是客户端计算机还是接入服务器的不同，隧道分为自愿隧道（Voluntary Tunnel）和强制隧道（Compulsory Tunnel）两种。

（1）自愿隧道

由客户端计算机或路由器，使用隧道客户软件创建到目标隧道服务器的虚拟连接时建立的隧道，属于自愿隧道。自愿隧道是目前使用最普遍的隧道类型。

自愿隧道的创建需要满足如下条件。

---

1 这里讲的第二层、第三层是相对于网络的 7 层协议而言的。

① 客户端计算机或路由器上必须安装隧道客户软件。

② 客户端计算机与目标隧道服务器之间要有一条 IP 连接（通过局域网或拨号网络）。使用拨号方式时，客户端必须在建立隧道之前创建与互联网的拨号连接。

VPN 只是要求有 IP 网络的支持。人们通过拨号方式连接互联网，建立 IP 连接，只是为创建隧道做准备，并不属于隧道协议。隧道处理与是否为拨号连接无关。

（2）强制隧道

由支持 VPN 的拨号接入服务器创建的隧道，属于强制隧道。强制隧道与自愿隧道的区别在于隧道的端点是拨号接入服务器，而不是客户端计算机。

可用来创建强制隧道的设备有支持 PPTP（Point-to-Point Tunneling Protocol，PPTP）的前端处理器（FEP）、支持 L2TP 的 L2TP 接入集线器（LAC）、支持 IPSec 的安全 IP 网关等。因为客户端计算机只能使用由这些设备创建的隧道，所以称之为强制隧道。强制隧道可以配置为所有的客户共用一条隧道，也可以配置为不同的用户创建不同的隧道。

因此自愿隧道技术为每个客户创建独立的隧道。而强制隧道可以被多个客户共享，而不必为每个客户建立一条新的隧道，在最后一个隧道用户断开连接之后才终止隧道。

### 3. L2F

第二层转发协议（Layer Two Forwarding Protocol，L2F）是 1996 年由 Cisco 公司开发的协议。

远程用户首先通过 PPP 或 SLIP 等方式拨号到本地 ISP，然后通过 L2F 隧道协议连接到企业网络。

L2F 隧道协议可以支持 IP、ATM、帧中继等多种传输协议。

### 4. PPTP

端到端隧道协议（PPTP）是 PPP 和 TCP/IP 的结合，它将 PPP 数据包封装在 IP 数据包内，然后通过 IP 网络进行传输。

PPTP 使用一个 TCP 连接对隧道进行维护，使用通用路由封装（GRE）技术把数据封装成 PPP 数据包通过隧道传送。PPTP 的报文有两种，一种是控制报文，用于 PPTP 隧道的建立、维护和断开；另一种则是数据报文，用于传输数据。

（1）PPTP 控制报文

PPTP 客户端与 PPTP 服务器端首先建立控制连接，控制连接包括 PPTP 呼叫控制和管理信息的通信，用来建立、维护数据隧道，如周期性发送请求和回送应答报文，检测客户端与服务器端的连接状况。

PPTP 控制报文包括 IP 报头、TCP 报头和 PPTP 控制信息，如图 8.16 所示。

（2）PPTP 数据报文

数据隧道建立后，用户数据经加密处理，然后依次经过 PPP、GRE、IP 的封装，最终成为一个 IP 数据包，通过数据隧道进行传输，如图 8.17 所示。数据报文可以支持对 IP、IPX、NetBEUI 等协议包的封装、传输。

图 8.16　PPTP 控制报文

图 8.17　PPTP 数据报文

PPTP 一般通过拨号方式来连接远程网络，其使用的通信数据加密算法是 Microsoft 公司的点对点加密算法（Microsoft Point-to-Point Encryption，MPPE）。但因其控制报文没有加密，容易受到攻击。

### 5. L2TP

第二层隧道协议（L2TP）结合了 L2F、PPTP 的优点，由 Cisco、Ascend、Microsoft 等公司于 1999 年在 L2F 和 PPTP 的基础上联合制定，并已经成为第二层隧道协议的工业标准。

L2TP 使用 IPSec 对通信数据进行加密，其报文也分为控制报文和数据报文两种格式。

（1）控制报文

L2TP 的控制报文与 PPTP 的控制报文一样用于隧道的建立与维护，它们的区别是 PPTP 通过 TCP 进行隧道的维护，而 L2TP 则是采用 UDP。另外 PPTP 的控制报文没有经过加密，而 L2TP 的控制报文应用 IPSec ESP 进行了加密，具有较高的安全性。L2TP 控制报文如图 8.18 所示。

图 8.18　L2TP 控制报文

（2）数据报文

L2TP 的传输数据也经过了 IPSec、IP 等的多层封装，其封装后的数据包格式如图 8.19 所示。

图 8.19　L2TP 数据报文

L2TP 的数据封装过程如下。

（1）初始数据包为 PPP 封装的 IP、IPX 或 NetBEUI 数据包，先进行 L2TP 封装。

（2）经过 L2TP 封装的数据包进一步添加 UDP 报头进行 UDP 封装，并将 UDP 源端和目的端的端口号设置为 1701。

（3）然后对上述过程得到的 UDP 包进行基于 IPSec 的加密封装，添加 IPSec 的 ESP 报头、报尾。

（4）最后进行 IP 封装和数据链路层的封装。数据链路层的封装根据不同的物理网络添加相应的报头和报尾。

PPTP、L2TP 的应用原理如图 8.20 所示。客户端首先拨号至本地 ISP，通过 ISP 访问互联网；然后 ISP 的 PPP 服务器通过互联网与企业的 VPN 服务器建立 VPN 隧道，传输数据。

PPTP 和 L2TP 都使用 PPP 对数据进行封装，然后添加附加包头用于数据在互联网上的传输，两个协议非常相似，但是仍存在以下一些不同。

（1）PPTP 只能在 IP 网络上使用，而 L2TP 只要求隧道媒介提供面向数据包的点对点的连接，可以在 IP（使用 UDP）、帧中继或 ATM 网络上使用。

（2）PPTP 只能在两个端点间建立单一隧道，而 L2TP 可以在两端点间建立多隧道，使用户可以针对不同的服务质量要求创建不同的隧道。

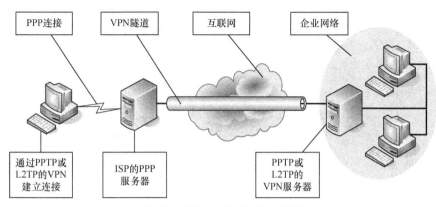

图 8.20　PPTP 与 L2TP 的 VPN 示意图

（3）L2TP 可以对包头进行压缩。压缩包头后，系统开销只占用 4 Byte，而 PPTP 协议则要占用 6 Byte。

（4）L2TP 可以提供隧道验证，而 PPTP 不支持隧道验证。但是当 L2TP 或 PPTP 与 IPSec 共同使用时，可以由 IPSec 进行隧道验证，从而可以不需要在第二层协议上进行验证。

#### 6. IPSec VPN

IPSec 是一种由 IETF 设计的端到端的确保基于 IP 通信的数据安全的机制，支持对数据加密，同时确保数据的完整性。除了对 IP 数据流的加密机制外，IPSec 还制定了 IPoverIP 隧道模式的数据包格式，一般被称为 IPSec 隧道模式。一个 IPSec 隧道由一个隧道客户端和隧道服务器组成，两端都配置使用 IPSec 隧道技术，采用协商加密机制。

为实现在专用或公共 IP 网络上的安全传输，以加密为例，IPSec 隧道模式使用安全方式封装、加密整个 IP 包，然后对加密的负载再次封装在明文 IP 包内，通过网络发送到隧道服务器端。隧道服务器对收到的数据包进行处理，在去除明文 IP 包头，对内容进行解密之后，获得最初的负载 IP 包。负载 IP 包在经过正常处理之后被路由到位于目标网络的目的地。在 8.2 节已对 IPSec 进行了详细介绍，这里不再赘述。下面仅概括 IPSec 隧道模式的主要功能和局限。

（1）IPSec VPN 只能支持 IP 数据流。

（2）IPSec VPN 工作在 IP 栈（IPstack）的底层，因此，应用程序和高层协议可以继承 IPSec 的行为。

（3）IPSec VPN 由一个安全策略（一整套过滤机制）进行控制。安全策略按照优先级的先后顺序创建可供使用的加密和隧道机制以及鉴别方式。当需要建立通信时，双方机器执行相互验证，然后协商使用何种加密方式。此后的所有数据流都将使用双方协商的加密机制进行加密，然后封装在隧道包头内。

### 8.4.3　VPN 的应用

VPN 在实际应用中，主要有 3 种应用方式，分别是企业内部型 VPN（Intranet VPN）、企业扩展型 VPN（Extranet VPN）、远程访问型 VPN（Access VPN）。

#### 1. Intranet VPN

Intranet VPN 如图 8.21 所示，应用于企业内部两个或多个异地网络的互联，实施一样的安全策略。两个异地网络通过 VPN 安全隧道进行通信，在一个局域网中访问异地的另一个局域网时，如同在本地网络一样。

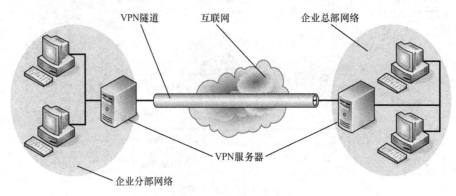

图 8.21　Intranet VPN 示意图

### 2. Extranet VPN

Extranet VPN 如图 8.22 所示，应用于企业网络与合作者、客户等网络的互联，与 Intranet VPN 不同的是，它要与不同单位的内部网络建立连接，需要应用不同的协议，对不同的网络要有不同的安全策略。

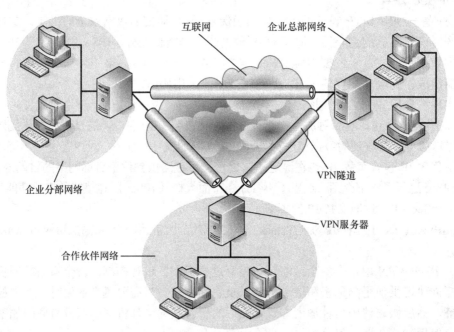

图 8.22　Extranet VPN 示意图

### 3. Access VPN

Access VPN 如图 8.23 所示，应用于远程办公，是个人通过互联网与企业网络的互联。如员工出差外地，或在客户工作环境，或在家里时，首先通过拨号、ISDN、ADSL 等方式连接互联网，然后再通过 VPN 连接企业网络，如同工作在企业内部网络中，实现远程办公。

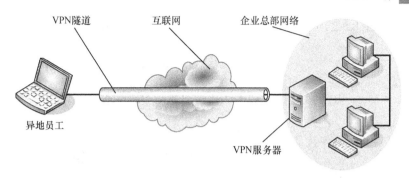

图 8.23　Access VPN 示意图

上述 3 种方式，是 VPN 技术的主要应用场景。在实际应用中可同时使用 3 种方式或使用其中一种或两种的组合。

# 8.5　入侵检测

第 6 章讨论了访问控制的理论和实例，8.3 节还详细介绍了最广为应用的一种访问控制工具——防火墙，然而，如果攻击者成功地绕过这些防御措施，渗透到网络中，如何检测出攻击行为呢？另外，以上所介绍的防御措施还有一个严重的不足：它们对于由内部人员所发动的攻击是无济于事的。有研究显示，绝大部分的安全事件是由内部人员引起的。本节将介绍在这些情况下的防御手段——入侵检测系统（Intrusion Detection System，IDS）。入侵检测系统通过监视受保护系统或网络的状态和活动，发现正在进行或已发生的攻击，起到前面介绍的信息保障体系结构中"D"（检测）的作用。它的主要分析模型有误用检测和异常检测，主要包括基于规则和基于统计的分析方法。

## 8.5.1　入侵检测的基本原理

首先阐述几个基本概念。受入侵检测系统保护的系统所面临的安全威胁依然可以看成是对前面所讨论的安全策略的违反，攻击可以看成是威胁的一个具体实施方案，成功的攻击称为渗透。1980 年 J.Anderson 在被誉为入侵检测的开山之作的文章 *"Computer Security Threat Monitoring and Surveillance"* 中首次提出了创建安全审计纪录和在此基础上的计算机威胁监控系统的基本构想。为了创建安全审计纪录，他对入侵威胁进行了分类，如图 8.24 所示，指出来自内部的渗透者是系统数据和程序资源安全的主要隐患，按照检测的递增难度，可以将其分为 3 类：假冒者（假冒他人的内部用户）、合法用户（误用了对系统或数据的访问）和秘密用户（获取了对系统的管理控制）。至于来自外部的渗透者，当其成功地突破了目标系统的装置访问控制后，相应的威胁就转变为内部的威胁。他的这种划分方法直至今天还指导着入侵检测的研究。下面从这 3 类内部渗透者开始叙述入侵检测的基本原理。

### 1．3 类内部渗透者与入侵检测的分析模型

由于假冒者盗用他人账户信息，其对系统的访问可以看成是对系统的"额外"使用，而且在直觉上，他访问系统的行为轮廓应该和他所冒充的用户有所不同，因此一个自然的检测方法是在审计记录中为系统的每个合法用户建立一个正常行为轮廓，当检测系统发现当前用户的行为和他的正常行为轮廓有较大偏差时，应及时提醒系统安全管理员。这样的检测方法

称为异常检测，将在 8.5.2 小节中介绍常用的刻画行为轮廓的量和模型，以及后来方法的演变。

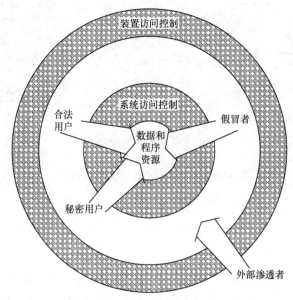

图 8.24　入侵威胁分类图

对于误用了对系统或数据的授权访问的合法用户，由于合法者的这些越权举动和他们通常的行为相比，可能在统计上没有显著的区别，因此通过比较当前行为和正常行为轮廓以发现可能的入侵行为的做法，要比假冒者情景困难。然而，如果这些越权举动构成明显的入侵行为，则可以通过事先刻画已知攻击的特征，将越权举动和这些特征相匹配，从而检测出攻击。这种方法称为误用检测。

对于拥有对系统的管理控制的秘密用户，由于他可以在审计记录之下的层次操作，或可以利用他的权限来躲避审计记录，所以是很难通过安全审计记录来检测出所发生的攻击的，除非他的秘密行动显示出上述两类攻击者的特征。

综上所述，异常检测和误用检测是入侵检测的两种主要分析模型，其中用户正常行为轮廓的建立主要是基于统计的方法，而攻击特征的刻画主要是基于规则的。对于假冒者偏向于采用异常检测的方法，对于有不当行为的合法用户偏向于采用误用检测的方法，但在实践中往往两种方法混合使用。

**2．入侵检测的数据源**

入侵检测的数据源，是反映受保护系统运行状态的记录和动态数据，最初主要是基于主机的，但从 20 世纪 90 年代开始，网络数据逐渐成为商用入侵检测系统最为通用的数据源，相应的两类入侵检测系统分别称为基于主机和基于网络的入侵检测系统。

（1）基于主机的数据源

基于主机的数据源主要包括：操作系统审计记录——由专门的操作系统机制产生的系统事件的记录；系统日志——由系统程序产生的用于记录系统或应用程序事件的文件。

① 操作系统的审计记录是系统活动的信息集合，它按照时间顺序组成数个审计文件，每个文件由审计记录组成，每条记录描述了一次单独的系统事件，由若干个域（又称审计标记）组成。当系统中的用户采取动作或调用进程时，引起系统调用或命令执行，此时审计系统就

会产生对应的审计记录。大多数商用操作系统的审计记录是按照可信产品评估程序的标准设计和开发的，具有低层次和细节化的特征，因此成为基于主机的入侵检测系统首选数据源。

② 系统日志是反映系统事件和设置的文件。例如，UNIX 操作系统提供了分类齐全的系统日志，并且提供通用的服务（syslog），用于支持产生和更新事件日志。在 Sun Solaris 操作系统中经常被用于入侵检测的系统日志包括 lastlog（记录用户最近的登陆，成功或不成功）、pacct（记录用户执行的命令和资源使用的情况）等，这些数据的具体用途可参见下文的讨论。和操作系统的审计记录相比，系统日志存在着如下的安全隐患。

● 产生系统日志的软件通常作为应用程序而不是操作系统的子程序运行，易于遭到恶意的破坏和修改。

● 系统日志通常存储在系统未经保护的目录中，而且以文本的形式存储，而审计记录则经过加密和校验处理，为防止篡改提供了保护机制。

但另一方面，系统日志和审计记录相比，具有较强的可读性；而且，在某些特殊的环境下，可能无法获得操作系统的审计记录或不能对审计记录进行正确的解释，此时系统日志就成为系统安全管理必不可少的信息来源。

（2）网络数据

网络数据是当前商用入侵检测系统最为通用的数据来源。当网络数据流在检测系统所保护的网段中传播时，采用特殊的数据提取技术，收集网段中传播的数据，作为检测系统的数据来源。和基于主机的数据源相比，它具有如下的突出优势。

① 网络数据是通过网络监听的方式获得的，由于网络嗅探器所做的工作仅仅是从网络中读取传输的数据包，因此对被保护系统的性能影响很小，而且无需改变原有的系统和网络结构。

② 网络监视器与受保护主机的操作系统无关；相比之下，基于主机的入侵检测系统必须针对不同的操作系统开发相应的版本。

### 3. 入侵检测系统的一般框架

上面扼要地介绍了入侵检测的主要分析模型、分析方法和数据源，现在结合前面介绍的内容对入侵检测系统的一个一般框架进行介绍。入侵检测系统参考图如图 8.25 所示。

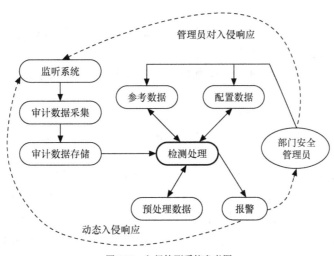

图 8.25　入侵检测系统参考图

（1）审计数据采集：数据源主要是所讨论过的基于主机和基于网络两个来源。

（2）数据处理（检测处理）：主要的检测模型是前文所介绍的误用检测和异常检测，它们所采用的主要分析方法分别是基于规则和基于统计。在应用这些方法之前，常常对审计数据进行预处理。

（3）参考数据：主要包括已知攻击的特征和用户正常行为的轮廓，而检测引擎会不断地更新这些数据。

（4）配置数据：主要是指影响检测系统操作的状态，如审计数据的来源和收集方法、如何响应入侵等。系统安全管理员通过配置数据来控制入侵检测系统的运行。

（5）报警：该模块处理由入侵检测系统产生的所有输出，结果可以是对怀疑行动的自动响应，但最为普遍的是通知系统安全管理员。

（6）审计数据存储与预处理：是为后期数据处理提供方便的数据检索和状态保存而设置的，可以看成是数据处理的一部分。

## 8.5.2 入侵检测的主要分析模型和方法

### 1. 异常检测

上文提到，异常检测最初是基于这样的假设：不同用户之间的正常行为轮廓是可以区分开的，如用户的计算机登录时间、使用频率等。后来这种假设又推广到特权程序（如 UNIX 操作系统中的 setuid 根程序）的预期行为。但无论是用户还是特权程序的行为，异常检测主要由两个步骤组成：建立正常行为轮廓；比较当前行为和正常行为轮廓，从而估计当前行为偏离正常行为的程度。另一方面，异常检测所使用的分析方法也由最初的统计方法拓展到后来的机器学习方法，以及现在时髦的人工智能方法。其实，这些方法归根结底还是数学上的统计方法。下面将介绍这些建模和分析方法。

刻画用户的正常行为轮廓是建立在 Denning 的工作基础上的。他首次提出一个实时入侵检测专家系统的模型，并根据该模型开发出世界上第一个入侵检测系统原型——IDES（Intrusion Detection Expert System）。所用模型可以看成 8.5.1 小节中介绍的一般框架的具体化。该模型由以下 4 个部分组成。

（1）审计记录：目标系统生成的，对主体在客体上执行或尝试的动作的反映，这些动作包括用户登录、命令执行和文件访问等。

（2）行为轮廓：刻画主体对客体行为的结构，这些结构由观察到的行为的统计度量和模型所描述。

（3）异常记录：观察到异常行为时产生。

（4）动作规则：当某些条件满足时采取的动作，包括更新轮廓、检测异常行为、将异常和怀疑的入侵相关联以及生成报告等。

这 4 个部分构成了一个入侵检测系统，如图 8.26 所示。整个模型可以看成是一个基于规则的模式匹配系统。每当新生成一个审计记录时，它就和轮廓进行匹配，相匹配轮廓的类型信息决定了应用哪些规则来更新轮廓、检查异常行为和报告所检测到的异常行为。安全管理员帮助建立所要检测的活动的轮廓模板，但规则和轮廓的结构在很大程度上是与系统无关的。

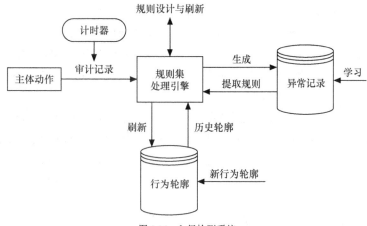

图 8.26　入侵检测系统

在轮廓部分 Denning 利用了 3 种统计度量：事件计数器、区间计数器（指两个相关事件之间的时间）和资源测度（即在一段时间内某个动作消耗的资源量，诸如程序所占用的 CPU 时间），并为这些度量（看成是随机变量）引进了以下 5 种可能的统计模型。

（1）操作模型。在检测时把（随机变量的）一个观察值和预先确定的门限值相比较，以确定是否异常。例如，在短时间内口令错误的次数。

（2）均值和标准差模型。对于上述介绍的随机变量，如果在检测时发现它们的观察值落在由均值和标准差决定的置信区间之外，就认为它们是异常的。

（3）多变量模型。它是基于对两个或多个随机变量的相关分析，如考虑它们的协方差矩阵。对于多个随机变量，如果实验表明，将其结合在一起考虑，会比把它们一一分别考虑获得更强的判别能力，该模型就是恰当的。例如，一个程序所占用的 CPU 时间和所占用的 I/O 端口。

（4）马尔可夫过程模型。该模型只适用于事件计数器——每种不同的事件看成是一个状态变量，利用状态转移矩阵来刻画状态之间的转移概率。当一个命令序列而不是单独一个个命令作为检测的对象时，该模型可被用来描述某些命令之间的转换。

（5）时间序列模型。该模型考虑一系列行为发生的顺序、到达时间和取值。它的优点在于能够测量行为的趋势和检测行为的逐渐但显著的转变。

不难看到，在特定场合下，后 3 个模型都比均值和标准差模型精确，但其所付出的计算代价都大。

Denning 的这些模型对之后的异常检测中正常轮廓的刻画起了重要的指导作用。

建立用户正常行为轮廓的最大挑战是用户的行为是动态的。如何相应地调整用户的行为轮廓呢？Ko 等人的工作——特权程序的预期行为的建模，提供了一种新的解决问题的思路。他们的工作基于如下的假设：对于特权程序来说，由于其所具有的特权，它们可被攻击者利用而导致系统的安全危害，但这些程序的预期行为应是有限和良性的；事先指定特权程序的预期行为，一旦在程序运行过程中出现与预期行为明显的偏差，则认为可能发生了攻击。刻画特权程序的预期行为的具体方法是利用一种程序规格（Programe Specification）的语言，该语言形式化地规定了一个进程所允许的操作。和监测用户轮廓相比，监测特权进程有几个优点：特权进程比用户进程更为危险，因为它们能访问计算机系统的更多部分；特权进程的行为有限且相对稳定。但监测特权进程也有其局限性，例如，它很难检测到假冒者。他们的这种研究思路在当时是一个很好的范例。这种"刻画特权程序的预期行为"的思想逐渐得到许多研究者的赞同，之后 Forrest 等人借鉴人体免疫系统的原理提出对特权进程的系统调用序列的统计分析，她的这种用统计方法刻画特权进程的系统调用序列的正常轮廓的思路已成为当今异常检测研究的一个主要方向。

无论是刻画用户的正常轮廓，还是刻画特权进程的系统调用序列的正常轮廓，最初主要使用的方法是统计，但自 20 世纪 90 年代开始，各种机器学习方法开始陆续地应用于正常轮廓的学习和正常、异常的区分。比较有代表性的工作有神经网络、决策树、马尔可夫链和 RIPPER（数据挖掘中的一种规则学习算法）等应用于基于用户正常轮廓的异常检测，隐马尔可夫模型、有限状态分析等用于基于特权进程的系统调用序列的正常轮廓的异常检测。总体来说，这些机器学习的方法都还属于理论探索阶段。

异常检测的优点是不需要事先具有攻击或系统安全漏洞的知识，而且有可能发现未知的渗透，它的研究还对信息的智能处理提出了许多富有挑战的课题，并成为当今入侵检测研究的一大热点；然而，目前它的主要问题是误报率很高，因为偏离正常的行为和攻击之间还有相当的距离，在实践中异常检测还只能作为误用检测的补充。

### 2. 误用检测

入侵检测的另一种主要方法是误用检测。它的主要分析方法是利用专家系统技术，建立攻击的特征库，在检测时利用这些特征和模式匹配技术来发现已知的渗透或利用已知安全漏洞的渗透。通常这些规则和系统的配置有关，如主机的操作系统、所在网络的配置等。不同于异常检测，误用检测的规则不是由分析审计记录产生的，而是由安全专家制定的。例如，端口扫描的一种典型特征是在短时间内目标主机收到发往不同端口的 TCP SYN 包，如果涉及不开放的端口，那么攻击的可能性就更大了。

基于特征的误用检测模型的一个主要问题是特征选择上的局限性。首先，该技术不能检测出未知的攻击；其次，攻击者将想方设法修改攻击实现手段以绕过检测器的特征库，例如，将指令行中"空格"符号改成它的等价表示"%20"。对一个攻击的理想刻画应该是从一个标准形式出发，覆盖它的所有微妙变形（Subtle Variation），而又不提高误报率，但目前还远远达不到该目标。这两个问题导致了基于特征的误用检测模型的高漏报率。

另外，目前基于特征的误用检测模型主要是从单一事件中提取已知的攻击特征，著名开源网络入侵检测系统 Snort 和目前大部分商业入侵检测产品均以此为最重要的检测方法，但这种方法产生的报警是建立在观察到由渗透者的一个攻击步骤所导致的现象的基础上的，因此又被称为"第一级"安全报警，这就导致报警的弱语义和误报的发生。为了提高对包含多个攻击步骤的复杂攻击的特征描述的准确性，降低检测的误报率，人们在多事件复杂特征检测领域进行了大量的研究工作，代表性的研究成果包括应用于 SRI International 的 EMERALD 系统的 P-BEST 特征描述语言、美国 UCSB 开发的 STAT 系列原型系统、Purdue 大学 COAST 实验室的 IDIOT 项目等。

## 8.5.3　入侵检测系统的体系结构

入侵检测系统的体系结构可以分为主机型、网络型和分布式 3 种，其中主机型和网络型都属于集中式系统。

## 1. 主机型入侵检测系统

主机型入侵检测系统位于受保护的计算机中，监控该机器的运行；主要的监控源包括操作系统审计记录和系统日志。在许多情形下，入侵检测系统只提供一些泛泛的报警。例如，系统管理员可以配置入侵检测系统使其将下列类型的变化作为可报警的安全事件：与安全相关的应用有变化，如 UNIX 操作系统中著名的文件系统完整性检查的软件工具 Tripwire 发生变化；存放关键数据的文件夹发生变化等。一旦配置得当，主机型入侵检测系统能够比较可靠地工作。它所产生的一个典型误报是当一个授权用户更改了一个受控文件时，而这很容易被系统安全管理员所修正。

## 2. 网络型入侵检测系统

网络型入侵检测系统的任务是在网络数据中发现攻击的特征或异常行为。在计算机网络系统中局域网普遍采用的是基于广播机制的以太网协议，该协议保证传输的数据包能被同一冲突域内的所有主机接收，基于网络的入侵检测正是利用了以太网的这一特性。详细地说，以太网卡通常有正常模式和混杂模式两种。在正常模式下主机仅处理以本机为目标的数据包；而在混杂模式下网卡可以接受所处网段内传输的所有数据包，不管这些数据包的目的地址是否为本机。基于网络的入侵检测系统必须利用以太网卡的混杂模式，通过抓包工具，获得经过所处网段的所有数据信息，从而实现获得网络数据的功能。

在 8.1.1 小节中已讨论过，网络中传输的数据包是按照分层的网络协议构造的，而绝大部分广域网内通信所采纳的协议栈都是 TCP/IP。对于按照 TCP/IP 构造的数据包而言，针对不同的攻击，入侵检测系统的分析工作大致可以分为以下几个层次：只需对单包的包头进行分析，如端口扫描；需要对单包的载荷进行分析，如缓冲区溢出攻击；需要进行 IP 分片合并、TCP 流重组等，如一些变形攻击。网络型入侵检测系统监控整个网段的网络数据流，因此与主机型入侵检测系统相比，需要复杂的配置和大量的维护工作，同时，网络型入侵检测系统也比主机型入侵检测系统更容易产生误报，但网络型入侵检测系统擅长对付基于网络协议的攻击手段。

## 3. 分布式入侵检测系统

前面提到，主机型和网络型入侵检测系统在检测攻击方面各有千秋：网络型入侵检测系统擅长对付基于网络协议的攻击手段，如 SYN Flood、Ping of death 等，而如果要精确地检测出一些常见的攻击，如缓冲区溢出，则离不开主机上的审计记录，因此对一个网段的保护需要两种入侵检测系统的合作。同时，对于大型或复杂的网络，或协作的攻击，如分布式拒绝服务攻击，需要多个检测器之间的协作，这些因素导致了分布式入侵检测系统的诞生和发展。

当前的分布式入侵检测系统在数据搜集方面实现了分布式，但这些数据的分析依然是个研究课题。一般说来，数据的分析由多个检测点共同完成，如何协调和综合这些分析工作是个难题。考虑到分布式入侵检测系统的数据源来自网络及各主机，这些检测点往往会采用不同的审计搜集系统，从而产生不同格式的审计记录。另外，未加工的数据或汇总性数据会在网络中传输，如何保证这些数据的真实性和保密性也是个问题。

美国加州大学戴维斯分校研制的 DIDS（Distributed Intrusion Detection Prototype）是最早开发的分布式入侵检测系统。图 8.27 所示是它的整体结构图，主要分为 3 个部分。

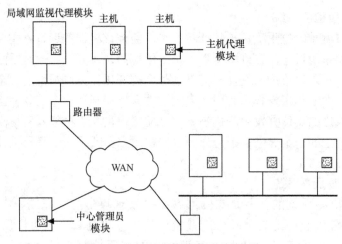

图 8.27　分布式入侵检测系统整体结构图

● 主机代理模块（Agent Module）：搜集有关主机安全事件的数据，并将数据传递给中心管理员模块。

● 局域网监视代理模块（LAN Monitor）：运作方式和主机相同，但它分析局域网的流量，然后将结果报告给中心管理员模块。

● 中心管理员模块（Manager Module）：接收上述两个模块送来的报告，对它们进行综合处理，以判断是否存在入侵。

上述结构与操作系统和审计系统的具体实现无关。代理截获由原审计收集系统产生的每个审计记录，通过过滤器处理，只保留与安全性有关的记录。这些记录按主机审计记录（HAR）格式重新组装，然后代理分 3 层分析可疑活动的记录。在最低层，代理扫描出凸显活动，如失败的文件访问或改变文件访问控制等。再上一层，代理查找事件特征，如已知攻击模式。

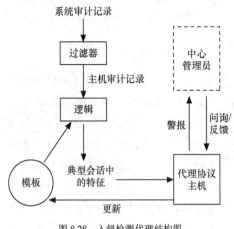

图 8.28　入侵检测代理结构图

最后，代理根据用户在典型会话的正常轮廓查找每个用户的异常行为，如程序执行次数或文件访问次数等。当检测到可疑行动时，就向中心管理员发出警报，然后中心管理员使用专家系统进行推导。中心管理员也会要求单个主机提供 HAR 副本，与其他代理进行关联。图 8.28 所示是入侵检测代理结构图。

局域网监视代理也向中心管理员提供信息。该模块审计主机之间的连接、采用的服务和网络流量，以搜寻重大的事件，如网络负载突然变化、使用与安全性相关的服务等。

从上述两图可以看出 DIDS 的结构非常通用和灵活，可以将检测系统从单机推广到一个可以协作的系统，从而对许多站点和网络的活动进行综合处理。

### 8.5.4　入侵检测的发展趋势

入侵检测的第一个发展趋势是高性能网络入侵检测技术。随着网络带宽的快速增长及多媒体应用的日益普及，网络入侵检测系统面临着巨大的"千兆线速"性能压力。虽然网络入侵检测系统通常以并联方式接入网络，但是如果其处理速度跟不上网络数据的传输速度，则由于大量丢包而导致的攻击漏报将严重影响系统的准确性和有效性。

目前对网络入侵检测系统性能方面的考虑主要有如下几个方面：避开某些性能瓶颈，如开发"零拷贝"网卡抓包驱动程序以尽量减少内存拷贝次数，避免内存拷贝性能瓶颈；依赖有状态的协议分析，尽量缩小特征字符串匹配的范围；通过优化算法提高处理性能，如使用并行模式匹配算法提高特征检测的性能；通过引入计算集群和负载均衡算法，使用更多的计算资源来提升整体性能。

入侵检测的第二个发展趋势是入侵检测系统报警信息后处理开始成为一个研究热点。入侵检测系统发出的一个报警是建立在观察到由入侵者的一个攻击步骤所导致的现象的基础上，因此被称为"第一级"安全报警。目前这些报警存在的主要问题是弱语义以及高漏报率和高误报率。考虑到实际的需要应该是一个关于系统安全状况的全局图景，这些问题显然是不能单靠改进检测引擎就能解决的，因此报警信息后处理开始成为一个研究热点。这个热点随着当前网络系统的复杂化和大型化、检测器的数量增加和多样化，以及随之产生的庞大的安全信息、利用网络发起协调攻击的日益盛行、入侵检测系统的体系结构由集中向分布式发展等，显得更加重要。

通常入侵检测系统的报警只能代表可能的（几个）攻击事件，换句话说，报警和其背后的攻击动作之间并不是一一对应的，因此报警信息后处理的主要任务之一是通过综合分析多个报警，从而对它们所对应的可能攻击事件做出（相对于单个孤立的报警而言）更为精确的判断。目前主要采取的分析方法有较为简单的报警聚类和需要机器学习或知识库支持的关联分析。

入侵检测的第 3 个发展趋势是入侵检测系统与其他安全工具联动，例如，入侵检测系统在检测到攻击时可以通过联动协议修改防火墙的规则以阻断连接。

# 小　　结

本章主要介绍了 IPSec、防火墙、VPN、入侵检测方面的知识。

IPSec 是针对 IP 层存在的安全性问题，应用密码技术，在 IP 层提供传送端、接收端的原发方鉴别、访问控制、数据完整性以及机密性等安全服务，是一组安全协议的集合。

防火墙是部署在两个网络之间，按照预先制定的安全策略进行访问控制的软件或设备，主要是用来阻止外部网络对内部网络的侵扰。防火墙基本技术主要有包过滤、状态检测和代理服务 3 种。在实际应用中，根据不同的安全需要，其部署方式可以分成屏蔽路由结构、双重宿主主机结构、屏蔽主机结构和屏蔽子网结构几种方式。

VPN 是通过在公用网络中建立一条安全、专用的隧道，连接异地两个网络的一种技术。建立安全隧道的协议主要有 L2F、PPTP、L2TP、IPSec 等几种，不同的协议有不同的应用范围。VPN 的实际应用主要有企业内部型 VPN（Intranet VPN）、企业扩展型 VPN（Extranet VPN）、远程访问型 VPN（Access VPN）3 种方式。

入侵检测是通过监视受保护系统的状态和活动，发现正在进行或已发生的攻击。入侵检测技术可以分为异常检测、误用检测两大类，入侵检测系统则主要有主机型、网络型以及分布式 3 种。

# 习　题　8

1．保障网络系统安全的主要措施有哪些？描述各种措施的特点。

2．IPSec 主要有哪两种使用模式？每种模式适用于哪些环境？

3．请描述 IPSec 协议能提供的安全服务，并简要说明 IPSec 的工作原理。

4．ESP 和 AH 分别是如何进行完整性校验处理的？哪一个更方便？为什么？

5．假设张三正在使用 IPSec 给李四发送数据。如果来自李四的 TCP 应答包已经丢失，张三的 TCP 认为数据包丢失而重新发送了该数据包，那么李四的 IPSec 实现会发现该数据包是重复的数据包吗？IPSec 将如何处理？

6．防火墙采用的主要技术有哪些？试描述各种技术的特点并给出适用的场景。

7．描述 VPN 的技术特点。

8．对网络数据包加密可以屏蔽其内容，导致入侵检测系统检查这些包的能力下降。有人推测说一旦所有的网络数据包都被加密，则所有的入侵检测都将变为基于主机的。你同意这种观点吗？如果不同意请解释为什么能从加密的网络数据中搜集到有价值的信息；若同意，请说明什么是有价值的信息。

9．假设有个攻击者具有一种技术，可以通过外部的防火墙传递数据包到 DMZ，而且不受到检查（攻击者不知道 DMZ 主机的内部地址）。使用这种技术，攻击者如何能传送数据包到 DMZ 的 WWW 服务器而不受到防火墙检查？

10．请说明防火墙在网络安全中的局限性。

# 第 9 章

# 数 据 安 全

## 9.1 数据安全概述

数据作为信息的承载体，广泛存在于计算机系统、网络系统和一些载体中。有一些数据是相对静止地存放在某处，而更多的数据处于流动状态。

研究数据的安全性时，我们不关心数据的生成，也不关心数据的修订。我们把重点放在数据生成后，其存储、扩散、直到销毁过程中的安全性，介绍数据的形态，并研究数据机密性、完整性和隐私保护等问题。

### 9.1.1 计算机系统中的数据安全

计算机系统中，数据通常以文件形式存储。广义上讲，计算机系统中的数据包括系统磁盘上、内存中存储的所有的数据文件和程序文件。从数据安全的角度讲，我们关注的计算机数据则是那些对计算机用户来说有价值的数据，以及对这些有价值的数据有影响的相关数据。比如说，描述用户工作计划的 Word 文档和用户口令注册表。前者是对用户有价值的数据，后者是对用户有价值数据的安全性有影响的相关数据。

用户数据的价值体现在，这些数据的泄露或破坏会对用户造成经济损失或带来其他方面的麻烦。所以，用户会通过设置口令认证机制和访问控制来避免他人的非授权的使用和破坏。用户为了提高保护的可信度，可能还会采用加密手段来保证数据的不被泄露、采用完整性校验手段来确认数据是否被改动、采用数据备份手段以防数据被破坏时进行恢复。

容易看出，一旦拟采取了这些手段，数据的加密密钥、完整性验证密钥、口令文件、访问控制列表等，均需要更高级别的保护。不过此时口令文件和访问控制列表的保护是建立在用户对操作系统安全性的信任上的，而对密钥的保护则可以通过存储在用户的专用存储介质（如 U 盘）上并妥善保存，通常密钥文件比原先要保护的文件小得多。至于数据备份手段即使可信赖程度不高，从完整性保护角度看也是有好处的，它的副作用是增加了数据泄露的危险。

### 9.1.2 网络中的数据安全

传统的网络是通过路由器、交换机、网线、网卡等把一些个人终端或机构的计算机连在一起，这些计算机要么是一个人独占的，要么是一个组织机构的一组用户独占的。所以这里是假定这些计算机系统中的数据安全的条件下，谈论网络的数据的安全性。

网络数据实际上是各个发送方通过网络传递给相关接收方的数据总称。当我们在网络数据传递前进行了收、发方的身份识别，并通过加密算法、完整性鉴别码保护了数据通信，那么，网络数据的安全性就得到了保障。这一点的实现通过采用数据级别的保护或网络层的保护（如 IPSec 等）就可以做到。在第 2 章 2.3 OSI 安全体系结构和第 8 章 8.2 IPSec、8.4 VPN 等章节中已对此进行了详细介绍。

值得注意的是，网络通信将严重地影响计算机数据的安全性。换句话说，即使主机数据、网络数据都是安全的，也不能保证用户的数据是安全的。我们用一个例子来说明问题所在。

如用户 A 通过网络把数据 m 传送给了用户 B，B 又把数据传送给了用户 C。实际的效果是 C 得到了 A 的数据。问用户 A 的数据是否安全？要回答这个问题，首先要看 A 对数据 m 的安全策略是什么。如果 A 对 m 的安全策略是"只有 A 的朋友可以阅读 m"，那么当 C 不是 A 的朋友时上述传送就不是安全的。可见，数据的安全性要依据安全策略才能确定。在实际信息系统中控制数据的安全性远远比计算机数据安全和网络安全要复杂得多。

### 9.1.3  其他载体的数据安全

随着计算机网络的发展，网络不仅仅是数据传输的工具，越来越多的数据还是通过网络存储的。典型的网络存储有分布式数据库和云存储。这种场合下，用户的数据存储到了第三方服务者提供的数据设备中，服务方通常通过冗余备份等手段提供数据的可用性保护。但是服务方不能提供机密性保护和有效的访问控制，实际上使得用户数据的可控性受到严峻的挑战。用户数据的机密性、可控性只能通过密码技术进行保护。近年发展起来的可搜索加密技术可以满足数据的密文检索需求，属性加密技术可以满足用户数据访问控制的需求，全同态加密技术可以解决外包计算中密文操作与明文操作的等效性。但是值得说明的是这些加密技术需要强大的密钥管理基础设施的支撑。

## 9.2  数据的机密性

在前面章节中，我们知道数据的机密性是指数据不被非授权的访问或非授权的泄露。那里更多强调的是用访问控制机制保护主机上或数据库中存储数据的机密性，而这里，则讨论用加密机制保护通信中数据的机密性。

单独讨论数据的机密性时，用一个三元组 $(D, A, P)$ 表示一个带标签的数据，如图 9.1 所示。这里 $D$ 表示要保护的数据，假定数据 $D$ 有一个属主 $A$，而数据的属主确定了一种机密性策略 $P$。当数据在存储、通信和扩散过程中，完全服从于机密性策略 $P$ 时，就说数据是安全的。否则，就说数据是不安全的。

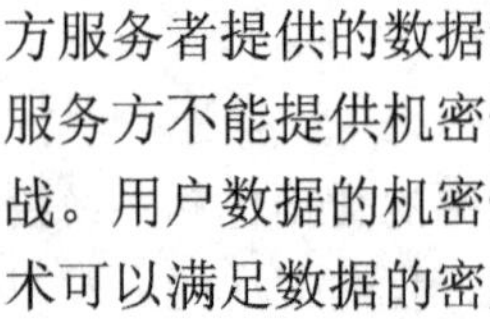

| 数据 |
| 属主 |
| 机密性策略 |

图 9.1  带标签的数据

数据的机密性策略 $P$ 是通过给出该数据的知悉范围和解密条件而定义的。定义知悉范围的常用方法是明确列出包含哪些用户可以知悉，另一种方法是通过列举知悉用户的属性。解密条件通常也是通过规定具体的解密时间而定义的，另一种方法是描述可验证的解密条件。我们不仅关注数据在存储和通信过程中的安全性，而且关注数据在扩散中的安全性。数据的扩散控制比数据的访问控制更加重要，因为访问控制仅关注的是局部控制，而扩散控制关注的则是整体控制。此外不可以简单地将数据的扩散理解为数据的转移，事实上数据在扩散过程中经常是被复制了，这与纸质文件的转移有着本质的不同。

## 9.2.1 安全等级的确定与变化

安全等级通常被用于定义强制访问控制策略，这在第 6 章中讲述 Bell-LaPadula（BLP）模型时已经进行了详细的描述。安全等级是一个典型的带标签的数据的例子。这时数据的属主是一个机构，通过定义数据的安全等级和主体的安全等级给出了一种"读低写高"的扩散策略。这种安全策略保证数据扩散过程中只能从安全等级高的载体扩散到安全等级低的载体。机构也可以确定数据的解密条件。数据的扩散和解密可以通过技术手段、国家法律及机构的保密制度进行保障。违反保密制度的用户会受到严厉处罚。这种数据管理方案对于一个机构来说是适合的。

但是当我们考虑属主为个人的时候，情况大不相同，我们将在 9.4 节中进行详细讨论。

## 9.2.2 数据集的机密性

数据集是对一组数据组成的集合的简称。例如，数据库是一个数据集，它把一组关联的数据放到一起以便于检索和使用。数据集中的数据通常带有不同的机密性标签（显式的或隐式的），通过访问控制措施，一个给定的用户通常只限于访问数据集中的一部分。

对数据集的机密性的威胁主要来自推理攻击和数据挖掘攻击。同时由于大数据处理技术的发展，攻击者可以通过对数据集的访问和对外部数据的收集推断出数据集中的机密数据。

## 9.2.3 机密性保护的安全机制

### 1. 机密性标签

为了保护数据的机密性，首先要有明确的机密性策略，给重要的数据确定机密性标签。有了机密性策略就知道了要保护哪些数据，数据的理想扩散范围是什么，数据要保护多长时间等。

### 2. 存储状态的数据保护

对于机密数据，不论属主是自己、其他人或机构，用户一旦拥有这些数据，都有责任进行保护。这些数据或者存储于计算机上，或者存储在个人磁盘上，要对这些数据的访问予以控制。采用的安全机制有访问控制和加密机制。

### 3. 传输状态的数据保护

机密数据按照标签规定的扩散范围在一部分用户之间传输。传输过程中需要采用文件级的加密机制进行保护或通过 VPN 进行加密保护。

### 4. 扩散安全

当用户拥有一个数据项时，不论属主是自己、其他人或机构，需要按照数据标签的规定实施扩散控制。例如，带安全等级的数据应当实现"读低写高"的控制。

### 5. 销毁

当用户拥有的数据项对其职责不再需要时，应进行销毁，从而解除对该数据保护的责任。这点通常被疏忽，从而导致可避免的数据泄露。

## 9.2.4 木桶原理与全生命期管理

木桶原理适用于数据的机密性保护。数据的机密性涉及数据的存储、传输、扩散和销毁。

任何一个环节存在漏洞都有可能导致数据的泄露，而且数据机密性保护的强度是由这些环节中的最薄弱环节的强度决定的。特别是在扩散环节，数据的属主应当对数据的扩散状态（即当前谁已经拥有了该数据）知悉。除非有业务的需要，我们建议均由数据的属主来实现而不是由中间用户实现扩散。

数据在生成以后，这个安全"木桶"才刚刚开始建立，直至数据的最终销毁或解密，所有环节均需以适当的强度进行保护，否则就可能导致泄密的发生。

## 9.3 数据的完整性与备份

### 9.3.1 数据完整性

数据完整性泛指与数据损坏和丢失相对的数据状态，也就是说数据处于未受损、未丢失的状态。它通常表明数据在可靠性和准确性上是可信赖的。相对应的，数据有可能是处于被损坏、丢失状态，是不完整的。

数据完整性的目的是保证计算机或网络系统上的数据处于一种完整和未受损坏的状态。这就意味着数据不会由于有意或无意的事件而被改变或丢失。

前面章节我们已经讲述了用访问控制机制保护主机上或数据库中存储数据的完整性，用鉴别机制检测通信中数据的完整性。本节重点讲述保护数据免受破坏的机制。

### 9.3.2 数据完整性丧失原因

为了实现数据完整性的目的，首先分析可能破坏数据完整性的因素，然后采用相应的技术避免数据完整性遭受破坏，降低数据完整性丧失的风险。

数据完整性丧失的主要原因有人为因素、硬件故障、网络故障、信息安全威胁和灾难。

#### 1. 人为因素

人是数据、系统的使用者，需要频繁地与数据、系统进行交互操作，是最容易影响数据完整性的因素。

因为误操作而使数据丢失或损坏，丧失数据完整性，是人们最常犯的错误。例如，误删除了不该删除的文件。

缺乏保障数据完整性的规范，没有对数据制定、执行有效的保障措施，硬件故障或网络故障等因素都易使数据丧失完整性。如，没有对数据进行备份的规范，在发生硬盘故障时，使保存在硬盘上的数据被破坏。

蓄意报复破坏、窃取数据，如人为毁坏硬盘，以及私自复制泄露机密数据等行为，都会使数据完整性遭到破坏。

#### 2. 硬件故障

不论设备的性能多么高、质量多么好，在经过长时间的运行后，都会发生故障，计算机系统也不例外。

计算机硬盘故障是最常见故障之一。计算机运行时会频繁地进行硬盘的读写操作，对硬盘的损耗较大，容易使其发生故障，因此需要定期对硬盘数据进行备份，或者通过冗余磁盘阵列（RAID），避免硬盘故障对数据造成破坏。

I/O 控制器故障偶尔也会发生。此外还有存储介质、设备和其他备份故障。如人们经常将数据存储在可移动介质上作为备份，当该介质发生故障时，备份数据将被破坏。

### 3. 网络故障

在发生网络故障时，网络内计算机相互间的正常通信将受到影响，导致在网络上传输的数据包丢失，从而可能造成数据的损坏或丢失。

网络故障一般有网卡和驱动程序的故障、网络连接与传输故障等。

### 4. 信息安全威胁

信息安全威胁如病毒、木马、蠕虫、网络攻击等，会造成快速、大面积的破坏行为，个人计算机系统、网络系统和网站等可能瘫痪，导致大规模的信息丢失。

### 5. 灾难

灾难是指水灾、火灾、风暴、地震、恐怖活动、重大事故等。

灾难是不可预测的，总是在人们毫无防备的情况下突然袭来，而且破坏力巨大，是数据完整性最严重的威胁。如一栋大楼的一场火灾，可能会把大楼内的所有数据烧毁，如果事前没有制定一个有效的灾难恢复计划，后果将不堪设想，也许这些数据再也无法恢复回来。

## 9.3.3 数据完整性保障技术

数据完整性的保障技术是预防与恢复。预防是对上述威胁数据完整性的因素采取预防措施，如常用的数据备份等。恢复是指在数据遭受损失或破坏后，采取有效、快速的恢复技术，恢复被破坏的数据。

下面分别介绍一些主要的数据完整性保障技术。

### 1. 备份

备份是指把数据存储到另外的存储设备或介质上，使相同的数据有两份或两份以上的复制件，在计算机系统出现错误，或数据遭到破坏时，可以用这些复制件恢复数据。

备份是恢复系统错误或恢复被损坏数据最常用的办法。

### 2. 归档

归档指将一些历史性数据从在线存储器中复制到磁带或光盘等存储介质中，进行长期的历史性保存。

归档与备份的目的不同，前者是为了长期保存数据，后者是为了恢复被损坏的数据，每次所做的备份数据保存时间也比较短。备份要经常进行，如每天或每周等；归档则不需这么频繁，可以按年度或项目周期进行。在对数据进行归档后，一般会从在线存储器中删除该数据，释放存储空间。

### 3. 分级存储管理

分级存储管理（Hierarchical Storage Management，HSM），是一种能根据预先制定的迁移策略，自动将数据从在线存储器上迁移到近在线存储器，或者从近在线存储器上迁移到离线存储器上的系统，而且也可以进行相反的过程。

分级存储管理系统的工作方式如下。

（1）最近使用的数据被存放到最快、最贵的在线存储器上（如固态盘、磁盘等），以方便对数据的快速访问。

（2）很久没有更新和使用的数据，近期被访问的概率很小，将被自动迁移到慢一些、也便宜一些的近在线存储器上（如光盘塔），同时在原存储器上创建一个名字相同的标志文件，记录文件迁移信息，只占用很小的存储空间。

当访问到被迁移的文件时，HSM 的自动回唤功能将通过该数据的标志文件，从近在线存储器中将该文件恢复到在线存储器，覆盖标志文件。

（3）存储在近在线存储器上的数据，如果很长时间没有被回唤，将被再次迁移到速度更慢、价格也更便宜的离线介质上（如磁带库等）。

分级存储管理系统与归档相似，但它与归档的区别是没有将迁移的文件删除，而且可以自动回唤被迁移的文件。

### 4. 容错技术

前面提到的几种保障数据完整性的技术，都是基于对数据进行复制、转移的方式保障数据的完整性的，在系统出现故障时，需要对数据进行恢复。

容错技术是通过冗余技术，在冗余部件出现一些故障时，仍能保证系统的正常运行，而且数据也不会受到损坏，保障系统能不间断地运行。

容错技术不能替代备份，如果冗余部件损坏较多，数据也将被损坏，需要通过备份来恢复。

### 5. 灾难恢复计划

灾难恢复计划是指在发生灾难性事故后指导重建系统的文件。灾难恢复计划制定了灾难前的数据备份、存储策略，以及发生灾难后如何利用已备份的数据重建系统，快速恢复数据和服务的策略。

## 9.3.4 数据备份系统

数据备份是最常用的一种数据完整性保障技术，随着计算机应用由单机发展到网络，网络数据备份成为主流，但单机备份依然经常使用，主要应用于对个人数据进行备份。

### 1. 存储介质与设备

（1）磁盘介质与设备

磁盘介质有硬盘（包括固态硬盘、硬磁盘）与软磁盘。软磁盘又称软盘，因其容量小、易损坏，目前已经很少使用。

硬盘存储设备是最容易发生硬件故障的设备之一，一般通过磁盘容错技术来提高硬盘存储设备的性能，如磁盘镜像、RAID（冗余磁盘阵列）等。

固态硬盘存储的特点是速度快，但容量与硬磁盘相比较小，也是最昂贵的。因此固态硬盘存储不适宜用来做大容量的数据备份，适宜进行小容量、即时性要求较高的备份。

目前硬磁盘价格便宜，访问速度仅次于固态硬盘，而且容量都很大，因而是大容量、近在线备份的主要设备。

（2）光学介质与设备

常见的光学介质有磁光盘 MO（Magneto-Optical）和可刻录光盘 CD-R、CD-RW、DVD-R、DVD-RW 等，是 20 世纪 90 年代才发展起来的一种存储介质，同时也是进行大容量数据备份或归档的最佳选择之一。

（3）磁带介质与设备

磁带存储是一种标准化程度高、技术成熟、存储量大、易使用和成本低的备份方式，方便交换和保存。

磁带存储系统有很多种备份方案，是以往进行大容量数据备份或归档的主要设备。但磁带只能顺序读取，访问速度慢，而且长时间保存容易出现消磁丢失数据的隐患，目前已经逐步被硬磁盘、光盘等取代。

### 2. 备份系统结构

（1）总线备份与网络备份

通过一根数据总线（如 SCSI 总线、光纤等）把存储设备连接到需要备份的服务器上的方式，就是总线备份系统，如图 9.2 所示。这种方式简单、易用、可靠，但可扩展性差，而且受数据总线长度的限制，备份设备与服务器之间不能相隔太远。

而备份设备通过网络与需要备份的服务器相连的方式，则是网络备份系统，如图 9.3 所示。这种方式可扩展性好，而且备份设备与服务器之间的距离不受限制。

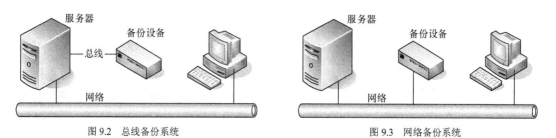

图 9.2　总线备份系统　　　　　图 9.3　网络备份系统

（2）独立流量备份与混合流量备份

网络系统中与实际应用相关的数据流量称为应用流量，而因备份操作产生的数据流量称为备份流量。

独立流量备份系统是将应用流量与备份流量分开，各自通过不同的网络连接进行数据的传输，互不干扰，备份操作可随时进行，如图 9.4 所示。

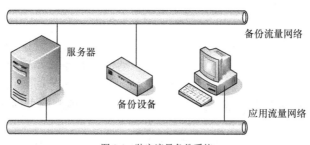

图 9.4　独立流量备份系统

而混合流量备份系统，则是指应用流量与备份流量通过同一个网络连接进行传输，会相互干扰，影响实际应用，因此这种方式一般在晚上或周末进行备份操作。

### 3. 备份与恢复策略

（1）备份策略

数据备份的目的是为了在系统出现故障时，能够确保恢复整个系统，因此需要制定详细的备份策略，明确何时进行备份、用什么备份方法以及备份哪些数据。

备份的方法主要有如下几种。

① 完全备份，备份系统中的所有数据，是一种最简单的备份方法。虽然数据量大、备份时间长、成本高，但恢复容易、可靠。

这种备份方法适合于做较长周期的备份（如每周的备份），而不适宜用来做每天的备份。

② 增量备份，只备份上一次备份以后发生变化或新增加的数据。其备份时间短，占用存储空间小，适宜用来做每天的备份，但恢复数据时的操作比较复杂，也比较耗时。

增量备份一般与完全备份一起构成一个备份策略，如每周进行一次完全备份，而每天进行增量备份。

③ 差异备份，只备份上一次完全备份后发生变化或新增加的数据。差异备份与增量备份类似，但增量备份的对比点是上一次备份（包括增量备份），而差异备份的对比点是上一次完全备份。因此其备份时间、占用空间介于完全备份与增量备份之间。

差异备份的恢复也比增量备份简单，只需两组数据：完全备份数据与差异备份数据。因此差异备份也需要与完全备份结合，才能构成一个完整的备份策略。

④ 按需备份，根据临时发生的需要，对指定数据进行备份。一般是在正常的备份策略安排之外，根据需要额外进行的备份操作。

（2）恢复策略

恢复是备份的逆操作，但恢复的操作比备份复杂一些，也容易出问题，需特别注意，以免因恢复不当而破坏了数据。

恢复方法主要有如下几种。

① 完全恢复，指将备份策略指定备份的所有数据，恢复到原来的存储地，主要用于灾难、系统崩溃、系统升级等情况。

② 个别文件恢复，指对指定的文件进行恢复。在个别文件被破坏，或想要某个文件备份时的版本等情况下，进行个别文件恢复操作。

③ 重定向恢复，指将所备份的文件，恢复到指定的存储位置，而不是备份时的位置。重定向恢复可以是完全恢复，也可以是个别文件恢复。

## 9.3.5  容错系统

备份是网络系统管理员的一项日常工作，每天都要根据备份策略进行备份，以便在系统发生故障时能迅速恢复。但恢复是迫不得已、系统无法正常运转时所做的工作，而且在上次备份到系统故障这段时间内的数据，是无法恢复的；同时，恢复需要时间，这将使服务中断，影响业务。

因此，需要减少系统因为故障不可用而进行恢复的时间，提高系统的可用性。利用容错技术搭建的容错系统，通过冗余部件容错，即使系统发生一些故障，也不会影响系统的正常运转，从而达到提高系统可用性的目的。

下面介绍几种常用的容错技术。

**1. 空闲备件**

空闲备件是在系统中配置一个在正常情况下处于空闲状态的备用部件或备用设备，以便在原部件或设备发生故障时，可以替换原部件或设备，保证整个系统的正常运转。

**2. 负载平衡**

负载平衡是指使用两个相同的部件共同承担一项任务，如果其中的一个部件发生故障，所有负载会自动转移到另一个部件上，该部件的故障不会影响整个系统的正常运转。如双电源、双 CPU 等的服务器是常见的负载平衡例子。

**3. 镜像**

镜像是两个完全相同的系统，执行同样的任务。如果其中一个发生故障，系统会自动识别并切换到单个系统工作状态，而整个系统的运转不会受到任何影响。

镜像技术常用于磁盘系统中，两个完全一样的磁盘，在相同的扇区写入相同的数据。

**4. 冗余磁盘阵列**

冗余磁盘阵列（Redundant Array of Inexpensive Disks，RAID）是由多个小容量的独立硬盘组成的存储阵列，这些磁盘以并行方式进行存取操作，而操作系统将其视为一个磁盘驱动器。

RAID 将数据分块后，分布存储在阵列的多个磁盘中，阵列的磁盘有冗余，而且可对多个磁盘进行并行处理、传输，因此磁盘阵列与一个相当容量的大容量磁盘相比较有如下优点。

（1）RAID 价格便宜。

（2）RAID 通过磁盘冗余、校验信息等，在阵列的某一个磁盘损坏时，能通过校验重建算法，由剩余磁盘的数据重建损坏磁盘上的数据，可靠性高。

（3）RAID 可对多个磁盘进行并行操作，输入/输出速率得到很大的提高。

## 9.3.6 灾难恢复计划

灾难恢复的前提或基础是灾难备份，灾难备份是为灾难恢复进行准备的，因此灾难恢复的计划决定了灾难备份的策略。

灾难备份的目标是尽量减少、甚至没有数据的损失，衡量其技术的主要指标有如下几条。

（1）恢复点目标（Recovery Point Object，RPO）：指灾难发生时刻与最后一次备份时刻的时间间隔，代表了数据的损失情况。RPO 越大，数据损失也越大。

（2）恢复时间目标（Recovery Time Object，RTO）：指系统从灾难发生到重新恢复启动的时间间隔，代表了恢复系统的能力。RTO 越小，恢复能力越强。

灾难的特点是范围大、破坏力强，如地震等，因此数据备份必须做到异地备份。这里有两层含义，一层含义是指数据备份的介质（如磁带、光盘等）要存储到异地；另一层含义是指在异地建立一套备份系统，通过远程管理实现数据同步。

**1. 灾难备份与恢复等级**

灾难备份与恢复要对企业状况、备份与恢复成本等多方面的因素进行统筹考虑，制定适合企业规模与应用的方案。国际标准 SHARE78 将灾难备份与恢复分为 7 个等级，为制定灾难备份与恢复方案提供了参考。

（1）0 级：数据只在本地进行备份，不具有真正的灾难恢复能力。

（2）1 级：通过交通工具，将备份数据送往异地保存，同时制定有灾难恢复计划。这一等级的成本较低，但存在数据难于管理的问题（如很难知道所需的数据存储在什么地方），而且恢复也较慢。

（3）2 级：在 1 级的基础上，增加了硬件设备的异地备份。当灾难发生的时候，通过 1 级方式保存的数据，被恢复到异地备份的硬件设备上。虽然增加了硬件备份的成本，但减少了灾难恢复的时间。

（4）3 级：这一级是对 2 级的改进，将 2 级中用交通工具运送备份数据的方式，改进为通过网络传送备份数据，因而也提高了 RPO 指标。

（5）4 级：双站热备份方式。两个异地的数据中心同时处于活动状态，备份双向进行，通过网络进行相互备份。在灾难发生时，通过网络切换到另一个数据中心，可很快恢复关键应用。但系统最后一次备份以后的数据将丢失，而且一些非关键应用需要通过手工恢复。

（6）5 级：在 4 级的基础上，数据由相互备份改进为相互映像，两个中心的数据同步。在灾难发生时，仅传送中的数据被丢失，恢复时间被降到了分钟级。

（7）6 级：这是灾难恢复的最高级别，所有数据在本地和远程进行同步更新，发生灾难时，可自动发现故障，并且自动切换。6 级是灾难恢复中成本最高的方式，但也是速度最快的恢复方式。

**2．灾难恢复计划的制订**

灾难恢复计划涉及的因素很多，制订该计划是一项系统工程，下面简单介绍制订灾难恢复计划的主要步骤。

（1）管理层的重视与支持

灾难恢复计划的制订与实施需要大量的资源与资金，还需要跨部门的配合，没有管理层的重视与支持，不可能制订、实施有效的灾难恢复计划。

（2）灾难恢复负责人

灾难恢复负责人负责制订、实施灾难恢复计划，在灾难恢复过程中起着指挥、协调、调度的关键作用，该人选要非常熟悉业务与业务数据，以便在发生灾难时，能领导恢复小组快速恢复数据与业务。

（3）灾难恢复计划项目组

灾难恢复计划涉及企业各个部门，甚至包括合作伙伴、供应商等，因此需要组建一个包括各个相关部门代表的计划制订项目组，进行资产风险分析与评估工作，确定灾难恢复优先次序与恢复操作人员，编写、测试与维护灾难恢复计划。

（4）资产风险分析

如果将所有的业务与数据都一视同仁地纳入灾难恢复计划中，其成本将非常巨大，甚至可能超过这些业务与数据的价值。因此要对企业的资产（如设备、业务、数据等）进行清查，并进行风险分析，根据资产的重要性与存在的风险，决定该项资产在灾难恢复计划中的策略。

（5）风险评估

评估发生灾难时的资产损失情况，如设备、生产、商业机会和信誉等的损失，分析导致资产损失的关键因素，使灾难恢复计划的制订能有的放矢。

（6）灾难恢复优先次序

在发生灾难时，所有业务与数据的恢复需要较长的时间，因此需要根据风险评估的结果，制订系统、业务、数据等的恢复顺序，确保最重要的应用能够被最快恢复，把损失降低到最小。

（7）制订灾难恢复计划文档

根据上述分析结果，制订灾难恢复计划文档，确定灾难备份的方式，指定灾难恢复操作人员等。

（8）灾难恢复计划的测试、改进

对计划进行测试、改进，保证计划的所有内容都是有效可行的。

（9）灾难恢复计划的实施与维护

最后将制订好的灾难恢复计划分发给相关人员执行，并定期根据资产的变化情况，对计划进行更新、维护。

## 9.4 隐私保护

### 9.4.1 隐私的概念

个人的机密数据就称为隐私数据。

隐私对每个人来说范围可能会有所不同，但是下面列举的是大多数人认为是个人的隐私数据或保密数据。

（1）绝密数据：口令、私有密钥。

（2）基本信息：姓名、性别、出生年月情况。

（3）身份信息：身份证号、身份证复印件、护照复印件等。

（4）财务情况：信用卡或银行卡细节，个人财产情况。

（5）通信方式：邮件地址、电子邮件、电话号码等。

（6）居住和办公地址：楼房单元、门牌号。

（7）身体健康状况：重大疾病史、家族遗传病等。

（8）表现情况：学习成绩、工作表现。

（9）家庭成员情况：父母、配偶、孩子的详细情况。

（10）生物特征：DNA、血型、指纹、虹膜、掌纹、身高、体重、相片等。

（11）政治表现：党派、宗教信仰、选举投票等。

（12）活动情况：阅读、体育、旅行、音乐、艺术、日常活动规律等。

（13）个人文件：日记、信件等。

（14）失足记录：失检行为、犯罪记录等。

不同的个人，对隐私的敏感程度不同、对隐私的保护的价值也不同。对于知名人物来说由于其隐私一旦泄露将会在大范围内迅速传播，所以知名人物会更加关注对其隐私各个方面的保护。富豪、高官既有知名人物的特征，又有人们对其财、权的渴望心理，其隐私更加敏感。普通民众对隐私的敏感度显然不会太高。这种对隐私敏感程度的不同应当与已经成为公知的个人信息的多少有关，成为公知的个人信息越多，剩余的个人隐私就会变得更加敏感。例如，影视演员作为公众人物对个人隐私会更加敏感。一项隐私数据的保护的价值，与当该隐私数据泄露后给属主带来的困扰、经济损失、名誉损失等成正比。

我们可以用数量关系来刻画隐私保护的若干重要关系。

假定个人隐私的变量集合为 $P=\{x, x, z, \cdots\}$，对于用户 A 来说它的隐私变量的取值为 $x = x_A$, $y = y_A$, $z = z_A$……假设 $x = x_A$ 已经泄露，现在要评估保护变量 $y$ 的经济价值和用户 A 对变量的敏感度。为此再进一步假设 A 的总资产是 $a$，在泄漏 $x = x_A$ 的条件下将以概率 $p$ 造成经济损失 $l$。这时将得出保护变量 $y$ 的经济价值 $w$ 为

$$w = pl$$

A 关心的是变量 $y = y_A$ 泄露且当经济损失发生的情况下，是否能够接受。故用 $l$ 与 $a$ 的商表示这种敏感度。所以 A 对 $y$ 的敏感度 $s$ 定义为

$$s = \frac{l}{a}$$

变量 $y$ 的经济价值 $w$ 比较容易理解，它实际上表示的是泄露变量 $y$ 所带来的经济损失的期望值。而 A 对 $y$ 的敏感度 $s$ 表示的是泄露 $y$ 时最多会损失掉本人财产的百分之几。当 $s = 1$ 时，则 $y$ 的泄露可能导致 A 的经济破产。而当 $s = 0.01$ 时，则表示 $y$ 的泄露最多导致 A 的经济损失 1%。

上文说明，隐私数据的经济价值和经济敏感度是可以进行评估的。类似于经济价值，也可以对敏感数据的声誉等其他价值进行评估。

前面用一个三元组 $(D, A, P)$ 表示一个带标签的数据，从而刻画了数据的机密性。当数据内容涉及的是个人的隐私 $D$ 时，数据的扩散经常不是由属主的策略 $P$ 决定的。如个人的手机号码和身份证复印件，甚至银行卡号都是个人隐私数据，当他们旅行、购物的时候，商家要求提供这些信息，他们只有两种选项，要么提供这些信息，要么不能得到这些服务。重要的是当商家得到这些个人隐私数据时可能会滥用。如果法律没有个人数据扩散规定将会导致严重的侵犯个人权益的事件发生。

与此形成对照的是的口令和私有密钥，我们称之为个人绝密数据，这种数据在法律上任何人都无权要求你提供，除非你自己愿意提供。这些数据的泄密通常是由于个人对其管理不善所造成。

由于上述原因，隐私的保护实际上要比机构的数据机密性保护更为复杂。

## 9.4.2 个人档案与隐私

个人档案通常是一个机构为了更好地了解用户情况，而收集的个人信息。通常用户所在的工作单位、所属的公安派出所、个人所在的政党或社团都会收集不同的范围、不同粒度的个人信息，构成个人档案。这些机构通常也会妥善保护这些档案，对个人隐私来说一般不会构成太大威胁。我们称这些机构为可信机构。

对于个人隐私来说，最大的威胁来自非可信机构对个人信息的收集。下面举例说明这些收集及其潜在威胁。

例如，商场或电商提示用户办理会员卡（或积分卡），并告诉客户办理会员卡后的种种优惠。但是需要用户填写一份表格，其中包括：姓名、性别、出生年月、身份证号、身份证复印件、个人财产概况、邮件地址、电子邮件、电话号码。用户填表后可在商家计算机或网络上设置一个口令。这样用户就领取了会员卡（或积分卡）。

这里商家收集了包括身份信息、财务情况、通信方式、居住地址等个人数据。一些数据的收集具有必要性，如姓名、电话、邮件地址，利于商品的投递。另一些数据的收集则不是必要的，如身份证号、财务信息等。万一商家不慎把这些数据泄露出去，将对个人的安全产生严重的威胁。我们称后者为过度收集的信息。

个人信息的过度收集已经成为一个严重的社会问题。一些非法商业机构打着科技公司的旗号，正在从非可信机构购买个人信息，把它们汇总、关联、清洗进行所谓的大数据处理从而得到非常详细的个人历史数据和实时数据。这些数据包括了个人的详细财产状况、长久居

住地情况、个人消费习惯、历史行为、目前正在从事的工作、正在关注的商业事项、当前所在位置等。有一些信息如你的银行卡，可能自己都记不清楚了，而这些非法商业机构则能准确地知道你的所有银行卡号以及这些银行卡的消费记录。一句话就是"它们对你的了解超过了你自己对自己的了解"。这些非法机构为何要花大价钱收集个人的数据呢？当然是利益驱动。它们可以披着"大数据买卖"的高科技公司的旗号，把个人数据进行肆意的买卖。当骗子买到了这些数据就可以成功地进行"电信诈骗"；当商家买到了这些数据就可以成功地进行"精准营销"；当国外间谍机构买到了这些数据就可以成功地"间谍渗透"；当敌对势力购买到了这些数据就可以成功地进行"外科手术式的打击"。所以个人隐私问题不再仅仅是危害个人利益或个人安全的问题，有时还会演化成危害国家安全的问题。没有个人安全就没有国家安全。

### 9.4.3　鉴别与隐私

Kent 和 Atkinson 在 2003 年归纳了鉴别一词的 3 层含义：个体鉴别、标识鉴别和属性鉴别。个体，又称为身份个体，是描述在全世界范围内可唯一定位的一个人。鉴别一个个体类似于允许一个人进入一间房子，我们只想让被允许的那个人进入。如居民身份证中的身份证号对应的就是一个身份个体。标识，又称为身份标识，是用来描述在特定系统代表一个人的字符串或描述符，未必是与一个特定的人相关，其可以表示代号、假名等，如计算机系统登录中的"Administrator"、游戏聊天室中的"Alice2"等。属性，又称为身份属性，表示一个人具有某种属性或特性。属性的鉴别是对一个个体的某种属性的证实，在同一系统中一个人可以有多个属性、多个人也可以都具有某个相同的属性。如一些娱乐场所要求未成年人禁止入内，按照中国的规定 18 岁以下叫未成年人，门卫检查员可以通过查看客人的身份证或通过观察客人的面容等确定是否大于 18 岁。这里岁数是一个人的一种属性。

人们通常在不同的应用场合使用不同的身份标识或具有不同的属性。当你用信用卡购物时，你使用的是信用卡持有者的属性。当你的汽车使用无线设备交费时，传感器鉴别你是此缴费设备的持有者属性。当你住宾馆时，你进入房间使用磁条卡，房门鉴别的是具有在此房间住一个晚上的有效房客属性。当你用手机支付宝、微信支付等进行付款时网上鉴别的是你具有一个足够余额的账户的所有者身份标识。在信息社会中你或许每天都在采用数十种方法对你的个体、标识或属性进行鉴别。

有时你不想将一个行为和你的个体（真实身份）相关联。例如，当你揭发一个进行非法活动的上司，但不希望该上司知道是谁在揭发他，你会用公用电话或用匿名信件等匿名的方式。实际上，这一点做起来很难，当你离开办公室时可能会有一个记录，办公室门口有视频监控，公用电话亭也有监控。这些记录的时间可能和你打电话的时间一致，从而通过关联这些记录就完全把你定位出来了。这些关联分析可以通过人工进行，也可能是通过计算机系统进行分析的。可见要做到匿名是多么困难。

在计算机系统或网络中，我们经常鉴别个体、身份标识和属性。当我们把这些不同的鉴别混淆起来时，就会导致严重的隐私问题。例如，一个用户的身份证号实际上是一种可以定位个体的关键数据。如果将它作为身份标识使用，特别是在多个系统中使用时，操控这些系统的人就可以进行内容关联并用于其他的目的。

#### 1. 个体鉴别

权威机构颁发的出生证明、身份证、护照这些含有个体特征信息（照片、出生年月、民族、身高等）的证件、指纹或其他生物特征是目前现场鉴别个体的标准方法。证明人（个体的邻居、老师、朋友等）进行指认是鉴别的补充方法。在涉及法律、犯罪等重要场合还需要公安机关介入调查。

但在网络环境下要精确地鉴别一个个体通常是更加困难的事。为了实现个体在网络环境下的鉴别，通常需要用户个体和某个标识进行绑定，一旦实现了这种绑定，就把个体鉴别转化成了标识的鉴别。

目前中国推行的实名制认证（鉴别），实际上是在强制实行这种用户与标识的绑定。绑定的方式分为两类，一类是离线式绑定，一类是在线式绑定。

实现离线式绑定，是在对用户进行现场鉴别后，用户选择或被指定一个与自己对应的标识。例如，银行在柜台对用户进行现场鉴别，为用户办理了一张银行卡，其中卡号就是用户的一个标识。银行根据这个标识可以定位到具体的用户，从而就银行来说，该标识实际上就是个体的代号。

实现在线式绑定，一种方式是通过视频连接，模拟现场鉴别的方式。如中国国税局的个人所得税申报系统，要求通过计算机摄像头现场对个体头像进行采集，并要求填写详细的个人信息。国税局把这些信息与系统中存储的个人数据进行比较，从而完成个体与标识的绑定。另一种绑定方式是，利用用户已经存在的其他个体与标识绑定关系，建立新的绑定关系。例如，在中国，手机号码是通过实名制认证的，这表示手机号码已经被绑定为代表个体的标识，用户注册中国铁路的 12306 网上购票系统时，需要提供身份证号和手机号，系统将一个验证码发到手机上，用户收到后再返回给系统，这里绑定的标识就是你的姓名，绑定中借助了手机号这个个体标识。社交工具微信群的建立也需要通过银行卡号进行实名制认证，那里的个体标识就是你的微信号。还有很多其他的商业应用都是通过手机号进行标识绑定的。

个体绑定的标识通常有：身份证号、真实姓名、手机号、银行卡号、微信号、购物卡号等。在不同应用中还会有更多不同的个体和标识的绑定。

实际上，这些实名制绑定的标识中，有很多是用户的隐私信息。而另一些绑定的标识虽然不是用户的隐私，但由于这些标识可唯一定位到个体，从而会对个体隐私产生严重的威胁。因为这么多的绑定个体的标识，掌握在不同机构或商家的手中，它们如果滥用、泄露或恶意出卖个人信息，都将导致使用用户的隐私信息的泄露。所以，谁具有实名制认证个体的权利是一个严肃的问题。我们至少认为商业行为性质的企业不应当对用户进行实名制认证。

### 2. 标识鉴别

标识的原意是用来描述在特定系统代表一个人的字符串或描述符。对于一个个体，局限在一个系统中其标识是唯一的，但是一旦离开特定的系统，同一个体就会采用不同的标识。同时，在两个独立的系统中即使出现了相同的标识，它们也未必代表同一个体。这就是说标识是一个局部性质，而个体是一个整体性质。标识鉴别首先需要有一个注册过程，注册成功后可使用第 5 章所讲的方法进行鉴别。

在一个系统中进行注册标识，可能不需要提供任何个体数据，也可能要求提供有限的个体数据，也可能提供详细个体隐私数据（如进行实名制注册时）。注册标识是暴露个体隐私信息的关键环节。出于隐私保护的需要，个体应当独立地判断哪些隐私数据不应当提供。但如果是政府部门强制要求提供的，个体实际上无法选择。在中国因为没有专门的隐私保护法，非法机构利用注册过程恶意收集个人数据的事件常有发生，这应当引起法务部门的足够重视。

### 3. 属性鉴别

属性鉴别，有时也称为匿名认证，实际上是在证明用户具有某种资格，或是某团体的成员。属性鉴别以匿名的方式登录系统获得服务，除了避免个人信息过多出现在各种服务机构外，还可能有保护自己行为隐私的需求，比如查阅机密资料、进出学校大门、在商店的购物记录等。

属性鉴别实际上以最小的隐私泄露，解决了鉴别问题。

属性鉴别通常和不同背景有关，比如客户-服务器、P2P 网络、动态群组、物联网、电子货币等，有着各种不同的方案。现代密码学的很多技术都可用于属性鉴别。例如，环签名、群签名、知识签名、比特承诺、零知识证明、基于属性的加密等都可以应用于属性鉴别。而且也有研究者用这些技术构造了具体的匿名认证系统。鉴于这些方案所涉及的密码学知识太多而且不容易理解，这里就不展开了。

## 9.4.4 数据分析与隐私

数据分析是隐私的杀手。

隐私的关键是个体隐私数据之间的联系，如某个人叫 Alice，某个人患有糖尿病。这两个信息并不敏感，但是如果知道上文指的是同一个人，即可知道 Alice 患有糖尿病。这是一项非常敏感的隐私信息。数据分析技术把大量数据放到一起，进行清洗、匹配和统计分析，可以轻易地得到很多个人隐私信息。这里的关键是数据分析者获得足够多的数据源。大数据技术正是从数据的获取、存储到数据分析为切入点的一项集成技术，如果把它用错了地方会导致严重的后果。

## 9.4.5 隐私保护技术

### 1. 属性鉴别
属性鉴别是隐私保护的一项首选技术，但是它目前还很不成熟。
### 2. 数据变换
设想一种应用场合：医疗研究者希望研究疾病的发生率、原因、趋势和传播模式。他们的研究方案是从政府卫生部门、医院获取数据，进行统计分析。为了保护隐私，数据提供者把用户的身份信息删除了再提供给研究者，但是保留了个人电话号码。研究者可以通过外在的数据源把电话号码和用户姓名关联起来，结果还是泄露了隐私。一种做法是把电话号码进行适当的数据变换以保证研究者不能得到这种关联。实际上删除或数据变换在一定意义下又对研究者的合法研究起到了阻碍作用。
### 3. 匿名与假名
在大型数据库中使用匿名和假名，听起来可以隐藏用户的真实身份，但是实际上和数据变换的效果差不多。Sweeney 曾经在 2001 年进行了一项研究，其结果是：使用 5 位邮政编码、性别和出生日期的组合就能鉴别出 87% 的美国人。这表明从匿名记录中往往可以推断出一个人的真实身份。因此实现用户的匿名是非常困难的。

上述三类技术的困难性表明，单靠技术手段实现隐私保护是没有前景的。

## 9.4.6 隐私保护的相关法律

隐私保护问题在西方国家被认为是涉及个人权益的问题，因而受到广泛的关注和深入的研究。美国 1972 年的水门事件调查的结果，表明尼克松总统曾指示在水门大厦安装窃听器，并保留了一份在 IRS（美国国税局）的记录来攻击竞选对手。而国税局的记录中包含了很多个人隐私数据。最近的一个报道是斯诺登事件。斯诺登是一名美国中情局的职员，同时还负责美国国安局的一个秘密项目。这个项目是美国在监视自己的公民，包括所有的日常通信和上网都被政府监视了，而且这个秘密计划还涉及了很多有名的大公司，比如我们都知道的苹果、谷歌、Facebook 这些公司都参与了这个监视计划，从而构成了对于个人隐私的严重侵犯。

1973 年，兰德公司的 Willis Ware 主持成立了一个委员会，就隐私问题向美国健康与人类服务部门（HHS）秘书处提出了建议报告，给出了如下一套合理的信息实施原理。

（1）收集的限制：数据的获取应当合法和公平。

（2）数据的质量：数据的质量应当满足它们的用途，具有准确性、完整性和实效性。

（3）目的的说明：数据对于某个目的如果有用就应当得到鉴别，如果无用就应当删除。

（4）使用的限制：只有在数据的属主同意或者法律的授权下，数据才能被使用。

（5）安全的防备：应当有适当的机制防止数据丢失、破坏、销毁和误用。

（6）开放性：数据可以方便地收集、存储和使用。

（7）个人参与：数据的属主有权访问和修改属于他的数据。

（8）义务：数据的控制者有义务遵守原理规定的方法。

该原理虽规定了数据属主的权利，但没有规定数据收集者的责任。Turn 和 Ware 在 1975 年的另一篇文章中指出会出现攻击者对数据的非授权收集，并提出以下 4 种保护机制。

（1）通过限制数据存储量减少其暴露，只保留经常使用的、必要的数据而不是全部。

（2）通过数据变换和数据填充等方法降低数据的敏感性。

（3）通过删除、改变数据的属主信息实现数据的隐藏。

（4）加密数据。

Ware 的委员会关于隐私保护的报告，导致了美国《1974 隐私法》的颁布，这是世界上第一部隐私保护法。其后欧洲理事会在 1981 年形成了 108 号公告以保护涉及个人的数据，1995 年形成了《欧盟隐私指令》。2018 年欧盟颁布的个人隐私保护法案《通用数据保护条例》（GDPR）被认为是世界上最严的隐私保护法。

### 1. 美国的隐私法律

美国 1974 的《隐私法案》适用于所有美国政府持有的个人数据。后来又通过了保护其他组织收集和持有数据的法律，这些法律根据个人数据的类型运用于不同的领域。针对消费信用有《公平信用报告法》，针对健康信息有《健康保险携带和责任法》，针对经济服务组织有《金融服务现代化法》，针对儿童上网有《儿童网络保护隐私法》，针对学生记录有《联邦教育权利与隐私法》。因为隐私的涉及面十分宽广，即使这么多法律也不能够覆盖社会的各个方面。

（美国）联邦贸易委员会（FTC）对于想要得到潜在的隐私数据的网站拥有司法权，包括联邦政府网站和商业网站。2000 年，FTC 决定为了遵守隐私法，政府网站必须解决以下 5 个隐私要素。

（1）通知：数据的收集者在收集消费者个人数据前，必须公开他们的数据用途。

（2）选择：对于被收集的个人数据将被怎样使用，消费者有权选择。

（3）访问：消费者应该能够查看和讨论关于他们的数据的准确性和完整性。

（4）安全性：数据的收集者必须采取有效的措施，以确保从消费者那里收集的数据的准确性和安全性。

（5）强制性：对于不遵守公平信息行为的，必须采取可靠的机制进行强制性的约束。

2002 年，美国国会制定了一个电子政务法案，要求联邦政府机构把隐私政策公布在网上。以下这些策略必须公开。

（1）将要收集的信息。

（2）信息被收集的原因。

（3）机构使用该信息的目的。

（4）这些信息将与谁分享。

（5）提供给个体的关于什么信息被收集和信息怎样被分享的通知。

（6）确保信息安全的方式。

（7）在隐私法和其他有关保护个人隐私的法律中，个体所享有的权利。

**2. 欧洲的隐私法律**

《欧洲隐私指令》要求维护个人的隐私权利，具体如下。

（1）公平合法的处理。

（2）收集应具有明确的和合法的目的，不能采用与这些目的不相符的处理方法（除非合理安全的隐私保护）。

（3）收集和将要处理的数据要充分、切题和不过分。

（4）随时保证数据的准确性。可采用任何合理的措施去删除和纠正那些不准确或不完整的数据。

（5）对于收集或进一步处理数据，如果不再是必要的，则将它们保留在可识别数据主题的表格内。

（6）敏感数据的特别保护：对于涉及敏感数据的收集和处理应该加以严格的限制。与种族、政治观点、宗教信仰、哲学、健康、性生活相关的信息都属于敏感数据。

（7）数据转移：限制个人数据的授权使用者在没有得到数据属主允许的条件下将数据转移给第三方。

（8）独立审查：处理个人数据的实体应当承担独立审查；独立审查机构必须有权审查数据处理系统、调查个体的投诉、对不服从者实施约束。

2018 年，欧盟出台了《通用数据保护条例》。作为对原《欧洲隐私指令》的增强，可以从下属几条看出它的一些重要改变。

（1）对违法企业的罚金最高可达 2 000 万欧元（约合 1.5 亿元人民币）或者其全球营业额的 4%，以高者为准。

（2）网站经营者必须事先向客户说明会自动记录客户的搜索和购物记录，并获得用户的同意，否则按"未告知记录用户行为"作违法处理。

（3）企业不能再使用模糊、难以理解的语言，或冗长的隐私政策来从用户处获取数据使用许可。

（4）明文规定了用户的"被遗忘权（right to be forgotten）"，即用户个人可以要求责任方删除关于自己的数据记录。

总的来说，欧盟与美国相比，对隐私保护更加重视。除了美国和欧盟，日本、澳大利亚和加拿大也有自己的隐私保护法。

中国目前还未建立自己的隐私保护法。很多政府机构、企业和其他组织存在着个人隐私泄露的风险。互联网时代的今天，很多诈骗活动，特别是电信诈骗案均与个人隐私泄露有关。

# 小　结

数据的安全性侧重于数据的机密性和完整性，在隐私数据安全部分本章更多侧重于概念的介绍。在网络技术高度发达的今天，大数据、云计算所关注的是海量数据的存储、管理、计算问题。数据安全不仅支撑着事务安全和应用安全，而且自身也是应用的重要方面。数据安全在安全领域的核心位置一直没有动摇。现实的预警呼唤着中国推出自己的隐私保护法。

# 习　题　9

1. 访问控制对计算机中数据安全的作用有哪些？

2. 加密和鉴别算法对数据安全的作用是什么？

3. 为什么说数据备份中要分为近在存储器和离线存储器？

4. 隐私数据的授权使用者在没有得到数据属主允许的条件下将数据转移给第三方需要限制，其作用和价值是什么？

**第 10 章**

# 事务安全与多方安全计算

## 10.1 安全多方计算

让我们先来考虑两个计算性问题。

**问题 1**（百万富翁问题）：有两个百万富翁在街头相遇，他们想比较谁更富有（即谁的财富更多），但又不想让对方了解自己的财富有多少？如果他们能找到一个双方都可信的第三方来做这件事，则问题很容易解决。但如果其中一位百万富翁除了自己谁也不相信，则问题就比较困难。那么如何在不借助任何第三方的情况下比较他们财富的大小？

**问题 2**（平均薪水问题）：假设有某公司的 $n$ 位职员想了解他们每月的平均薪水有多少？但是每个职员又不想让任何其他人知道自己的薪水，那么他们的平均薪水如何来计算？

我们称问题 1 与问题 2 所涉及的计算性问题为安全多方计算问题（Secure Multiparty Computation）。安全多方计算的概念最初是由华裔计算机学家、图灵奖获得者姚启智（A. C.Yao）在 1982 年提出的，并给出了安全多方计算的一个例子，即问题 1，所以该问题又称为姚氏百万富翁问题或百万富翁问题。

安全多方计算就是指在无可信第三方的情况下，安全地计算一个约定的函数的值。在一个安全多方计算协议中，参与方之间一般是互不信任的。他们各自都有一个不想让其他任何人了解的秘密数，但是他们要利用这些秘密数来求得大家都信任的值或答案。确切地说，安全多方计算就是满足下列 3 个条件的密码协议。

（1）一群参与者要利用他们每个人的秘密输入来计算某个联合函数的值。

（2）参与者希望保持某种安全性，如机密性与正确性，就像在安全电子投票协议中要保持投票者所投内容的机密性与票数计算的正确性。

（3）协议既要保持在发生非协议参与者攻击行为下的安全性，也要保持在发生协议参与者攻击行为下的安全性（不包括协议参与者的主动欺骗行为，即故意输入错误的秘密数据）。

安全多方计算也是一个应用很广的密码协议，在电子选举、电子投票、电子拍卖、秘密共享、门限签名等密码协议中有着重要的作用。

自从姚启智教授给出了安全多方计算的概念后，人们提出了各种各样的涉及保密性的多方计算的问题，借助函数的概念，涉及 $n$ 方的此类问题可用数学形式表述成：

对 $n$ 个秘密输入 $x_1$, $x_2$, $\cdots$, $x_n$，计算某个函数 $f$ 的值 $f(x_1, x_2, \cdots, x_n)$，或判断 $f(x_1, x_2, \cdots, x_n) \leqslant 0$（或 $< 0$）是否成立？

比如问题 1 可数学化为：对两个秘密输入 $a$ 与 $b$，判断

$$f(a,b) = a - b \leqslant 0 \text{ 或 } f(a,b) = a - b > 0 ?$$

而对问题 2，则可数学化为：对 $n$ 个秘密输入 $x_1$，$x_2$，$\cdots$，$x_n$，如何计算函数

$$f(x_1, x_2, \cdots, x_n) = \frac{x_1 + x_2 + \cdots + x_n}{n}$$

的值？

显然，这两个问题如果能交给一个各方都可信任的第三方来解决，则非常简单。但在不少情况下，需要在找不到或很难找到可信第三方的环境下来解决这类问题。这就是安全多方计算所要研究的问题。也就是说，安全多方计算问题是指无可信第三方的情况下，如何安全地计算某个约定函数的问题。

## 10.2 百万富翁问题的计算协议

### 1. 协议描述

这里介绍百万富翁问题的一个多方计算协议。设 Alice 与 Bob 所知道的秘密数分别为整数 $a$ 与 $b$：$1 \leqslant a$，$b \leqslant N$，其中 $N$ 是一个确定的正整数。为了在不让任何第三者参与的情况下比较 $a$ 与 $b$ 的大小，又不向对方泄露各自的秘密数，则他们可执行下列步骤。

（1）Alice 与 Bob 共同选定一个公钥加密算法 $E$ 及相应的脱密算法 $D$。

（2）Bob 产生他的公、私钥对 $(KU_B, KR_B)$。

（3）Alice 随机选择一个（较大的）正整数 $x$，计算 $c = E_{KU_B}(x)$。

（4）Alice 计算 $c' = c - a$，并将 $c'$ 发送给 Bob。

（5）对 $i = 1, 2, \cdots, N$，Bob 分别计算下面 $N$ 个数

$$y_i = D_{KR_B}(c' + i)$$

（6）Bob 随机选择一个大一些的素数 $p$（至少要大于 $N$），计算

$$z_i = y_i \bmod p, \quad i = 1, 2, \cdots, N$$

（7）对每个 $i$ 检验 $0 < z_i < p - 1$ 是否成立？且对所有 $i \neq j$ 检验 $|z_i - z_j| \geqslant 2$ 是否成立？

（8）如果有一不成立，则返回第（6）步。

（9）Bob 将下面的数列发送给 Alice

$$z_1, z_2, \cdots, z_b, z_{b+1} + 1, z_{b+2} + 1, \cdots, z_N + 1, p$$

（10）Alice 检查该数列中的第 $a$ 个数是否关于模 $p$ 与 $x$ 同余？若同余，则得出结论：$a \leqslant b$。否则结论是 $a > b$。

（11）Alice 将此结论告诉 Bob。

### 2. 协议说明

（1）Bob 选择的素数 $p$ 与 $x$ 相差不应很大（Alice 可告诉他 $x$ 的一个大约范围）。

（2）结论（10）成立的原因是：只有当 $a \leqslant b$ 时，数列

$$z_1, z_2, \cdots, z_b, z_{b+1} + 1, z_{b+2} + 1, \cdots, z_N + 1, p$$

的前 $b$ 个数中才有数关于模 $p$ 与 $x$ 同余。而当 $a > b$ 时，该数列中没有数关于模 $p$ 与 $x$ 同余。

（3）第（7）步对 $z_i$ 所作的要求是为了保证 Bob 发送给 Alice 的数列中的数是两两不同的。因为如果有两项数相同，比如 $z_u = z_v$，那么有 $u \leqslant b < v$。即 Alice 可判定出 Bob 的秘密数的范围，这是 Bob 所不愿意发生的事。满足第（7）步要求的数列 $z_1, z_2, \cdots, z_N$ 可称为"好数列"。

（4）Alice 比 Bob 先获得了两个秘密数大小的结论。如果 Alice 此后拒绝将正确结果告诉 Bob 或向他撒谎，则该协议是不公平或无效的。

（5）如果 Bob 不相信 Alice 告诉他的结论，那么 Bob 可要求与 Alice 交换角色，即协议中由 Alice 执行的步骤改由 Bob 执行，而 Bob 执行的步骤由 Alice 来执行，这样 Bob 也可判定出 $a$ 与 $b$ 的大小。

（6）本协议对 $a = b$ 的情况无法判定，这是该协议的一个缺点。

（7）当秘密数 $a$ 与 $b$ 很大时，$N$ 就很大，此时协议的计算量将非常大。所以本协议不适合用来比较两个很大的秘密数。

（8）本协议假定秘密数为正整数。对秘密数为一般整数的情况则要对协议进行一些修改。而对一般的实数，可考虑取实数的最大整数部分并对协议进行相应的修改。

（9）本协议只涉及两方的安全计算，可将本协议推广到任意多方的安全计算协议。

### 3. 协议举例

下面是本协议的一个简单例子。

假设 Alice 与 Bob 秘密数的取值范围为 $1 \sim 10$，$a = 5$ 与 $b = 8$ 分别为其各自的秘密数，$N = 10$。

（1）Alice 与 Bob 共同选定公钥加密系统为 RSA：$n = 143$。公钥加密算法记为 $E$，脱密算法记为 $D$。

（2）Bob 产生他的公钥 $KU_B = 7$，私钥 $KR_B = 103$。

（3）Alice 随机选择整数 $x = 59$，计算 $c = E_{KU_B}(x) = E_7(59) = 59^7 \bmod 143 = 71$。

（4）Alice 计算 $c' = 71 - 5 = 66$，并将 66 发送给 Bob。

（5）对 $i = 1, 2, \cdots, 10$，Bob 分别计算下面 10 个数，$y_i = D_{KR_B}(c' + i) = D_{103}(66 + i)$。

$$y_1 = D_{103}(66 + 1) = D_{103}(67) = 67^{103} \bmod 143 = 89$$

$$y_2 = D_{103}(66 + 2) = D_{103}(68) = 68^{103} \bmod 143 = 107$$

$$y_3 = D_{103}(66 + 3) = D_{103}(69) = 69^{103} \bmod 143 = 82$$

$$y_4 = D_{103}(66 + 4) = D_{103}(70) = 70^{103} \bmod 143 = 86$$

$$y_5 = D_{103}(66 + 5) = D_{103}(71) = 71^{103} \bmod 143 = 59$$

$$y_6 = D_{103}(66 + 6) = D_{103}(72) = 72^{103} \bmod 143 = 84$$

$$y_7 = D_{103}(66 + 7) = D_{103}(73) = 73^{103} \bmod 143 = 57$$

$$y_8 = D_{103}(66 + 8) = D_{103}(74) = 74^{103} \bmod 143 = 61$$

$$y_9 = D_{103}(66 + 9) = D_{103}(75) = 75^{103} \bmod 143 = 36$$

$$y_{10} = D_{103}(66 + 10) = D_{103}(76) = 76^{103} \bmod 143 = 54$$

（6）Bob 选择素数 $p = 71$，计算 $z_i = y_i \bmod 71$，$i = 1, 2, \cdots, 10$，得

$$z_1 = 89 \bmod 71 = 18 \quad z_2 = 107 \bmod 71 = 36 \quad z_3 = 82 \bmod 71 = 11$$

$$z_4 = 86 \bmod 71 = 15 \quad z_5 = 59 \bmod 71 = 59 \quad z_6 = 84 \bmod 71 = 13$$

$$z_7 = 57 \bmod 71 = 57 \qquad z_8 = 61 \bmod 71 = 61 \qquad z_9 = 36 \bmod 71 = 36$$
$$z_{10} = 54 \bmod 71 = 54$$

（7）Bob 检验数列 $z_1, z_2, \cdots, z_{10}$，即 18、36、11、15、59、13、57、61、36、54 是一个"好数列"。

（8）Bob 将下面的数列发送给 Alice

18、36、11、15、59、13、57、61、36＋1、54＋1、71

（9）Alice 检查该数列中的第 5 个数是 59，它与 $x = 59$ 关于模 71 同余，所以她得出结论：$a \leqslant b$。

（10）Alice 将此结论告诉 Bob。

## 10.3 平均薪水问题的计算协议

### 1. 协议描述

平均薪水问题可以采取下列步骤来解决。假设有 $n$ 位公司职员：$A_1, A_2, \cdots, A_n$，他们的薪水分别为 $a_1, a_2, \cdots, a_n$。这 $n$ 位职员想要求得他们薪水的平均数但每个职员又对他自己的薪水保密，则他们可执行下列步骤。

（1）他们先共同确定一个公钥加密算法 $E$ 及相应的脱密算法 $D$。然后每个职员各自选定他的公私钥对：设职员 $A_i$ 的公私钥对为 $(KU_i, KR_i)$。

（2）$A_1$ 随机选定一个数 $x$ 并加到他的薪水上得 $x + a_1$。用 $A_2$ 的公钥加密后将结果 $E_{KU_2}(x + a_1)$ 发送给 $A_2$。

（3）$A_2$ 用他的私钥 $KR_2$ 脱密 $E_{KU_2}(a_1 + x)$ 后恢复 $a_1 + x$，加上他的薪水得 $x + a_1 + a_2$。再用 $A_3$ 的公钥加密后将结果 $E_{KU_3}(x + a_1 + a_2)$ 发送给 $A_3$。

（4）$A_3$ 又继续与 $A_2$ 同样的操作。$A_4, \cdots, A_{n-1}$ 均继续类似操作。

（5）$A_n$ 用他的私钥 $KR_n$ 脱密 $E_{KU_{n-1}}(x + a_1 + a_2 + \cdots + a_{n-1})$ 后得 $x + a_1 + a_2 + \cdots + a_{n-1}$，加上他的薪水得 $x + a_1 + a_2 + \cdots + a_{n-1} + a_n$。再用 $A_1$ 的公钥 $KU_1$ 加密后发送给 $A_1$。

（6）$A_1$ 用其私钥 $KR_1$ 脱密后得 $x + a_1 + a_2 + \cdots + a_{n-1} + a_n$。将结果减去随机数 $x$，再除以人数 $n$，便得 $A_1, A_2, \cdots, A_n$ 的平均薪水

$$\frac{a_1 + a_2 + \cdots + a_{n-1} + a_n}{n}$$

（7）$A_1$ 向 $A_1, A_2, \cdots, A_n$ 公布此平均薪水。

### 2. 协议说明

（1）本协议假定每个职员都是诚实的，即每个职员加上去的是他们的真实的薪水。如果某个职员加上去的薪水是虚假的，则最后 $A_1$ 计算出的平均薪水就是错误的。$A_1$ 必须是诚实的，否则在 $A_1$ 计算出正确的平均薪水后，他可向其他人公布一个错误的平均数。

（2）$A_1$ 可在第（6）步减去他喜欢的任何数而无人知晓。为了防止 $A_1$ 这样做，可利用比特承诺方案要求 $A_1$ 对他选择的随机数 $x$ 作出承诺。

（3）如果在操作过程中 $A_1$ 选择的随机数 $x$ 发生泄露，那么职员的个人薪水就会泄密。所以该随机数必须是一个较大的随机数，以防止穷搜攻击。

目前已设计出了多种形式的安全多方计算协议，这里只简单介绍了两种最基本的形式，起抛砖引玉的作用。

# 10.4  数字货币与区块链

以密码技术为基础可以构造各种有趣的应用，最典型的一种应用是数字货币。

## 10.4.1  货币的属性与第一代数字货币

我们通常使用的货币满足下列属性。

（1）不可伪造性：钞票是由银行使用特殊的纸张和水印制成的，因此不可伪造或难以伪造。

（2）可转移性：任何人只要拥有一张钞票，他就可以将此钞票支付给任何人。

（3）可兑换（找零）性：真实现金（货币）提供不同的币值可以实现找零。

（4）匿名性：真实现金（货币）在进行支付的时候，接受的一方无法获取支付的一方的任何身份信息。

（5）可验证性：真实现金（货币）当场可以检验真伪，不需要额外的证明材料。

数字货币（Digital Cash），是真实现金的数字模拟。数字货币也称为电子现金或电子货币。数字货币以数字信息形式存在，通过互联网流通，比真实现金更加便利，但实现的难度则要比现实货币的难度大得多。

数字货币的研究起源于 David Chaum 于 1982 年提出的盲签名技术。所谓盲签名，就是将文件放入带有复写纸的信封，签名者在信封上对文件进行签名而不知道文件的具体内容。盲签名实现了签名者对发送者的消息进行签名，却不能知道签名者消息的具体内容。盲签名除了满足一般的数字签名外还满足以下两条性质：签名者对其所签署的消息是不可见的，即签名者不知道他所签署消息的具体内容；签名消息不可追踪，即当签名消息被公布后，签名者无法知道这是他哪次签署的。

David Chaum 利用盲签名技术构造了一个数字货币系统，这就是第一代数字货币的雏形。该数字货币使用了 4 个安全协议：初始化协议、提款协议、支付协议、存款协议。这里的数字货币实际上是一种对币值的描述，附上银行的数字签名。其中提款协议就是支付者让银行对用户的币值描述进行盲签名实现的。支付者从银行得到数字货币后执行支付，支付实际上是支付者把自己的数字货币交付给接收者，最后收款人和银行执行存款协议。

数字货币的一个基本假设是银行不需在线验证。但是我们注意到，在数字世界中，无法辨别原件和复制件，所以上述数字货币存在双花（重复花费）的可能。针对双花的问题 Stefan Brands 在 1993 年提出了一种限制性盲签名的技术。限制性盲签名将用户的身份信息嵌入到签名中，当用户二次花费时可以准确地追踪到用户的身份信息。这种做法虽然解决了可追踪性，但是仍无法阻止双花。这就像消息鉴别码一样，可以检测出对消息的篡改但无法杜绝篡改。后来商业界又把数字货币与钱包关联以期解决双花的问题，但是也不能达到满意的效果。

第一代的数字货币的典型代表如下。

ECash：由 Chaum 设计，是最早的电子现金公司 DigiCash 的主打产品，它主要针对的是微支付方面，实现了多个银行匿名地分发不可跟踪的电子现金。1998 年随着 DigiCash 的破产而退出市场。

**Mondex**：是世界上最早的电子钱包系统，它是一种智能卡型电子现金系统，由英国西敏寺（National-Westminster）银行开发并于 1995 年 7 月问世。它首先在有 "英国的硅谷" 之称的斯温顿（Swindon）试用，后来被广泛应用于超级市场、酒吧、珠宝店、餐饮店、食品店、宠物商店、停车场、电话间和公共交通车辆之中。

无法解决双花问题表明仅依靠密码技术构造数字货币是行不通的。

## 10.4.2 比特币与区块链技术

2008 年 10 月，中本聪（Satoshi Nakamoto）第一次公布了比特币的白皮书《比特币：一种点对点的电子现金系统》，描述的是一种新型的数字货币系统，其底层技术被称为区块链技术。比特币白皮书并没有直接提到区块链这个技术概念，它是由后人从比特币网络中提取出来的。区块链的核心思想是下列的分布式账本。

（1）用数字签名来区分不同的实体单位，并对它们发送的数据进行鉴别。

（2）按照一定的规则来筛选出局部唯一的实体单位并赋予写数据的权利。

（3）用 Hash 函数把已写的数据链接起来存储。

（4）按照一定的规则对写入数据去除分叉，实现写入数据的整体唯一性。

这样可以保证写入并得到普遍认可的数据块（区块）是一条线性的链，该链上的数据被认为是合法有效的。这是一个面向全体实体单位公开的分布式账本，每一个实体单位就是一个账户。

**注释**：实际上，如果有了一个公开的分布式的账本，我们前面所讲的第一代数字货币在每次交易前收款人可以查看该账本，交易时必须写入账本即可避免双花的风险。取款和存款银行分别对应于付款人和收款人类似地查看、写入账本。如此就可以构造出一个与金融体系接轨的数字货币了。

比特币则实现了这样的区块链，并且在此基础上定义了一套完善的货币系统。下面介绍比特币的原理。

### 1. 比特币的原理

比特币网络是一个分布式的点对点网络，网络中的矿工通过"挖矿"来完成对交易记录的记账过程，维护网络的正常运行。

比特币通过区块链网络提供一个公共可见的记账本，用来记录发生过的交易的历史信息。

每次发生交易，用户需要将新交易记录写到比特币区块链网络中，等网络确认后即可认为交易完成。每个交易包括一些输入和一些输出，未经使用的交易的输出（Unspent Transaction Outputs，UTXO）可以被新的交易引用作为合法的输入；一笔合法的交易，是引用某些已存在交易的 UTXO，作为交易的输入，并生成新的输出的过程。

在交易过程中，转账方需要通过签名脚本来证明自己是 UTXO 的合法使用者，并且指定输出脚本来限制未来对本交易的使用者（为收款方）。对每笔交易，转账方需要进行签名确认。并且，对每一笔交易来说，输入不能小于输出，差额为该交易的交易费。

交易的最小单位是"聪"，即比特币。表 10.1 展示了一些简单的交易示例。更一般情况下，交易的输入/输出可以为多方。

表 10.1                                                比特币的交易块数据结构

| 交易 | 目的 | 输入 | 输出 | 签名 | 差额 |
|---|---|---|---|---|---|
| T0 | A→B | V→A 输出的 UTXO | A→B 输出的 UTXO | A 的签名 | 交易费 |
| T1 | B→C | A→B（或 T0）输出的 UTXO | B→C 输出的 UTXO | B 的签名 | 交易费 |
| ..... | X→Y | W→X 输出的 UTXO | X→Y 输出的 UTXO | X 的签名 | 交易费 |

### 2. 账户/地址

比特币账户采用了 NIST 的一个标准椭圆曲线签名算法 Secp256k$_1$，该曲线定义如下

$$y^2 = x^3 + 7F_p,$$

这里，$p$ 是一个大素数，$p = 2^{256} - 2^{32} - 2^9 - 2^8 - 2^7 - 2^6 - 2^4 - 1$。

Secp256k$_1$ 签名算法与数字签名算法以及 DSA 类似，用户公开公钥，秘密存放私钥，用于对他发出的交易进行签名。

比特币的账户地址是公钥经过 SHA256 和 RIPEMD160 连续作用两次，得到 160 bit 的 Hash 值比特串（编码 20 字节的字符串）。

### 3. 交易的验证

交易是实现比特币功能的一个核心概念，一项交易包含了下列信息（参看表 10.1）。

（1）付款人地址：付款人比特币的账户地址。

（2）收款人地址：收款人比特币的账户地址。

（3）付款人签名：确保交易内容不被篡改。

（4）资金来源 ID：指明付款人从哪个交易的输出作为本次交易的输入。

（5）交易的金额：多少钱，与输入的差额为交易费（服务费）。

（6）收款人的公钥：收款人的公钥。

（7）时间戳：交易何时能生效。

网络中节点收到交易信息后，将进行如下检查：交易是否已经处理过以及交易是否合法。包括地址是否合法、发起交易者是否为输入地址的合法拥有者、是否是 UTXO；交易的输入之和是否大于输出之和。检查都通过，则将交易标记为合法的未确认交易，并在网络内进行广播。

### 4. 区块

一个区块包括区块头和交易数据组成的区块体两部分，具体内容见表 10.2。

表 10.2                                                比特币的区块结构

| 区块头 | 版本号 | 上一区块头 Hash 值 | Merkle 树根的 Hash 值 | 时间戳 | 难度指标 | Nounce |
|---|---|---|---|---|---|---|
| | 4 字节 | 32 字节 | 32 字节 | 4 字节 | 4 字节 | 4 字节 |

| 区块体 | 交易 | 目的 | 输入 | 输出 | 签名 | 差额 |
|---|---|---|---|---|---|---|
| | T0 | A→B | V→A 输出的 UTXO | A→B 输出的 UTXO | A 的签名 | 交易费 |
| | T1 | B→C | A→B（或 T0）输出的 UTXO | B→C 输出的 UTXO | B 的签名 | 交易费 |
| | T2 | X→Y | W→X 输出的 UTXO | X→Y 输出的 UTXO | X 的签名 | 交易费 |
| | ...... | | | | | |

区块头中"Merkle 树根的 Hash 值"则把本质上是区块内部各交易组成的区块体的 Hash 值，采用 Merkle 结构，使得 Hash 值的计算和验证更加高效。这样只要保证区块头未被篡改，区块体的任何篡改就可以被检测出来。而"上一区块头 Hash 值"，实际上把上一区块及以前的区块的完整性问题转变为本区块头的完整性问题。所以只要本区块头没有被篡改，以前的区块的任何篡改都可以被检测出来。这种 Hash 函数的使用方法是比特币区块结构中一个非常关键的亮点。

### 5. 挖矿与共识机制

比特币中的"挖矿"是一个有趣的概念，它有两方面的作用。其一，是参与维护比特币网络的节点；其二，是生成新区块来获取一定量新增的比特币。

挖矿过程为：参与者根据上一个区块的 Hash 值，10 分钟内的验证过的交易内容，再加上自己猜测的一个随机数 $X$，让新区块的 Hash 值小于比特币网络中给定的一个数。这个数越小，计算出来就越难。系统每隔两周（即经过 2 016 个区块）会根据上一周期的挖矿时间来调整挖矿难度（通过调整限制数的大小），来调节生成区块的时间稳定在 10 分钟左右。为了避免震荡，每次调整的最大幅度为 4 倍。参与处理区块的用户需要付出大量的时间和算力。

当用户发布交易后，需要有人将交易进行确认，写到区块链中，形成新的区块。比特币网络采用了"挖矿"的方式来决定写区块的权利。目前，每 10 分钟左右生成一个不超过 1 MB 大小的区块，串联到最长的链尾部。

每个区块的成功提交者可以得到若干个比特币的奖励（一定区块数后才能使用），以及用户附加到交易上的支付服务费。奖励一开始是 50 个比特币，每隔 21 万个区块（约 4 年时间）自动减半，这就产生了一个铸币的效果。最终比特币总量稳定在 2 100 万个。

按照一定的规则来筛选出局部唯一的实体单位并赋予写数据的权利，称为区块链的共识机制。比特币的共识机制是通过挖矿决定写入权的。但是挖矿需要消耗时间和算力，所以这种共识机制被称为工作量证明 PoW（Proof of Work）。

在一个 P2P 的网络中很难在短时间内实现"共识"。所以很可能有两个或两个以上的节点都挖到了矿，并把各自形成的区块添加到已有的区块链上。这样的情形就称为出现了分叉。比特币的共识机制确定进一步根据添加到每个分叉后面的区块最先达到某个长度者才是合法的区块，其余分支被认为不合法并去除掉。与此同时把奖励和交易费给予最终被确认合法的区块的挖矿者。经济博弈模式会确保系统中最长链的唯一性。

## 10.4.3 其他区块链技术

从 2008 年 10 月 31 日中本聪发布比特币唯一的白皮书《比特币：一种点对点的电子现金系统》以来，中本聪挖出了第一批 50 个比特币，佛罗里达程序员 Laszlo Hanyecz 用 1 万比特币购买了价值 25 美元的比萨优惠券。这相当于比特币与美元的兑换汇率为 1 : 0.002 5。其后的 10 年间比特币的市场价格进行着大幅度的波动，2017 年最高曾创下 1 个比特币兑换 20 000 万美元的高度。

2013 年，德国决定持有比特币一年以上将以免税。

2014 年，美国加州通过 AB-129 法案，允许比特币等数字货币在加州进行流通。

2015 年，纽约成为美国第一个正式进行数字货币监管的州。

2015 年，欧盟法院裁定比特币交易免征增值税。

2016 年，中国人民银行发布公告宣称或推出数字货币。

2017 年 9 月中国宣布，将于 9 月 30 日停止所有比特币交易业务。

比特币不断地拨动各个国家的神经，可见其作为一种新的应用的巨大影响力。另一方面，区块链技术在学术界、商业界和金融界的影响或许更加巨大。

人们陆续推出了各种各样的基于区块链技术的数字货币。除了比特币，比较有影响的还有零币（Zcash）、门罗币（Monero ）等多达几十种。这些项目需要像比特币一样面向公众建立无中心的、点对点的分布式共识机制，称为公有链。

另一些区块链项目则旨在建立面向一类业务的联盟性质的半中心化的、点对点的分布式共识机制。这类项目称为联盟链或私有链。典型的代表有 Linux 基金会组织的超级账本（Hyperledger Fabric）。

### 10.4.4 区块链中的安全问题

#### 1. 机密性和隐私性

区块链系统的机密性和隐私性指写入区块链账本的数据和参与用户的身份都得到保护，具体体现在以下 3 个方面。

（1）非授权第三方无法从写入链的数据分析得到交易双方的身份信息。

（2）非授权第三方无法看到交易细节。

（3）无法将链上交易信息进行归集分析，与链下信息对应，从而揭示出交易参与双方身份或者交易细节。

#### 2. 完整性

区块链系统的完整性是指写入区块链上的信息是正确的且无法篡改，具体体现在以下 5 个方面。

（1）抗非授权写入：不允许非授权方把交易创建并写入链中，保证了交易的正确性以及资产无法被窃取。

（2）抗删除：任何人都无法对完成的交易进行撤销。

（3）防篡改：任何人都无法对交易记录进行篡改。

（4）民主可信：共识机制具有健状性，能够防止恶意的单个参与方控制。有别于集中式管理的"权威可信"。

（5）抗抵赖：交易双方对发生的交易均无法抵赖。

#### 3．可用性

区块链的可用性是指抵抗运行中断和攻击的能力，具体体现在以下 3 个方面。

（1）能够承载高负荷，并仍保证功能正常。

（2）系统内单节点的功能失效并不会影响整个系统的运行。

（3）抗拒绝服务攻击。

各种区块链项目对安全性都进行了不同程度的探索，对事务安全具有重要的参考价值。

## 小　　结

事务安全是应用安全的核心，通常表现在两方或多方之间的安全协议中。在讨论数据安全时，首先已经有客观的数据存在，然后我们的目标是用适当的安全机制保护数据的安全。对于事务安全来说，通常是使用密码技术等手段实现一种特定的协议，安全本身就是协议的一部分，而不是先有协议再保障其安全性。本章通过阐述了百万富翁问题的求解协议、平均薪水、数字货币等实例说明怎样用密码技术构造有用安全协议或实现事务的安全性。

# 习 题 10

1．为何数字货币的一个基本假设是银行不需在线验证？
2．试对比通信中使用消息鉴别码与数字货币使用限制性盲签名的效果。
3．简述什么是区块链的共识算法。

# 第 11 章

# 应用安全

计算机网络系统的目的是应用,应用的迅速发展又促进了网络的进一步发展,两者相辅相成。网络安全和系统安全是信息安全的基础,应用安全则是在此基础上,针对不同应用的不同特点和要求,所研究、设计的具有特殊应用背景的安全技术。

## 11.1 应用安全基础设施

应用系统的安全是建立在安全的密码体制、安全协议以及合理授权管理的基础之上的。在一般情况下,密码体制的应用是符合 Kerckhoff 假设的,即加解密算法是公开的。这样对于信息的保护主要取决于对密钥的保护,而不是对密码算法或系统框架结构的保护。因此,高效合理的密钥管理和授权管理是应用系统安全的基础。

密钥管理涉及密钥的生成、分发、存储、使用和销毁等环节,同时还涉及一些物理设施和管理上的问题。其中,密钥的生成和分发是保证系统安全最重要的两个环节。由于公钥密码和对称密码的不同,本节将讨论两种不同的密钥设施。

授权服务主要是解决在网络中"每个实体能干什么"的问题。在虚拟的网络中要想把现实模拟上去,必须建立这样一个适合网络环境的有效授权体系。

### 11.1.1 对称密钥设施

对称密码具有高效安全的特点,在实际中得到广泛的应用,因此对称密钥设施理所当然地成为多种安全的基础。下面主要介绍对称密钥的生成和分发。

密钥的生成应具有随机性。在适用的密钥生成方法中,密钥空间中的每一个密钥出现的概率都应相同,这样才能防止通过对密钥的猜测,而获得保密信息。如何才能产生具有随机性的密钥呢?最理想的方法是用随机源来产生密钥。当没有随机源时,一般采用伪随机数生成器。ANSI X9.17 标准规定了一种密钥生成的方法,如图 11.1 所示。该标准采用三重 DES 算法生成密钥。设 $k$ 为密钥生成中使用的一个密钥,$E_k(X)$ 表示用密钥 $k$ 对 $X$ 进行三重 DES

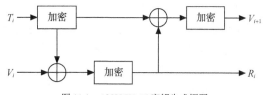

图 11.1 ANSI X9.17 密钥生成框图

加密,$V_i$ 是一个秘密的 64 bit 长的种子,$T_i$ 是时间戳。生成密钥 $R_i$ 的方法是,先计算 $R_i = E_k(E_k(T_i) \oplus V_i)$,然后计算出下一次使用的秘密种子 $V_{i+1}$

$$V_{i+1} = E_k(E_k(T_i) \oplus R_i)$$

密钥分发是指将密钥安全完整地提供给合法用户。传统的方法是采用人工分发,通过可靠的信使来传送密钥,密钥可用打印、穿孔纸带或电子形式记录。这种方法的安全性取决于信使的忠诚度和素质，而且随着用户增加，密钥分发的成本越来越高，安全性也随之降低。另外，使用公钥密码算法来分发密钥也是不错的选择，但公钥密码对用户的计算能力要求较高。下面介绍一种适用的高效密钥分发协议（KDP），以此说明密钥分发的基本原理。

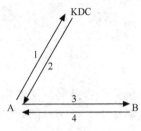

图 11.2　KDP 协议流程

KDP 协议是北京大学在 2002 年开发的一种基于密钥分发中心（KDC）的传统密码密钥分发协议。假设用户 A 和 B 是两个合法的实体，它们分别和 KDC 事先共享了加密密钥 $K_a$ 和 $K_b$，以及鉴别密钥 $K_a'$ 和 $K_b'$。协议采用了拉模式，即当用户 A 需要一个密钥与用户 B 通信时，用户 A 主动到密钥分发中心 KDC 处提取一个密钥，如图 11.2 所示。

KDP 是 Needham-Schroeder 协议的一种改进形式，由下列 4 个步骤实现。

（1）$A \rightarrow KDC : < A\|B\|N_a\|T_a > K_a'$

（2）$KDC \rightarrow A : < \{B\|K_{ab}\}K_a\|\{A\|K_{ab}\}K_b\|N_a\|T_a\|H_b' > K_a'$

（3）$A \rightarrow B : < \{A\|K_{ab}\}K_b\|N_a\|T_a\|H_b'\|T_a' > K_{ab}$

（4）$B \rightarrow A : < N_a > K_{ab}$

其中的有关符号说明如下。

$N_a$ 是用户 A 生成的一个随机数，$T_a$、$T_a'$ 是用户 A 生成的时间戳，$K_{ab}$ 是由 KDC 生成并为用户 A 和用户 B 分配的会话密钥，Hmac (key,msg) 是由密钥和输入消息计算的消息鉴别码，$H_b' = \mathrm{Hmac}(K_b', \{A\|K_{ab}\}K_b\|N_a\|T_a)$，$< m > K$ 表示信息 $m$ 后面加上 Hmac $(K,m)$，即 $m\|\mathrm{Hmac}(K,m)$，$\{m\}K$ 表示用密钥 $K$ 加密消息 $m$ 得到的密文。

KDP 是带有可信第三方的使用对称密码算法的密钥协商协议。我们假定用户 A 和用户 B 与 KDC 事先拥有的加密密钥和鉴别密钥不可能被协商外的攻击者 M 获得。那么用 $K_a$、$K_b$ 加密数据的安全性就由它使用的加密算法的强度、密钥长度、密钥选取等参数来决定；用 $K_a'$、$K_b'$ 和 $K_{ab}$ 鉴别的数据信息的有效性也由鉴别算法强度、密钥长度、密钥选取来确定。这里密码算法可以是 3DES、AES 或国家密码管理委员会指定的任何传统加密算法。而因为快速实现的要求，鉴别算法则应当是由 SHA-1、MD5 等 Hash 函数导出的 Hmac 算法。同样，还假定加密数据具有强的安全性，攻击者 M 无法脱密；鉴别数据只能由用户 A、用户 B、KDC 自身产生，攻击者 M 无法伪造（模仿或代替）。

时间戳并不需要是一个标准的时间，只需要在一个密钥生命期内是关于时间的一个单调递增函数即可。例如，一个 32 bit 的时间标记数对任何系统实现都已经足够用了，而且不需要系统间的时钟同步。

下面给出每一协商步骤的实现过程，并分析该协议抵抗攻击的能力。

（1）$N_a$ 是每次协商中临时由用户 A 生成的随机数，$T_a$ 是用户 A 的当前时间戳。用户 A 往 KDC 发送的信息以 $K_a'$ 为密钥计算了消息鉴别码。因为每次协商的 $N_a\|T_a$ 均不相同，这就由鉴别算法保证了每次协商的鉴别值很难发生碰撞。当 KDC 收到用户 A 的消息时，KDC 将用鉴别算法（密钥用 $K_a'$）检验消息鉴别码是否正确。如果正确，KDC 才进入第二步处理，

否则认为此消息是假冒消息，进行丢弃处理。因为 $K_a'$ 是用户 A 和 KDC 事先共享的秘密，其他人并不知晓，因此其他人无法冒充用户 A，即无法成功伪造用户 A 的请求。通过鉴别算法，数据的完整性同时也得到了保障。关于抵抗重放攻击，其实在 KDC 接收到用户 A 发来的请求包时，首先要提取出 $T_a$，然后根据用户 A 和自己打过交道的情况来辨别数据的真伪。如果 KDC 收到过用户 A 的协商请求，则会判断一下此 $T_a$ 是否大于上次协商存储在自己系统里的 $T_a$，如果为假，则认为此数据是攻击者构造的，KDC 将直接抛弃；如果为真（没有协商过时视存储的 $T_a$ 等于 0），则使用上面的验证过程，通过以后将此 $T_a$ 存入系统。这样攻击者重放以前截获的用户 A 用于协商请求的数据时，KDC 就能轻易辨别出来。当用户 A 在很长时间没有得到 KDC 回应重新发起协商请求时，需要更新 $T_a$，这样可避免 KDC 将自己的重发数据请求拒之门外。

（2）用户 A 接收到 KDC 返回的数据后，会首先检测此数据中的 $N_a$ 是否是此次会话预先生成的随机数，再检测 $T_a$ 是否是发包时的 $T_a$，以及判断此 $T_a$ 离当前时间是否足够近。若上述条件其一为假，则认为是攻击者发来的数据。若都为真，用户 A 则检测信息的鉴别值。因为所传数据以 $K_a'$ 为密钥做过鉴别，所以即使攻击者记录了用户 A 与 KDC 的所有通信数据，但由于 $N_a\|T_a$ 在每次通信中不同，因此攻击者无法伪装成为 KDC 欺骗用户 A。如果攻击者重放以前的包，用户 A 在对 $N_a$、$T_a$ 做检验时就不会通过，这样就成功抵抗了重放攻击。

（3）当用户 A 对 KDC 发来的数据检测通过以后，他将发送 $<\{A\|K_{ab}\}K_b\|N_a\|T_a\| \quad H_b'\|T_a'>$ $K_{ab}$ 给用户 B。$H_b' = \text{Hmac}(K_b', \{A, K_{ab}\}K_b\|N_a\|T_a)$ 是 KDC 为用户 B 计算出的关于 $\{A, K_{ab}\}K_a\|N_a\|T_a$ 的鉴别码。用户 B 收到了用户 A 发送的数据后，他首先也是看用户 A 是否与自己进行过协商，（记最近记录的 A 的时间戳为 $T_{old}$，没有协商记录时视 $T_{old}=\varepsilon$，$\varepsilon$ 为正的一小量），然后检测 $T_{old}-\varepsilon < T_a < T_a' < T_a+\varepsilon$ 是否成立。如果不成立，则认为它是虚假数据包。通过以后，B 将鉴别 $H_b'$，因为 $H_b'$ 用的是 $K_b'$ 做的鉴别，所以用户 B 可以不用先解密出 $K_{ab}$，达到了快速的目的。如果鉴别通过，则根据 $T_{old}$ 和 $T_a$ 的大小将大者存入协商的时间记录里面。最后解密出 $K_{ab}$，检验用 $K_{ab}$ 鉴别的整个包。如果通过，则进行下一步骤，并且用 $T_a'$ 更新协商时间记录。因为数据包里面加入了随机数 $N_a$，时间标记 $T_a$、$T_a'$，以及 $K_b$ 和 $K_{ab}$ 的私有性，攻击者是无法伪造出能通过所有鉴别的数据的。因为有 $T_a$ 的缘故，攻击者的重放攻击也无法得手。

（4）最后一步是用户 B 对用户 A 的回应。因为使用了 $K_{ab}$ 作为密钥来鉴别，加上 $N_a$ 的时效性，所以攻击者无法伪装和重放。

综上所述，KDP 协议可以抵抗假冒和重放攻击，而且协商过程只是一些简单的比较，使用了 5 个快速的鉴别和两个用对称密码算法进行的加解密，高效性也就显而易见了。

## 11.1.2 公钥基础设施

公钥基础设施（Public Key Infrastructure，PKI）是信息安全基础设施的一个重要组成部分，是一种普遍适用的网络安全基础设施。PKI 是 20 世纪 80 年代由美国学者提出的概念。

公钥基础设施（PKI）是利用公钥密码理论和技术建立的提供信息安全服务的基础设施，

是一种标准的密钥管理平台，在统一的安全认证标准和规范基础上提供在线身份识别，提供加密和数字签名等密码服务所必需的密钥和证书管理。PKI 可以作为支持身份识别、完整性、机密性和不可否认性的技术基础，从技术上解决网上对应的安全问题，为网络应用提供可靠的安全保障。而且 PKI 绝不仅仅涉及技术层面的问题，还涉及电子政务、电子商务以及国家信息化的整体发展战略等多层面问题。PKI 作为国家信息化的基础设施，是相关技术、应用、组织、规范和法律法规的总和，是一个宏观体系，其本身就体现了强大的国家实力。PKI 的核心是解决信息网络空间中的信任问题，确定信息网络空间中各种经济、军事和管理行为主体（包括组织和个人）身份的唯一性、真实性和合法性，保护信息网络空间中各种主体的安全利益。

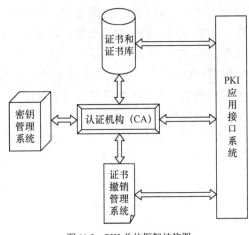

图11.3　PKI总体框架结构图

一个标准的 PKI 主要由认证机构（Certificate Authority，CA）、证书和证书库、密钥管理系统、证书撤销管理系统、PKI 应用接口系统等部分组成，其总体框架结构如图 11.3 所示。

### 1. 认证机构（Certificate Authority，CA）

CA 是 PKI 的核心执行机构，是 PKI 的主要组成部分，通常称为认证机构。CA 是 PKI 应用中公正可信任的第三方，承担证书的申请注册、证书签发，是公钥合法性检验的责任方，它由一个或多个用户信任的组织或实体组成。

（1）CA 的职责

CA 的主要职责包括如下几方面。

① 验证并标识证书申请者的身份。对证书申请者的信用度、申请证书的目的、身份的真实可靠性等进行审查，确保证书与身份绑定的正确性。

② 确保 CA 用于签名证书的非对称密钥的质量和安全性。为了防止被破译，CA 用于签名的私钥长度必须足够长并且私钥必须由硬件卡产生，私钥不出卡。

③ 管理证书信息资料。管理证书序号和 CA 标识，确保证书主体标识的唯一性，防止证书主体名字的重复。在证书使用中确定并检查证书的有效期，保证不使用过期或已作废的证书，确保网上交易的安全。发布和维护作废证书列表（CRL）。因某种原因证书要作废，就必须将其作为"黑名单"发布在证书作废列表中，以供交易时在线查询，防止交易风险。对已签发证书的使用全过程进行监视跟踪，做全程日志记录，以备发生交易争端时，提供公正依据，参与仲裁。

（2）CA 的组成

CA 主要由以下 3 部分组成。

① 注册服务器：存储用户的证书申请表。

② 证书申请受理和审核机构：负责证书的申请和审核。

③ 认证服务器：是证书生成、发放的运行实体，同时提供发放证书的管理、作废证书列表（CRL）的生成和处理等服务。

（3）用户公钥产生方式

CA 为用户的公开密钥签发公钥证书，发放和管理证书，并提供一系列密钥生命周期内的管理服务，将用户的公钥和用户的身份关联起来，为用户之间提供电子身份识别。CA 管理的核心问题是密钥的管理，必须确保用户公私密钥对中私钥的高度机密性和公钥的真实性（完整性），防止攻击者伪造和篡改合法用户的证书。CA 对证书的数字签名保证了用户证书的完整性、合法性和权威性。用户的公钥有以下两种产生方式。

① 用户自己生成公私密钥对，然后将公钥以安全的方式传送给 CA。该过程必须保证用户公钥的可验证性和完整性。

② CA 替用户生成公私密钥对，然后将其以安全的方式传送给用户，该过程必须保证密钥对的机密性、完整性和可验证性。该方式由于用户的私钥由 CA 生成，所以对 CA 的信任度有更高的要求，CA 必须在事后有效地销毁用户的私钥。

CA 自己的公私密钥对管理是非常重要的，必须确保 CA 私钥的高度机密性，防止攻击者伪造证书。CA 在提供服务的过程中，必须向所有由它认证的最终用户和可能使用这些认证信息的可信主体提供自己的公钥。在一些场合下，CA 自己的公钥证书中，主体和 CA 是一样的，这表明，CA 自己的证书是自签名的。

（4）CA 在密钥管理方面的作用

① 自身密钥的产生、存储、备份和销毁等管理。

② 为认证机构与各注册审核发放机构的安全加密通信提供安全密钥管理服务。

③ 提供密钥生成和分发服务。

④ 确定客户密钥生存周期、实施密钥销毁和更新等管理。

⑤ 提供密钥托管和密钥恢复服务。

⑥ 提供多级密钥生成和管理、密码运算服务。

由此可见，CA 是保证电子商务、电子政务、网上银行和网上证券等交易的权威性、可信任性和公正性的第三方机构。

从广义上讲，认证机构还应该包括证书申请注册中心（Registration Authority，RA）。RA 可以是独立的部门，也可以看成是 CA 的一部分，是整个 CA 正常运营不可缺少的一部分。RA 是数字证书注册审批机构，充当了 CA 和最终用户之间的桥梁，分担了 CA 的部分任务，负责证书申请者的信息录入、审核及证书发放等工作，并对发放的证书完成相应的管理功能。当用户数量增加或分散时，CA 的负荷将随之增加，RA 可以减轻 CA 的负担，方便用户。

**2. 证书和证书库**

证书是数字证书或电子证书的简称，是由 CA 为合法用户签发的一种权威性的电子文档，用于证明用户主体的身份以及公钥的合法性，一般的公钥证书结构如图 11.4 所示。

公钥证书按包含的信息分为两种：一种是身份证书，能够鉴别一个主体和它的公钥关系，证书中列出了主体的公钥；另一种是属性证书，是包含了实体属性的证书，属性可以是成员关系、角色、许可证或其他访问权限。使用属性证书可以鉴别许可证、凭据或其他属性。一般讨论最多的是身份证书，这类证书提供了认证、数据完整性和机密性，但它不提供授权。在授权中考虑的是主体的属性而不是身份，根据这些属性决定授权。为了安全、方便管理以及可互

图 11.4　公钥证书结构

操作，通常将这些授权信息从身份中提取出来，采取与公钥证书同样的保护方式加以保护，这就是属性证书。

下面介绍符合 X.509 标准的证书。图 11.5 所示的是 X.509v3 的证书结构。证书中签名算法标识符是用来标识签署证书所用的数字签名算法和相关参数。如 SHA-1 和 RSA 的对象标识符就是用来说明该数字签名是利用 RSA 对 SHA-1 的 Hash 值签名。主体公钥信息包括主体的公钥及所用的密码算法。可选的扩展项包括：机构密钥标识符（用来区分同一个颁发者的多对证书签名密钥）、主体密钥标识符（用来区分同一个证书拥有者的多对密钥）、密钥用途（指明运用证书中的公钥可完成的各项功能和服务）、扩展密钥用途（说明证书中公钥的特别用途）、CRL 分布点、私钥使用期、证书策略（一系列的与证书颁发和使用有关的策略对象标识符和可选的限定符）、主体别名（如主体的邮件地址、IP 地址等）、CA 别名（如 CA 的邮件地址、IP 地址等）和主体目录属性（证书拥有者的一系列属性）等。

| 证书 |
|---|
| 版本号 |
| 序列号 |
| 签名算法标识符 |
| 颁发者名称 |
| 有效期 |
| 主体名称 |
| 主体公钥信息 |
| 颁发者唯一标识符 |
| 主体唯一标识符 |
| 扩展项 |
| 颁发者（CA）签名 |

图 11.5  X.509v3 的证书结构

证书的发放一般经历两个过程：用户注册、证书的产生和发放。

CA 可以有多种方式让用户注册，用户的选择在很大程度上取决于应用环境。许多用户使用浏览器通过网络向 CA 或 RA 注册。注册是 PKI 中最重要的过程之一。通过注册，用户和 CA 之间建立起信任。用户可以查看 CA 公布的证书策略和认证实施说明。而 CA 可以通过面对面的交流方式要求用户提供各种身份信息。注册完成后，用户可以发起证书请求。发起证书请求有两种方式，即公私密钥对由用户生成或者由 CA 或 RA 生成。无论何种请求方式，证书的建立均由 CA 完成。请求并取回证书需要一个安全的协议机制，如 X.509 公钥基础设施证书管理协议（RFC2510）和 X.509 证书请求报文格式（RFC2511）等。

证书发放以后，需要进行有效的管理，一般包括以下 3 个方面。

（1）证书的检索：检索一个合法用户的公钥证书有两种不同的安全需求，加密发送数据或验证收到的数字签名。

（2）证书的验证：验证一个证书的有效性。

（3）证书的撤销：有两种方式导致证书的撤销，一是证书的自然过期，二是证书在有效期内被作废。

一个证书的有效期是有限的，这种规定在理论上是基于当前非对称算法和密钥长度的可破译性分析；在实际应用中是由于长期使用同一个密钥有被破译的危险，因此，为了保证安全，证书和密钥必须有一定的更换频度。为此，PKI 对已发的证书必须有一个更换措施，更换过程称为"密钥更新或证书更新"。证书更新一般由 PKI 系统自动完成，不需要用户干预。在用户使用证书的过程中，PKI 也会自动到目录服务器中检查证书的有效期，在有效期结束之前，PKI/CA 会自动启动更新程序，生成一个新证书来代替旧证书，并提示用户通过安全途径更新对应的私钥。

从证书更新的过程不难看出，经过一段时间后，每一个用户都会形成多个旧证书和至少一个当前新证书。这一系列旧证书和相应的私钥就组成了用户密钥和证书的历史档案。记录整个密钥历史是非常重要的。例如，某用户几年前用自己的公钥加密的数据或者其他人用自己的公钥加密的数据无法用现在的私钥解密，那么该用户就必须从他的密钥历史档案中，查找到几年前的私钥来解密数据。

证书库是 CA 颁发证书和撤销证书的集中存放地，它像网络上的"白页"一样，是网络上的公共信息库，可供公众进行开放式查询。其通常采用轻型目录访问协议（LDAP）实现。一般来说，查询的目的有两个：一是想得到与之通信实体的公钥，二是要验证通信对方的证书是否有效。证书库支持分布式存放，即可以采用数据库镜像技术，将 CA 签发的证书中与本组织有关的证书和证书撤销列表存放到本地，以提高证书的查询效率。

### 3. 密钥管理系统

密钥管理系统负责密钥的生成、分发、更新、备份及恢复。其中密钥的备份及恢复是密钥管理的特别内容。用户由于某些原因将解密数据的密钥丢失，从而使已被加密的密文无法解开。为避免这种情况的发生，PKI 提供了用户可选的密钥备份与密钥恢复机制：当用户证书生成时，加密密钥即被 CA 备份存储；当需要恢复时，用户只需向 CA 提出申请，CA 就会为用户自动进行恢复。

### 4. 证书撤销管理系统

CA 通过签发证书将用户的身份和公钥进行捆绑，但因种种原因，还必须存在一种机制来撤销这种捆绑关系，将在有效期内的现行证书撤销。例如，当用户身份信息发生变化、用户私钥丢失或泄露、用户属性发生变化时，就需要一种机制作废其证书，并公告其他用户。在 PKI 中，这种机制称为证书撤销，是把拟作废的证书写入到证书撤销列表（CRL）。CRL存放在目录系统中，由 CA 创建、更新和维护。当用户验证证书时负责检查该证书是否在 CRL之中。

证书撤销信息的更新和发布频率是非常重要的。一定要确定合适的时间间隔来发布和更新证书撤销信息，并且要将这些信息及时地传送给那些正在使用这些证书的合法用户。证书撤销的实现方法主要有两种：一种是利用周期性的发布机制，另一种是使用在线查询机制。

### 5. PKI 应用接口系统

为了使用户方便地使用加密、数字签名等安全服务，PKI 提供了良好的应用接口系统使各种应用能够以安全、一致、可信的方式与 PKI 交互。

PKI 能够提供智能化的信任与有效授权服务。信任服务主要是解决在茫茫网海中如何确认"你是你、我是我、他是他"的问题，PKI 是在网络上建立信任体系最行之有效的技术。为了提供信任服务，PKI 利用了多种信任模型用来描述用户、依托主体和 CA 之间的关系。下面介绍 3 种基本的 PKI 信任模型。

（1）CA 的严格层次结构

随着 PKI 的规模扩大，证书的数量不断增多，一个独立的 CA 可能会成为认证过程的瓶颈。采用认证层次结构是解决这个问题的办法之一。在这个结构中，根 CA 将它的权利授给多个子 CA，这些子 CA 再将它们的权利授给它们的子 CA，这个过程直至某个 CA 实际颁发了某一证书，如图 11.6 所示。CA 的严格层次结构是一个树形的结构，每个实体都信任根 CA，

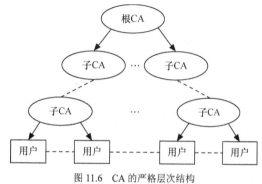

图 11.6  CA 的严格层次结构

因而都必须拥有根 CA 的公钥。

在该结构中，一个实体 A 检验另一个实体 B 的证书的方法是：从实体 B 一直向上逐级追溯到根 CA，然后实体 A 利用已知的根 CA 的公钥再逐级向下来检验实体 B 的证书。

（2）交叉认证模型

交叉认证是一种把各个 CA 连接在一起的有用的机制，实现的方法有多种：一种方法是桥接 CA，即用一个第三方 CA 作为桥，将多个 CA 连接起来，成为一个可信任的统一体，如下面讲的 CA 分布结构中心辐射配置模式；另一种方法是多个根 CA 互相签发证书，这样当不同 PKI 域中的终端用户沿着不同的认证链检验认证到自己所属的根时，就能达到互相信任的目的，如 CA 分布结构的网状配置模式。

（3）CA 的分布式信任结构

分布式信任结构把信任分散到两个或多个 CA 上。采用严格层次结构的 PKI 往往在一个企业或部门实施，为了将这些 PKI 系统互连起来，可以采用下列两种方式建立分布式信任结构。

① 中心辐射配置：在这些配置中，有一个中心地位的 CA，每个根 CA 都与中心 CA 进行交叉认证。

② 网状配置：在所有根 CA 之间进行交叉认证。

在分布式信任结构的中心辐射配置中，中心 CA 并不能被看成是根 CA。在该结构中，可能有多个根 CA，每个实体都信任自己的根 CA，且只拥有自己的根 CA 公钥。在同一根 CA 下的实体，相互检验对方证书的认证过程同严格层次结构一样。假如两个实体 A 和 B 不是同一个根 CA，实体 A（B）可以利用自己根 CA 的公钥来验证中心 CA 的公钥，然后利用中心 CA 的公钥验证 B（A）的根 CA 的公钥，再利用 B（A）的根 CA 的公钥向下验证，直至验证实体 B（A）的证书。

完善的 PKI 系统通过非对称密码算法以及安全的应用设备，基本上解决了网络社会中的绝大部分安全问题。它可以将一个无政府的网络社会改造成为一个结构化的、便于管理和可以追究责任的社会，从而杜绝黑客在网上肆无忌惮的攻击。在一个有限的局域网内，这种改造具有更好的效果。目前，许多网站、电子商务、安全 E-mail 系统等都已经采用了 PKI 技术。

## 11.1.3　授权设施

授权服务体系主要是为网络空间提供用户操作授权的管理，即在虚拟网络空间中的用户角色与实际应用系统中用户的操作权限之间建立一种映射关系。授权服务体系一般需要与信任服务体系协同工作，才能完成从特定用户的现实空间身份到特定应用系统中的具体操作权限之间的转换。

目前建立授权服务体系的关键技术主要是授权管理基础设施（Privilege Management Infrastructure，PMI）技术。授权管理基础设施也是国家信息安全基础设施的一个重要组成部分。PMI 通过第三方的可信任机构属性权威中心，把用户的属性和用户的身份信息捆绑在一起，在网上验证用户的属性。目的是向实体提供授权管理服务，提供用户身份到应用授权的映射功能，提供与实际应用处理模式相对应的、与具体应用系统开发和管理无关的授权和访问控制机制，简化具体应用系统的开发与维护。授权管理基础设施是包括属性证书、属性权威、属性证书库等部件的综合系统，用来实现权限和证书的产生、管理、存储、分发和撤销等功能。PMI 使用属性证书表示和容纳权限信息，通过管理证书的生命周期实现对权限生命周期的管理。属性证书的申请、签发、注销、验证流程对应着权限的申请、发放、撤销、使用和验证的过程。而且，使用属性证书进行权限管理的方式使得权限的管理不必依赖某个具体的应用，而且利于权限的分布式应用。

PMI 与 PKI 在结构上是非常相似的。信任的基础都是有关权威机构，由其决定建立身份识别系统和属性特权机构。在 PKI 中，由有关部门建立并管理根 CA，下设各级 CA、RA 和其他机构；在 PMI 中，由有关部门建立授权源（Source of Authority，SOA），下设分布式的 AA（Attribute Authority）和其他机构。PMI 授权服务体系以高度集中的方式管理用户和为用户授权，并且采用适当的用户身份信息来实现用户认证，主要是 PKI 体系下的数字证书，也包括动态口令或者指纹认证技术。安全平台将授权管理功能从应用系统中分离出来，以独立和集中服务的方式面向整个网络，统一为各应用系统提供授权管理服务。

授权管理基础设施在体系上可以分为三级，分别是信任源点（SOA 中心）、属性权威机构 AA 中心和 AA 代理点。在实际应用中，这种分级体系可以根据需要进行灵活配置，可以是三级、二级或一级。授权管理系统的总体架构示意图如图 11.7 所示。

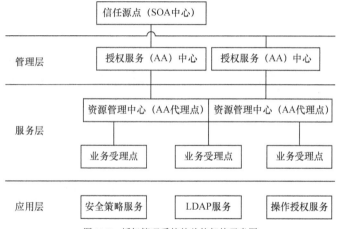

图 11.7 授权管理系统的总体架构示意图

### 1. 信任源点

信任源点（SOA 中心）是整个授权管理系统的中心业务节点，也是整个授权管理基础设施的最终信任源和最高管理机构。SOA 中心的职责主要包括授权策略的管理、应用授权受理、AA 中心的设立审核及管理和授权管理体系业务的规范化等。

### 2. 授权服务中心（属性权威机构）

授权服务中心是授权管理基础设施的核心服务节点，是对应于具体应用系统的授权管理分系统，由具有设立 AA 中心业务需求的各应用单位负责建设，并与 SOA 中心通过业务协议达成相互的信任关系。

AA 中心的职责主要包括应用授权受理、属性证书的发放和管理，以及 AA 代理点的设立审核和管理等。AA 中心需要为其所发放的所有属性证书维持一个历史记录和更新记录。

### 3. 授权服务（AA）代理点

AA 代理点是授权管理基础设施的用户代理节点，也称为资源管理中心，是与具体应用用户的接口，是对应 AA 中心的附属机构，接受 AA 中心的直接管理，由各 AA 中心负责建设，报经主管的 SOA 中心同意，并签发相应的证书。AA 代理点的设立和数目由各 AA 中心根据自身的业务发展需求而定。

AA 代理点的职责主要包括应用授权服务代理和应用授权审核代理等，负责对具体的用户应用资源进行授权审核，并将属性证书的操作请求提交到授权服务中心进行处理。

#### 4. 访问控制执行者

访问控制执行者是指用户应用系统中具体对授权验证服务的调用模块，因此，实际上并不属于授权管理基础设施的部分，却是授权管理系统的重要组成部分。

访问控制执行者的主要职责是：将最终用户针对特定的操作授权所提交的授权信息（属性证书）连同对应的身份验证信息（公钥证书）一起提交到授权服务代理点，并根据属性权威机构返回的授权结果，进行具体的应用授权处理。

授权管理基础设施以资源管理为核心，对资源的访问控制权交由授权机构统一处理，即由资源的所有者来进行访问控制。同 PKI 相比，两者主要区别是：PKI 证明用户是谁，而 PMI 证明这个用户有什么权限，能干什么，而且 PMI 需要 PKI 为其提供身份识别。

## 11.2　Web 安全

现实生活中，使用网络最常见的方式是浏览 Web 页面，网上交易多数也是利用 Web 方式来进行的。随着 Web 的广泛应用，尤其是在电子商务和电子政务中的应用，Web 业务的安全性成为信息安全的热点问题。本节将分析 Web 的安全问题，着重介绍保障 Web 应用安全的安全套接层协议 SSL。

### 11.2.1　Web 的安全问题

在信息时代里，网络在人们生活中的重要性日益突出，大部分信息的交流、信息的获取、商品的交易都是通过 Web 方式来完成的。然而 Web 应用在给人们带来便利的同时，引发了许多安全问题。

一般来讲，在 Web 应用中存在的问题主要有以下几个方面。

#### 1. Web 服务诈骗

建立网站是一件很容易的事，攻击者一般可以直接复制相关的网页稍做修改，设立一个欺骗性的 Web 站点，伪装成一个商业机构或政府机构，让访问者填一份详细的注册资料，还假装保证个人隐私，而实际上是为了获得访问者的隐私；或者提供一些虚假信息欺骗用户，在造成用户损失的同时，降低被冒充 Web 站点的信用度。这些欺骗性站点的网址一般类似于要冒充的 Web 站点，这使人们很容易上当。据调查显示，个人密码和信用卡号的泄露大多发生在这种情形下。

#### 2. 敏感信息泄露

网络上的交易信息如果不加密传输，窃听者可以很容易地截取并提取其中的敏感信息。

#### 3. 冒充合法用户

攻击者在获得合法用户的部分身份信息后，向 Web 服务器提出认证请求，对于不严格的认证机制，攻击者可能冒充成功；或者攻击者在截取和保存合法用户发出的消息后，通过修改合法用户的消息，转发或重放给 Web 服务器，以达到自己的目的。

### 4. 漏洞攻击

漏洞攻击主要是利用 Web 的安全漏洞，对 Web 服务器进行攻击，如著名的 DDOS（分布式拒绝服务攻击），可以致使合法的 Web 服务器瘫痪，无法提供正常的服务。攻击的发起者可以是个人，也可以是竞争者。

以上这些问题出现的原因，在一定程度上讲是用户的警惕性不高，操作不当造成的。另一方面是 Web 的安全应用需要可靠、适用的安全机制来保证。因此产生了下面的安全协议作为 Web 安全应用的保障。

## 11.2.2 安全协议

### 1. SSL 协议提供的安全服务

保障 Web 安全的方法有多种，相对通用的解决方案是在 TCP 层之上实施安全方案，这种方法的典型实例是安全套接层（Secure Sockets Layer，SSL）协议。SSL 是由 Netscape 公司主要发起的，设计的初衷是利用 TCP 提供可靠的端对端的安全服务，SSLv3 的设计得到了公众和工业界的关注，最终发布为一份 Internet 草案文档，目前已广泛用于 Web 浏览器和服务器之间的身份识别和加密数据传输。SSL 协议采用对称密码技术和公钥技术相结合，提供了 3 种基本的安全服务。

（1）通过加密数据保证通信数据的机密性。在建立连接的过程中利用公钥协商会话密钥。在会话过程中使用每个连接唯一的会话密钥，采用对称密码体制加密数据。

（2）利用消息鉴别保证通信数据的完整性。

（3）始终对服务器进行身份识别保证提供服务的真实性，并可选择对客户进行认证。

### 2. SSL 协议的组成

SSL 协议位于 TCP/IP 和应用层协议之间，其在 TCP/IP 协议栈中的位置如图 11.8 所示。SSL 协议由上下两层协议组成，其体系结构如图 11.9 所示。SSL 握手协议、SSL 修改密码规格协议、SSL 报警协议位于上层，主要用于 SSL 密钥的管理和身份识别。SSL 记录协议位于下层，为不同的更高层协议提供了基本的安全服务。值得一提的是，HTTP 可以在 SSL 上运行。

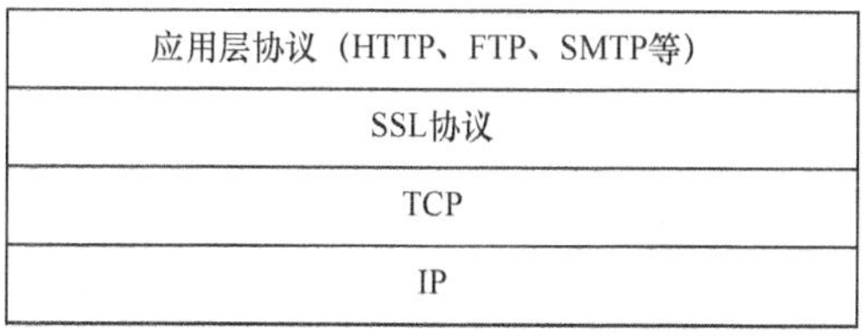

| 应用层协议（HTTP、FTP、SMTP等） |
|:---:|
| SSL协议 |
| TCP |
| IP |

图 11.8 SSL 在 TCP/IP 协议栈中的位置

| SSL握手协议 | SSL修改密码规格协议 | SSL报警协议 | HTTP |
|:---:|:---:|:---:|:---:|
| SSL记录协议 ||||
| TCP ||||
| IP ||||

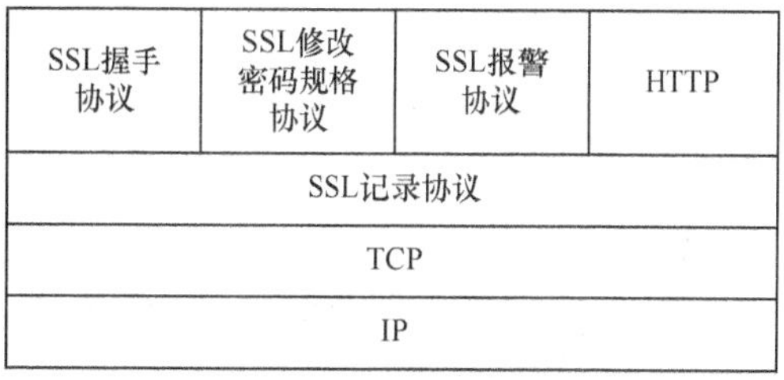

图 11.9 SSL 协议体系结构

SSL 协议中有如下两个重要的概念。

SSL 连接：连接是提供恰当类型服务的传输。SSL 连接是点对点的关系，同时，连接是暂时的，每一个连接与一个会话相关联。

SSL 会话：是客户和服务器之间的关联，通过握手协议来创建。会话定义了用于加密的一个安全参数集合，该集合可以被多个连接所共享，从而避免了每建立一个连接都要进行新的安全参数协商。

下面介绍 SSL 协议的各个组成部分。

（1）SSL 记录协议

SSL 记录协议为 SSL 连接提供以下两种服务。

① 机密性：利用 SSL 握手协议商定的共享密钥，对 SSL 有效载荷（包括 SSL 修改密码规格协议、SSL 报警协议、SSL 握手协议、其他高层协议）进行常规加密。

② 消息完整性：利用 SSL 握手协议商定的密钥，生成消息鉴别码（MAC）。

在 SSL 协议中，所有的传输数据都被封装在记录中，记录格式如图 11.10 所示。记录是由记录头和长度不为 0 的记录数据组成的。所有的 SSL 通信都使用 SSL 记录层，记录协议封装上层的握手协议、警告协议、修改密码规格协议和应用协议数据。SSL 记录协议规定了记录头和记录数据格式。

SSL 记录协议定义了要传输数据的格式，它位于一些可靠的传输协议之上（如 TCP），用于各种更高层协议的封装。记录

图 11.10　SSL 记录格式

协议主要完成分组和组合、压缩和解压缩以及消息认证和加密等功能。具体操作步骤如图 11.11 所示。

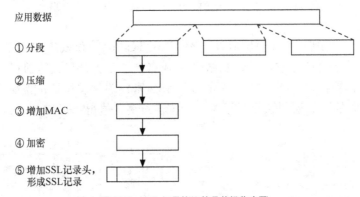

图 11.11　SSL 记录协议的具体操作步骤

① 分段：每个上层应用数据被分成 $2^{14}$ 字节或更小的数据块。

② 压缩：压缩是可选的，并且是无损压缩，压缩后内容长度的增加不能超过 1 024 字节。在 SSLv3 中没有指定压缩算法，默认情况下不执行压缩。

③ 增加 MAC：对压缩后的数据计算消息鉴别码（MAC）。在 SSLv3 中的 MAC 算法类似于第 4 章讲的 HMAC 算法，不同之处是两个填充是毗连起来的，而在 HMAC 中则是进行**异或**操作。

④ 加密：对压缩数据及 MAC 进行加密，加密后内容长度的增加不应该超过 1 024 字节，因此密文全长不会超过 $2^{14}+2\ 048$ 字节。可选的加密算法如表 11.1 所示。

| 表 11.1 | | SSL 协议可选的加密算法 | |
|---|---|---|---|
| 分 组 密 码 | | 序 列 密 码 | |
| 算法 | 密钥长度/bit | 算法 | 密钥长度/bit |
| IDEA | 128 | RC4-40 | 40 |
| RC2-40 | 40 | RC4-128 | 128 |
| DES-40 | 40 | | |
| DES | 56 | | |
| 3DES | 168 | | |
| Fortezza | 80 | | |

⑤ 增加 SSL 记录头，形成 SSL 记录。记录头包含如下字段。

内容类型（8 bit）：用于处理封装后该数据段的更高层协议。

主要版本（8 bit）：指明应用的 SSL 的主要版本，对于 SSLv3，该值为 3。

次要版本（8 bit）：指明应用的 SSL 的次要版本，对于 SSLv3，该值为 0。

压缩后的长度（16 bit）：以字节为单位记数，最大值为 $2^{14}+1\ 024$。

（2）SSL 修改密码规格协议

SSL 修改密码规格协议是使用 SSL 记录协议的 3 种 SSL 特定的协议之一，也是最简单的子协议。该协议由一条单独消息组成，而消息只包含值为 1 的一个字节，消息的唯一功能是将挂起状态改变为当前状态，从而更新在该连接中使用的密码机制。

（3）SSL 报警协议

SSL 报警协议用来向对方实体传送 SSL 相关的报警消息，由两个字节组成，第一个字节的值用来表明警告的严重程度（如果严重程度是致命的，SSL 将立刻中止该连接，该会话的其他连接可以继续，但是本次会话不会允许建立新的连接）；第二个字节是用于指明具体警告的代码。下面列出一些警告。

Unexpected_message：收到不合规范的消息。

Bad_record_mac：收到不正确的 MAC。

Decompression_failure：解压缩函数的输入错误。

No_certificate：当没有合适的证书时，发送该消息作为对证书请求者的回应。

Bad_certificate：收到的证书是受损的。

Certificate_unknown：证书处理过程发生异常，该证书无法被系统识别和接受。

Certificate_expired：证书已经过期。

其中前 3 个都是致命的警告。

（4）SSL 握手协议

SSL 握手协议是 SSL 协议中最为复杂的部分，该协议用于客户端和服务器之间相互进行身份识别、决定一次会话中使用的加密算法、MAC 算法以及用于保护 SSL 记录数据的加密密钥。SSL 握手协议应该在任何实际的数据传输之前运行。

SSL 握手协议由一系列客户端和服务器之间交换的消息组成，所有这些消息格式相同，包含以下 3 个字段。

类型（1 字节）：用于指明使用的 SSL 握手协议消息类型，共有 10 种类型，如表 11.2 所示。

长度（3 字节）：以字节为单位计数的消息长度。

内容（≥1 字节）：与本条消息相关的参数。

表 11.2　　　　　　　　　　SSL 握手协议的消息类型和参数

| 报 文 类 型 | 参 　 数 |
|---|---|
| Hello_request | 空 |
| Client_hello | 版本、随机数、会话 ID、密码机制、压缩算法 |
| Server_hello | 版本、随机数、会话 ID、密码机制、压缩算法 |
| Certificate | X.509v3 证书链 |
| Server_key_exchange | 参数、签名 |
| Certificate_request | 类型、授权 |
| Server_done | 空 |
| Certificate_verify | 签名 |
| Client_key_exchange | 参数、签名 |
| Finished | Hash 值 |

SSL 握手协议的动作是建立客户端和服务器之间逻辑连接的消息交换过程，整个过程如图 11.12 所示，共包含以下 4 个阶段。

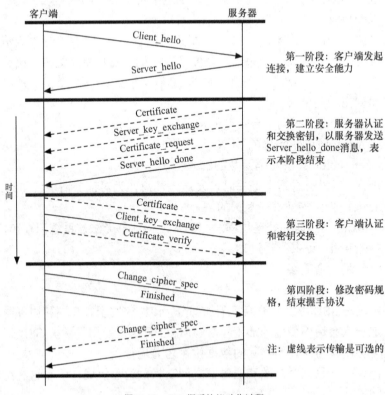

图 11.12　SSL 握手协议动作过程

第一阶段：客户端发起连接，建立安全能力。由客户端向服务器发送 Client_hello 消息来发起连接，服务器向客户端回应 Server_hello 报文，建立如下的安全属性：协议版本、会话 ID、密码机制、压缩方法，同时生成并交换用于防止重放攻击的随机数。

第二阶段：服务器认证和密钥交换。在第一阶段之后，如果服务器需要被认证，服务器将发送其证书。如果需要，服务器还要发送 Server_key_exchange。然后，服务器可以向客户端发送 Certificate_request 请求证书。服务器最后发送 Server_hello_done 消息，表明本阶段结束。

第三阶段：客户端认证和密钥交换。客户端一旦收到服务器 Server_hello_done，客户端将检查服务器证书的合法性，如果服务器向客户端请求了证书，客户端必须发送客户端证书，然后发送 Client_key_exchange，消息的内容依赖于第一阶段商定的密钥交换的类型。最后，客户端可能发送 Certificate_verify 来校验客户端发送的证书，这个消息只能在具有签名作用的客户端证书之后发送。

第四阶段：修改密码规格，结束握手协议。结束阶段，客户端发送 Change_cipher_spec 并用挂起的加密机制替换当前的加密机制。本消息不是 SSL 握手协议的一部分，而是 SSL 修改密码规格协议。然后，客户端在新的算法和密钥下发送 Finished 消息。Finished 消息验证密钥交换和认证过程是成功的。服务器对这两个消息响应，发送自己的 Change_cipher_spec、Finished 消息。整个握手过程结束，客户端与服务器可以进行应用层数据交换了。

与 SSLv3 非常相似的是传输层安全协议 TLS，TLS 是一个 IETF 标准。TLSv1.0 是基于 SSL 的，相关文档是 RFC2246。两个互相不知其代码的应用程序可用 TLS 协议来进行安全通信。SSLv3.0 和 TLSv1.0 没有明显的区别，对后者的消息格式稍加修改之后，就可以相互操作了。一个 TLSv1.0 应用能返回到 SSLv3.0 的连接。

## 11.2.3 SET 协议

在电子商务应用中，保证买卖双方通信数据的安全是非常重要的，为了克服 SSL 协议的安全缺点，满足电子交易不断增加的安全需求，达到交易安全并符合成本效益的市场要求，由 VISA 和 Master Card 两家国际性信用卡商合作，制定了安全电子交易（Secure Electronic Transactions，SET）协议。SET 协议是一个为在线交易而设立的开放的、以电子货币为基础的电子付款系统规范，在保留对客户信用卡认证的前提下，增加了对商家的身份进行识别。SET 协议的详细内容非常复杂，限于篇幅在此只介绍其工作流程。

### 1. SET 协议的参与实体

在一次完整的电子交易中，参与 SET 协议的实体如下。

（1）持卡人：也就是消费者，是发卡银行发行的支付卡的授权持有者。

（2）商家：是通过网络为持卡人提供服务的个人或组织，可以接收支付卡业务的商家必须和某收单银行有业务关联。

（3）发卡银行：是一个金融机构，主要作用是向持卡人发行支付卡，并对持卡人的债务支付负责。

（4）收单银行：与商家有业务关联的银行，可以完成支付卡的授权和支付功能。商家通常会接收多个发卡银行发行的支付卡，但不希望与每个发卡银行进行复杂的业务联系，这时收单银行替商家来完成业务的联系。收单银行要向商家提供支付卡的相关信息，并将支付款项付给商家的账号。

（5）支付网关：是一种收单银行或指定的第三方运作的用于处理商家支付信息的功能

设施。支付网关在商家和银行卡支付网络之间完成授权和支付功能。商家通过互联网和支付网关进行 SET 消息的交换，支付网关可以和收单银行的金融处理系统有直接或网络的连接。

（6）认证机构：通常由一些发卡机构共同委派，是负责向持卡人、商家发行 X.509v3 公钥证书的可信机构。

**2. SET 协议的工作流程**

SET 协议的工作流程主要有以下步骤。

（1）持卡人向商家发送订购信息。

（2）商家对订购信息做出回应，给出商品属性。

（3）持卡人确认订单并对订单和支付信息进行数字签名，支付信息被加密，商家无法看到。

（4）商家接收订单后，向发卡银行请求支付认可，消息通过支付网关到收单银行，而后再到发卡银进行确认支付卡的真实性。

（5）发卡银行认可并签证交易，同时收单银行对商家识别并认可签证交易。

（6）商家向持卡人发送订单确认消息并提供货物。持卡人可记录交易日志，以备将来查询。

（7）商家向收单银行请求支付，收单银行将货款转入商家账号，或向发卡银行请求支付。

SET 协议与 SSL 协议相比要复杂许多，运行速度也慢，而且成本很高，互操作性差，需要在客户端安装专门的软件，不像 SSL 协议已被浏览器和服务器内置；但 SET 协议工作于应用层，规范整个电子商务活动的流程，制定了严格的加密和认证标准，具备商务性、协调性和集成性功能。

**3. SET 协议存在的问题**

SET 协议存在以下一些问题，这些漏洞可能会在以后受到潜在的攻击。

（1）协议没有说明收单银行给商家付款前，是否必须收到消费者的货物接收证书。如果商家提供的货物不符合质量标准，消费者提出异议，责任承担者未鉴定。

（2）协议没有担保"非拒绝行为"，这意味着商家没有办法证明订购是由签署证书的、讲信用的消费者发出的。

（3）SET 技术规范没有提及在交易完成后，如何安全地保存或销毁此类数据，是否应当将数据保存在消费者、商家或收单银行的计算机里。

## 11.3 邮件安全

### 11.3.1 电子邮件系统概述

电子邮件（E-mail）是 1972 年由 Ray Tomlinson 发明的，它是互联网中最早出现的服务之一，是互联网上最广泛、最成功的应用之一，也是唯一广泛的跨平台、跨体系结构的分布式应用。

电子邮件系统通过非实时的"存储-转发"方式为用户传递信件，基本的工作原理如

图 11.13 所示。

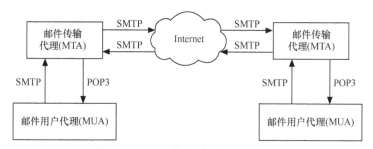

图 11.13 电子邮件系统的工作原理示意图

其中有如下几个概念。

MUA（Mail User Agent，邮件用户代理），帮助用户读写邮件。

MTA（Mail Transport Agent，邮件传输代理），负责把邮件从一个服务器传递到另一个服务器或者邮件用户代理。

MTA 以及 MUA 是邮件系统的核心，邮件可能经历不止一个 MTA 到达对方用户信箱。电子邮件在一个完整的从发送方到达接收方的过程中，涉及的邮件发送协议有 SMTP，与邮件收取相关的协议有 POP3，另外与邮件服务相关的协议还有 MIME、S/MIME、IMAP 以及一些编码标准。

## 11.3.2 电子邮件的安全问题

在电子邮件越来越多地被应用到工作和生活中的同时，邮件系统的安全问题也越来越突出。本小节将概要地讨论邮件系统的安全问题。

### 1. 电子邮件安全问题的根源

虽然电子邮件系统是互联网上最为广泛和最为成功的应用，但是它仍然存在许多严重的安全隐患，造成了诸多方面的安全问题，比较突出的体现在 3 方面：敏感信息被人截获、垃圾邮件大量涌现和病毒借助邮件进行传播。问题的根源在于电子邮件服务与众多的网络服务一样（如 WWW 服务、Telnet 服务等）都是基于 TCP/IP 来实现的，TCP/IP 的数据包基本上都是明文或者基于标准的编码进行传输，而且在传输中的各个中间的环节没有完善的认证机制，特别是邮件系统中核心的邮件传输协议（SMTP）更是如此。协议明码传输造成了邮件内容在传送过程很容易被人侦听、截获；邮件转发时不需要身份识别使得有人可以冒充他人发送邮件攻击邮件服务器或者发送邮件炸弹。另外，电子邮件系统所传送的内容也已经远远超出了最初设计的传送文本消息的目的。电子邮件传送内容不但包括各种静态的数据文档、动态的多媒体数据和 HTML 文档，甚至还包括具有一定执行能力的脚本程序，为完成这些强大的功能而实现的复杂的邮件客户端软件给垃圾邮件、病毒邮件的生存提供了肥沃的土壤。

管理问题也是邮件安全的另一个根源性的问题。尽管目前新的邮件系统都提供了一系列的安全技术，如基于 SSL 的加密邮件传送协议等，但互联网上仍存在大量的邮件服务器使用低版本的邮件系统。管理的另外一个严重问题是管理员技术水平以及责任心问题，具体表现在：可能制定了不恰当的安全策略，造成对邮件服务器不正确的安全配置；邮件系统不及时升级；错误的安全配置造成病毒邮件、垃圾邮件的大肆传播等。

**2. 电子邮件安全目标**

（1）邮件分发安全：病毒邮件、垃圾邮件、Open Relay 等问题威胁着邮件分发时的安全，邮件转发时避免 Open Relay 可以很有效地阻止垃圾邮件以及防范病毒。

（2）邮件传输安全：为保证邮件传输的机密性和完整性，必须保证邮件传输时的安全，避免邮件传输过程中被窃听、篡改，甚至伪造。

（3）邮件用户安全：在邮件用户访问邮件服务器时，通过用户身份识别等手段，防止邮件系统的非授权访问，同时防止病毒等有害代码威胁用户安全。

（4）邮件系统运行安全：防范 DoS 攻击、邮件炸弹，以及制定合适的邮件系统备份策略以防备系统由于软硬件发生故障或者被恶意破坏。

电子邮件系统受到的安全攻击如图 11.14 所示。

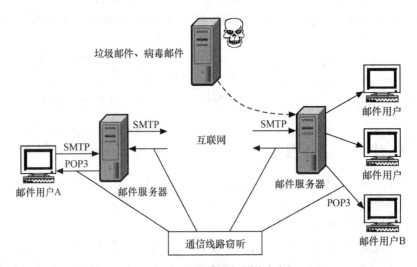

图 11.14　电子邮件系统受到的安全攻击

电子邮件的安全问题通常涉及如下几个方面：

- 邮件伪造；
- 邮件的不安全传输和不保密存储；
- 垃圾邮件；
- 邮件病毒、蠕虫的防范；
- E-mail 手段的黑客攻击；
- DoS 攻击、邮件炸弹、目录搜集攻击（尝试搜集大量有效的电子邮件地址）；
- 邮件客户端的不安全；
- HTML 邮件的不安全（网络钓鱼、跨站脚本攻击）；
- 邮件服务器的不安全。

针对上述威胁，需要采取一系列的安全技术手段。

首先，最基本要保证的是邮件系统运行安全。这包括邮件服务器本身的安全和邮件用户客户端的安全，需要对邮件服务器和客户端及时进行系统升级避免系统安全漏洞的侵害，安装防病毒和反垃圾邮件软件，对流入/流出的邮件进行实时的过滤，加强邮件服务器的邮件传送认证措施，安装防火墙等抵御针对服务器本身的恶意攻击等。

其次，针对邮件系统传输的安全问题，现在的邮件系统基本都支持加密方式的邮件发送和接收，如邮件服务器之间采用基于 SSL 的 SMTP，邮件客户端和服务器之间采用基于 SSL 的 SMTP、POP3 以及 IMAP 等加密协议来进行通信，这样可以有效地防止通信过程中攻击者对邮件的窃听、伪造。

另外，对于 HTML 邮件的安全问题，基本上可以归结为 Web 客户端安全问题。

其他的安全问题，在安全的邮件系统中会得到有效的解决，11.3.3 小节将概要介绍两个比较重要的安全电子邮件系统的技术方案。对于垃圾邮件和病毒邮件的威胁在 11.3.4 小节重点介绍。

除了制定和实施一系列的安全技术措施外，还需要制定一系列的措施来加强安全管理。

## 11.3.3 安全邮件

从网络分层模型的角度来看，在网络的各层都可以应用安全技术来提供系统的安全保障，特别是在网络层和应用层。但基于应用层的技术方案有很强的针对性和适应性，因此目前很多的邮件安全技术都是在应用层来实现对电子邮件的加解密、数字签名和邮件的完整性校验的。

前文已经提到，电子邮件系统是一种"存储转发"式的端到端的通信方式，其中有多个非可信的 MTA 来参与邮件的存储转发工作，因此安全的邮件系统必须实现安全的邮件存储、传输和转发。另外，电子邮件是一种非实时的通信，通信的双方无法在线进行会话密钥的协商，同时通信中所传递的信息包括从文本消息到多媒体文件等各种的二进制内容，因此必须用一种特殊的协议来实现邮件系统的安全机制。目前已经出现了很多与电子邮件安全相关的协议与标准，如 PEM（Privacy Enhancement for Internet Electronic Mail）、PGP（Pretty Good Privacy）、S/MIME（Secure MIME）和 MOSS（MIME Object Security Services）等。本小节只介绍 PGP 和 S/MIME 两个应用比较广泛的电子邮件安全技术。

### 1．PGP

PGP（Pretty Good Privacy）是由 Phil Zimmermann 开发的，是目前很成功的安全电子邮件客户端软件。它是一个完整的电子邮件安全软件包，包括加密、认证、数字签名和压缩等技术。PGP 只是将现有的一些算法（如 MD5、RSA 以及 IDEA 等）综合在一起，虽然其最初的设计以及后来成功应用的对象都是电子邮件系统，但总体上来讲它是一套建立在公钥证书基础之上，可以很方便地为用户实现保密传输、签名和认证等其他安全需求的通用的安全软件包。它的主要功能如表 11.3 所示。

**表 11.3**　　　　　　　　　　　　　　**PGP 的主要功能**

| 功　　能 | 使用的算法 |
| --- | --- |
| 消息认证 | PGP 的数字签名采用 MD5、RSA/SHA-1 算法 |
| 消息加密 | CAST-128 或 IDEA 或 3DES |
| 数据压缩 | ZIP |
| 邮件兼容 | PGP 加密文件生成 radix 64 格式编码文件 |
| 数据分段 | — |

下面按照 PGP 的主要功能来介绍它的工作原理，如图 11.15 所示。

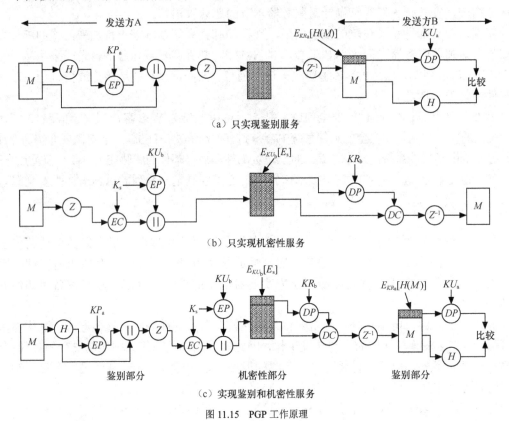

（a）只实现鉴别服务

（b）只实现机密性服务

（c）实现鉴别和机密性服务

图 11.15　PGP 工作原理

（1）消息鉴别的过程是：发送方对要传送的消息 $M$ 用 SHA-1 算法生成一个 160 bit 的散列码 $H$，使用发送方的私钥 $KR_a$ 签名 $H$，并将结果附在消息的头部，压缩后发送给接收方；接收方将接收到的信息解压缩后，使用发送方的公开密钥 $KU_a$ 验证散列码 $H$，同时接收方对收到的 $M$ 使用同样的算法生成一个新的散列码并与 $H$ 进行比较，如果两者一样，则消息 $M$ 被确认。

（2）机密性保证的过程是：发送方对要传送的消息 $M$ 先压缩，并随机产生一个 128 bit 的随机会话密钥 $K_s$，利用 CAST-128（或者 IDEA、3DES）算法加密要传送的信息，使用接收方的公钥 $KU_b$ 和 RSA 算法加密会话密钥，并且把结果附在消息的头部；接收方使用自己的私钥和 RSA 算法解密和恢复会话密钥，使用会话密钥解密消息。

（3）机密性和鉴别同时进行的过程是把上述的鉴别过程和机密性保证过程一起使用。通常情况是先对明文进行签名后再加密传送，这样的好处是签名和明文可以很方便地一起保存，而且不必关心加密使用的对称密钥。

（4）压缩过程采用的是 ZIP 算法。采用压缩算法有利于减小邮件的传输开销和减少文件保存的空间，通常是在签名之后、加密之前进行压缩。签名之后压缩的好处是有利于明文和签名一起保存。另外 PGP 中压缩算法的不确定性使得压缩后再签名会存在一些问题。而在加密之前进行压缩能够提高密码的安全性，压缩后的消息减少了明文中的信息冗余，对密码分析增加了难度。

此外，由于许多的电子邮件系统只允许传送 ASCII 文件，PGP 使用了 radix-64 编码算法来兼容电子邮件信息的传送，虽然 radix-64 编码算法使得要传送的消息扩大了 33%，但由于 PGP 中使用了 ZIP 压缩算法，总体上看，仍然是节约的。考虑到电子邮件在传输中其大小受限于最大消息长度的问题，PGP 中提供了分段重组的功能。

PGP 中所有的用户都可以签发各自的证书，通常是由公认的个人来签发的，这种通过个人来维持的信任网络很难在大规模的群体中应用。

### 2. S/MIME

S/MIME（Secure/Multipurpose Internet Mail Extension）是基于密码学的诸多成果对 MIME Internet 电子邮件格式的安全扩充。S/MIME 在一般功能上与 PGP 非常相似，同样提供对报文进行签名和加密的功能，如表 11.4 所示。但 S/MIME 是 IETF 制定的电子邮件安全协议标准，而且很有可能成为未来的商业或组织使用的工业标准，而 PGP 更倾向于个人用户。S/MIME 工作在应用层上，目前并非所有的邮件客户端都支持。另外对基于 Web 的电子邮件系统还缺乏可靠的安全机制，给 S/MIME 的广泛应用带来了一定的难度。

S/MIME 中使用的 Hash 算法为 SHA-1 和 MD5，使用的数字签名算法是 DSS 和 RSA，使用的密钥加密算法是 ElGamal 和 RSA，使用的数据加密算法是 3DES 和 RC2/40。

表 11.4        S/MIME 的主要功能

| | |
|---|---|
| 数据封装（Enveloped Data） | 对邮件加密，并附上一个或多个接收者的加密密钥 |
| 数据签名（Signed Data） | 对邮件内容做摘要，然后用签名者的私钥对摘要签名 |
| 明文签名（Clear-signed Data） | 只有签名部分用 radix-64 方式编码 |
| 数据签名和封装 | 签名和加密相结合，加密数据被签名或者签名数据被加密 |

## 11.3.4 垃圾邮件与病毒过滤

究竟什么是垃圾邮件？迄今为止比较权威的说法是中国互联网协会在《中国互联网协会反垃圾邮件规范》里对垃圾邮件的定义：收件人事先没有提出要求或者同意接收的广告、电子刊物、各种形式的宣传品等宣传性的电子邮件；收件人无法拒收的电子邮件；隐藏发件人身份、地址、标题等信息的电子邮件；含有虚假的信息源、发件人、路由等信息的电子邮件。从用户的角度，还可以笼统地对垃圾邮件进行一个定义：垃圾邮件是用户不想收到的电子邮件。从垃圾邮件的定义中可以看到，垃圾邮件很难从技术方面来做出区分，因此从技术方面来讲对垃圾邮件的防范会非常困难。

垃圾邮件就其根源，除了商业利益的驱动等非技术原因外，主要还在于邮件系统本身存在一些技术缺陷。非技术的原因这里不详细讨论，本部分重点讨论技术层面的问题。

由于电子邮件是互联网上最早的服务，在其出现时网络很不健全，通信的双方很少能够直接进行对话，人们必须找到一条有效的路径，使得邮件可以按照这条路径一步步地传送到目的地，这和传统的邮件在一个个邮局进行中转的概念是一样的。在 SMTP 中明确规定了当邮件在不同的网络中进行传送时，需要借助中间的服务器进行中转，这种通过与收件方和发件方毫不相关的第三方邮件服务器来进行转发的功能，称为 Relay。事实上邮件服务器可以对转发做出限制（如限制某些用户、某些 IP 地址等），如果该邮件服务器对其转发的邮件没有任何限制，称为 Open Relay。目前垃圾邮件和病毒邮件的传播主要通过 Open Relay 来进行。

如果所有邮件服务器都关闭了 Open Relay 的话，可以在很大程度上消除垃圾邮件，或者至少可以有比较好的手段来对垃圾邮件进行限制和过滤。邮件服务器配置不当、邮件服务程序版本过低是造成 Open Relay 大量存在的主要原因。

对于垃圾邮件的防范，可以从邮件服务器端和邮件客户端来加强。服务器端的防范措施除了关闭 Open Relay 以免给垃圾邮件提供便利外，还包括主动的防范措施，如图 11.16 所示。

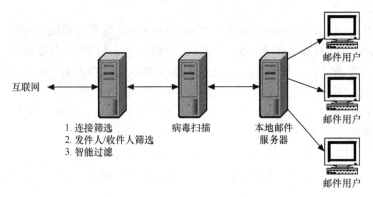

图 11.16 垃圾邮件的防护原理

（1）利用来自第三方实时阻止列表上列出的已知垃圾邮件源，进行连接筛选，阻止其传入 SMTP 连接。

（2）发件人和收件人筛选（如空发件人过滤）过滤和删除接收的垃圾邮件。

（3）利用内容过滤等智能邮件筛选器过滤和删除垃圾邮件。

在经过上述阶段的过滤之后，对电子邮件进行病毒扫描，然后发送到邮箱服务器供用户访问。电子邮件客户端也运行过滤和筛选软件，以进一步减少到达用户的垃圾邮件的数量。

在理想情况下，垃圾邮件不应该到达客户端。但实际上，在服务器端的过滤规则不能设置得太严格，主要原因之一是一些合法电子邮件，例如，一些新闻稿或者商业信息，有些是用户需要的，而且是合法订阅的，但有些是不请自来的垃圾邮件，这两者在特征上没有明显的差异；另外，可能有些邮件对一些用户来讲是需要的，但对于另外一些用户来讲，通常是垃圾邮件。因此，服务器端不能把过滤规则设置得太严格，以至于所有可疑邮件均被过滤掉。由于还是会有大量的垃圾信息到达邮件的客户端，所以需要在客户端进一步进行垃圾邮件的过滤。

用户可以建立一个安全发件人列表和一个阻止发件人列表。安全发件人列表包含受信任的电子邮件地址和域名，对于从这类地址和域发来的邮件，用户总是希望接收。与之相反，阻止发件人列表包含那些用户不希望从其接收邮件的地址和域名。客户端也需要智能的垃圾邮件筛选器来进一步进行垃圾邮件的筛选。

目前，50%以上的病毒是通过电子邮件方式来传播的，电子邮件成了病毒和恶意代码的重要传播渠道。做好邮件系统的安全防范是整个信息安全领域的重要事情。

垃圾邮件给邮件服务环境带来了性能和工作效率问题，占用了大量的网络资源，而恶意软件（如病毒、蠕虫和特洛伊木马）给网络和用户带来的安全威胁远大于此。单独一次病毒攻击，轻者导致用户停机以进行清理，重者危及敏感数据安全或毁坏敏感数据。

在大多数邮件系统拓扑结构中，防病毒措施可以在多个位置部署。在网络环境的多个层中采用防病毒措施虽然增加了性能开销，但降低了风险。每个电子邮件系统的具体部署必须根据其特定环境决定在哪个层的哪些点上使用防病毒措施。通常情况，可以在电子邮件服务环境的 3 个层部署防病毒解决方案：网关、邮件服务器和客户端，如图 11.17 所示。

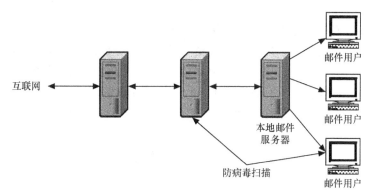

图 11.17　邮件病毒防护技术

综合性的邮件清理策略不仅能够防御病毒和垃圾邮件，还能防御其他与电子邮件相关的威胁。如"邮件炸弹"，使用大量无用的电子邮件瘫痪某个特定的收件人或整个电子邮件系统，以图达到关闭系统的目的。此类攻击的危害在于，它不是垃圾邮件，而是有目标的拒绝服务攻击。

另一类型的威胁是"目录搜集攻击"，它试图通过分析服务器对电子邮件提交命令的响应来发现大量有效的收件人地址。当垃圾邮件发件人使用各种可能存在的由字母和数字组成的用户名向电子邮件服务器发送垃圾邮件时，就会发生目录搜集攻击。当电子邮件服务器被配置为将无法传递的邮件返回发件人时，垃圾邮件发件人就可分析接收到的结果以确定哪些电子邮件地址没有被返回，因而能确认这些地址是有效的。

要抵御这些类型的威胁，仅有反垃圾邮件和防病毒解决方案是不够的，还需要恰当的人员管理和实施恰当的安全部署，时刻准备抵御垃圾邮件、病毒、电子邮件攻击和对其基础设施的其他安全威胁。

邮件清理策略的最重要的主题是多层方法必不可少。在基础结构的单一层上抵制垃圾邮件、病毒和其他恶意攻击的任何尝试是完全不够的。因此，需要在整个邮件服务基础结构中的多个层上部署防病毒软件。其主导原则是必须阻止大量垃圾邮件和恶意邮件进入网络。因此，需要在网关处使用恰当的筛选。

# 小　结

本章主要介绍了 KDP、PKI、PMI 应用安全基础设施，Web 安全协议，以及邮件安全等内容。

KDP 是带有可信第三方的使用对称密码算法的密钥协商协议；PKI 是利用公钥理论和技术建立的提供信息安全服务的基础设施，是一种标准的密钥管理平台；PMI 通过第三方的可信任机构属性权威中心，把用户的属性和用户的身份信息捆绑在一起，在网络上验证用户的属性。KDP、PKI 和 PMI 构成了包括密码体制、安全协议、授权管理内容的应用系统安全基础。

# 习 题 11

1. 什么是安全基础设施？请结合生活实例说明。

2. 简述安全基础设施的作用。如果安全基础设施出了问题，试描述可能导致的后果。

3. 什么是 PKI？讨论 PKI 提出的安全背景，试描述 PKI 的应用场景。

4. PKI 的核心服务有哪些？关键技术是什么？PKI 服务的优点有哪些？

5. 完整的 PKI 应用系统应包括哪些部分？PKI 实体是如何实现认证、加密和不可抵赖服务的？

6. CA 在 PKI 系统中的地位和作用是什么？如何保证 CA 系统内部的数据机密性、完整性、操作员的身份认证和操作的不可抵赖性？

7. 描述多个 CA 之间如何进行交叉认证，并证明不在同一个 CA 信任树域内的用户可以建立信任关系。

8. X.509 v3 证书中私有密钥使用周期扩展的作用是什么？

9. 在 X.509 v3 证书中的基本约束字段有什么作用？怎样限制签发给 CA 的证书不能再签发 CA 证书？

10. 在 PKI 管理系统中，为什么要进行拥有私钥的证明？对于不同的密钥类型，具体应怎样来实施拥有私钥的证明？

11. 试描述我国目前电子政务发展状况和相关的信息安全基础设施建设。利用所学的知识构思一个具体的电子政务建设中信息安全基础设施建设方案。

12. 设计一个完整的 CA 系统，为网上购书等电子商务应用提供安全服务，包括证书申请、签发、下载和使用，证书注销申请和证书注销列表下载使用。注意，基于 Web 的安全应用目前大都采用 SSL 的方式，但是由于 SSL 不支持数字签名，而电子商务的应用离不开数字签名，在你设计的方案中必须有数字签名机制。

13. 注册一个个人证书需要什么条件？注册的步骤有哪些？试在安全网站上申请免费的个人证书。

14. 证书和证书撤销消息的发布主要有哪些方式？试讨论各自的适应环境。

15. 请查阅相关资料，了解和比较 PKI 和 PMI 是如何结合使用的。

16. 请简要说明 SSL 协议的连接过程。

17. SSL 协议是如何实现安全通信的？主要保护哪部分安全？

18. 描述 SSL 的握手层和记录层各自使用的加密算法，并说明原因。

19. 请查阅 SET 相关标准和资料，说说 SET 协议实现的背景信息，并结合中国银行卡的现状说明基于 SET 的电子支付实现的必要性。

20. 试说明电子邮件的安全问题有哪些？你是如何处理这些问题的。

21. 分别说明 PGP 和 S/MIME 的功能，并比较二者的优缺点。

# 第 12 章

# 安 全 审 计

安全审计是保障信息安全的重要安全机制，它与其他安全措施相辅相成、互为补充，共同完成信息安全保障的任务。它可以对已经或者正在发生的网络入侵、非法访问等安全事件进行审计和监控，从而保护信息所有者的权利不受非法侵害。除了安全审计以外，与之密切相关的问题还包括审计日志和计算机取证等。审计日志是安全审计的重要根据，它记录了信息系统安全状态和事件的原始数据，人们可以以此判断系统的安全性或存在的问题。计算机取证是近年来发展起来的一门新技术，它是指利用计算机辨析技术，对计算机犯罪行为进行分析以确认罪犯及电子证据，并据此提出诉讼，即针对计算机入侵与犯罪，进行证据获取、保存、分析和出示等。本章介绍的主要内容是审计日志、安全审计和计算机取证。

## 12.1 审计日志

### 12.1.1 日志概述

日志在系统安全中具有重要的地位。日志文件作为操作系统或应用程序的一个比较特殊的文件，详细地记录系统每天发生的各种各样的事情。用户可以通过日志记录来检查系统运行错误发生的原因，收集攻击者对系统实施攻击时留下的痕迹，在安全方面具有无可替代的价值。日志文件按照所记录的信息来源分为系统日志和应用日志。系统日志是与操作系统运行有关的日志文件，而应用日志是与特定应用程序有关的日志文件。日志文件通常包括大量的记录，系统管理员可以借助日志分析工具，从日志中获取有用的信息，为了解相关系统和应用的运行状态和可能存在的管理问题提供线索；安全管理员可以借助日志分析工具，从日志中获取有用的安全信息，从而快速地对潜在的系统入侵做出记录和预测。安全管理员使用的日志分析工具的主要功能有审计和监测系统的安全状态，追踪侵入者等。

日志忠实地记录着系统所发生的一切。在系统被入侵的情况下，系统日志以及应用程序日志可以提供用来判定攻击者何时、何地以及如何侵入系统的信息。同时，日志是计算机证据的一个重要来源，通过日志分析可以得出重要的线索和结论。有时候日志本身就是证据，要妥善保护日志，同时最好远程存放，长期保存，定期备份。

日志是一把双刃剑，它既是信息系统安全审计和改进保护的重要根据，也可以成为入侵者利用的一种致命工具。日志管理不当则可能成为入侵者了解系统信息的重要窗口。

安全审计是一种特殊的安全机制，用来审核系统违反安全策略的滥用。在安全审计的过程中，日志是重要的基础。

日志文件按照其使用目的分为审计日志和管理日志，在很多情况下，某个日志文件既可用于安全目的又可用于管理目的。下面先介绍审计日志、管理日志，然后再介绍日志系统的构成。

### 1. 审计日志

审计日志是用于记录与安全有关信息的日志，是系统安全状态和问题的原始数据。理想的审计日志应当包括全部与数据以及系统资源相关事件的记录，但这样付出的代价太大。为此，审计日志的内容应当根据安全目标和操作环境单独设计。典型的审计日志内容有如下几种。

（1）事件的性质。数据的输入和输出，文件的更新（改变或修改），系统的用途或期望等。

（2）全部相关标识。人、设备和程序等。

（3）有关事件的信息。日期和时间，成功或失败，涉及因素的授权状态，转换次数，系统响应，项目更新地址，建立、更新或删除信息的内容，使用的程序，兼容结果和参数检测，侵权步骤等。对大量生成的日志要适当考虑数据的保存期限。

### 2. 管理日志

在一个完整的信息系统里，审计日志是安全审计方面最主要的部件，管理日志是非常有用的管理功能部件。管理日志可以记录系统产生的所有行为，并按照某种规范表达出来。我们可以使用日志所记录的信息为系统进行排错，优化系统的性能，或者根据这些信息调整系统的行为。管理日志内容和审计日志内容类似，这里不再赘述。

### 3. 日志系统

（1）日志系统概述

尽管我们把日志分为审计日志和管理日志，但作为记录日志的系统和结构几乎完全一样。本章的主要目的是讲述审计日志，为简洁起见我们在下文中的日志和日志系统特指审计日志和审计日志系统。

按照系统类型进行区分，日志系统可以分为操作系统日志和应用系统日志。每种操作系统的日志都有其自身特有的设计和规范，例如，Windows 操作系统的日志通常按照系统、应用程序和安全进行分类存储，而类似 Linux 这样的各种 Class UNIX 操作系统通常都使用兼容 syslog 规范的日志系统。

很多硬件设备的操作系统也具有独立的日志功能，以 Cisco 路由器为代表的网络设备通常都具有输出 syslog 兼容日志的能力。应用系统日志主要包括各种应用程序服务器（如 Web 服务器、FTP 服务器）的日志系统和应用程序自身的日志系统，不同的应用系统都具有根据其自身要求设计的日志系统。

（2）日志的管理

日志是记录信息系统安全状态和问题的依据，信息系统必须恰当地制定保存和调阅日志的管理制度。忽视日志管理将导致严重的问题，有效的日志管理是确保记录长期稳定和有用的过程。

① 日志的内容。

基于安全观点考虑，理想的日志应该包括全部与数据、程序以及与系统资源相关事件的记录。实际上，这样的日志只能适用于某些有特殊需要的系统，因为它所付出的代价太大。因此，最好根据系统的安全目标和操作环境单独设计日志。

在决定日志记录什么内容时，要充分考虑安全需求，需求应该以明确的条目加以说明，包括何种类型的数据需要保护，系统怎样识别这些数据，各类数据准确程度的必要性等。

② 日志的保存方法。

日志保存最典型的方法是日志轮转，即将旧的、已写满的日志文件移到一边，新的空日志文件占用它们的位置。正确轮转日志以后，还必须注意备份。经常发生的情况是已经发现了攻击，要回头看看攻击者还试图做什么。要完成这一点，需要对日志做索引以进行检索；需要滚动旧的日志以离线存储；需要检索离线日志，并尽可能快地找出合适的日志项。

③ 日志文件面临的攻击。

攻击者在获得服务器的系统管理员权限之后就可以随意破坏系统上的文件了，包括日志文件。但是这一切都将被系统日志记录下来，因此攻击者想要隐藏自己的入侵踪迹，就必须对日志进行修改。最简单的方法就是删除系统日志文件，但这样做一般都是初级入侵者所为，高级的入侵者总是用修改日志的方法来防止系统管理员追踪到自己，网络上有很多可以实现此类功能的程序，如 Zap、Wipe 等。

（3）日志访问控制策略

日志数据的访问控制同一般访问控制一样，主要确定谁可以访问保护数据以及系统如何识别授权用户等。

为了防止攻击者修改日志记录，应当建立一种难以修改的日志策略。最简单的方法是将日志写入到某种一次性单向写入的设备中，或者将日志复制到某台安全的登录服务器中。尽管这种方法具有安全性，但是可扩展性差。使用 syslog 协议可以提供一种可扩展性好的方案。syslog 是多数 UNIX 平台上内置的服务，在 Windows 平台上也有类似的产品。目前许多路由器和防火墙产品中都采用 syslog 作为日志策略工具。这种方式为管理员集中管理日志提供了一种通用的方法，如管理员可以将所有的主机日志都发送到一台受保护的集中控制的 syslog 登录服务器上，为安全人员提供了一种单点访问日志数据的途径。如果配置得当，syslog 服务器允许进入的只有 514（syslog 端口）端口的 UDP 数据包。这样，将系统日志发往一台独立的安全机器，入侵者想要清除其行踪就非常困难了。除了使用集中控制日志的方法外，也可以使用第三方日志工具。其优点是：第三方日志工具难以破解；第三方日志工具可以独立于系统日志，通过比较系统日志与第三方日志的差异，可以判断系统是否遭受攻击等。

## 12.1.2　UNIX/Linux 操作系统日志

在 UNIX/Linux 操作系统中，日志系统可能包含许多系统被攻击过程的历史记录，通过对日志系统的分析，就可以发现许多证据信息。计算机入侵者的行为都是与计算机的各种操作紧密相关的，因而会在一些系统日志文件中有相应的记录。通过手工或借助相应的日志分析工具对系统日志文件进行详细的审查，可以了解在入侵过程中攻击者执行了哪些操作，以及哪些远程主机访问了你的主机。但是，一旦入侵者获得了系统 root 权限，系统中的任何日志文件都可能被入侵者改动过，他们可以轻易地破坏或删除操作系统所保存的日志记录，从而掩盖他们留下的痕迹。目前已有一些专门的工具可自动地处理这一过程，可以轻易地清除攻击者留在日志文件 wtmp、utmp 等中的痕迹。使用第三方的日志工具可以有效避免这种情况，首先，攻击者对操作系统的漏洞非常熟悉，但很少有入侵第三方日志软件的知识；其次，好的第三方日志软件能够单独地获得日志信息，不需要操作系统日志文件作为开始的索引，用这些信息与操作系统的日志信息进行比较，当发现不一致时，管理员立即可以知道有人入侵了系统；此外，第三方日志可以被隔离保护，免受攻击者的篡改。从另一个角度来说，现在的破坏者拥有非常强大的工具，在开始真正的攻击前能关闭系统的日志记录功能。

在 Linux、UNIX 操作系统中，有以下 3 个主要的日志系统。

连接时间日志——由多个程序执行，记录写入到/var/log/wtmp 和/var/run/utmp 文件中，login 等程序更新 wtmp 和 utmp 文件，使系统管理员能够跟踪谁在何时登录了系统。

进程统计日志——由系统内核执行。当一个进程终止时，为每个进程在进程统计文件（pacct 或 acct）中写入一条记录。进程统计是系统中的基本服务，提供命令使用的统计功能。

syslog 设备日志——由 syslog 执行。各种系统守护进程、用户程序和内核通过 syslog 向文件 var/log/messages 报告值得注意的事件。另外，许多 UNIX 程序可以创建日志，HTTP 和 FTP 这类提供网络服务的服务器也会记录详细的日志。

UNIX/Linux 操作系统的日志文件通常存在/var/log、/var/adm 目录下，多数的 Linux 操作系统在/var/log 中保存主要的日志。这两个操作系统中常用的日志文件如表 12.1 所示。

表 12.1 常用的日志文件

| 日 志 文 件 | 文 件 内 容 |
| --- | --- |
| access-log | 记录 HTTP/Web 的传输 |
| acct/pacct | 记录用户命令 |
| aculog | 记录 MODEM 的活动 |
| btmp | 记录失败的记录 |
| lastlog | 记录最近几次成功登录的事件和最后一次不成功的登录 |
| messages | 从 syslog 中记录信息（有的链接到 syslog 文件） |
| sudolog | 记录使用 sudo 发出的命令 |
| sulog | 记录 su 命令的使用 |
| syslog | 从 syslog 中记录信息（通常链接到 messages 文件） |
| utmp | 记录当前登录的每个用户 |
| wtmp | 用户每次登录进入和退出时间的永久记录 |
| xferlog | 记录 FTP 会话 |

（1）连接时间日志

utmp、wtmp 和 lastlog 日志文件保存用户登录进入和退出的记录，是 Linux、UNIX 日志系统的关键。在文件 utmp 中记录着有关当前登录用户的信息；在文件 wtmp 中则记录着登录进入和退出的记录；最后一次登录信息则被保留在 lastlog 文件中。数据交换、关机和重启也记录在 wtmp 文件中，且所有的记录都包含时间戳。这些文件（除了 lastlog）在具有大量用户的系统中增长十分迅速，例如，wtmp 文件可以无限增长。许多系统以一天或者一周为单位把 wtmp 配置成循环使用，通过脚本重新命名并循环使用 wtmp 文件。通常，wtmp 在第一天结束后命名为 wtmp.1，第二天后 wtmp.1 变为 wtmp.2……直到 wtmp.7。每次有一个用户登录时，login 程序在文件 lastlog 中查看用户的 UID。如果找到了，则把用户上次登录、退出时间和主机名写到标准输出中，然后 login 程序在 lastlog 中记录新的登录时间。在新的 lastlog 记录写入后，utmp 文件打开并插入用户的 utmp 记录，该记录覆盖用户登录到退出的时间段。utmp 文件能被各种命令文件使用，包括 who、users 和 finger。接着 login 程序打开文件 wtmp 附加用户的 utmp 记录。当用户退出时，具有更新时间戳的同一 utmp 记录被附加到文件中。wtmp 和 utmp 文件都是二进制文件，它们不能被剪切或合并。一个管理员应该定期检测系统日志，对谁在何时登录，以及做过什么事有清晰的了解，以保证系统的安全。

（2）进程统计日志

UNIX/Linux 日志系统可以跟踪每个用户运行的每条命令，对跟踪系统问题以及入侵者的活动十分有用。但对于一个老练的黑客，其可能会删除或破坏日志文件，因而对于日志系统的利用要十分小心。另外，进程统计子系统默认是不激活的，它在系统中必须以 root 身份运行 accton 命令来启动。用户可以通过以下的命令来查找所需要的信息。

astcomm 命令能报告以前执行的文件，并显示当前统计文件生命周期内记录的所有命令的有关信息，包括命令名、用户、tty、命令花费的 CPU 时间和一个时间戳等。

sa 命令报告、清理并维护进程统计文件，因为 pacct 文件可能增长十分迅速。因而就需要交互式地或经过 cron 机制运行 sa 命令来保持日志数据在系统控制内。该命令能把/var/log/pacct 中的信息压缩到摘要文件/var/log/savacct 和/var/log/usracct 中。这些摘要包含按命令名和用户名分类的系统统计数据。

（3）syslog 设备日志

syslog 已被许多日志函数采纳，用在许多保护措施中，任何程序都可以通过 syslog 记录事件。syslog 可以记录系统事件，可以写到一个文件或设备中，或给用户发送一个消息。它能记录本地事件或通过网络记录另一台主机上的事件。syslog 设备依据两个重要的文件：/etc/syslogd（守护进程）和/etc/syslogconf 配置文件。尽管 syslog 信息可以写到任何地方，但习惯上，多数 syslog 信息被写到/var/adm 或/var/log 目录下的信息文件中（messages.*）。一个典型的 syslog 记录包括生成程序的名字和一个文本信息。它还包括一个设备和一个优先级范围，但不在日志中出现。

每个 syslog 消息被赋予下面的主要设备之一。

- LOG_AUTH：认证系统，login、su、getty 等。
- LOG_AUTHPRIV：同 LOG_AUTH，但只登录到所选择的单个用户可读的文件中。
- LOG_CRON：cron 守护进程。
- LOG_DAEMON：其他系统守护进程，如 routed。
- LOG_FTP：文件传输协议，ftpd、tftpd。
- LOG_KERN：内核产生的消息。
- LOG_LPR：网络打印机缓冲池，lpr、lpd。
- LOG_MAIL：电子邮件系统。
- LOG_NEWS：网络新闻系统。
- LOG_SYSLOG：由 syslogd（8）产生的内部消息。
- LOG_USER：随机用户进程产生的消息。
- LOG_UUCP：UUCP 子系统。
- LOG_LOCAL0～LOG_LOCAL7：为本地使用保留。

每个不同的事件，syslog 会为之赋予不同的优先级。

- LOG_EMERG：紧急情况。
- LOG_ALERT：应该被立即改正的问题，如系统数据库破坏。
- LOG_CRIT：重要情况，如硬盘错误。
- LOG_ERR：错误。

- LOG_WARNING：警告信息。
- LOG_NOTICE：不是错误情况，但是可能需要处理。
- LOG_INFO：情报信息。
- LOG_DEBUG：包含情报的信息，通常只在调试一个程序时使用。

syslog.conf 文件指明 syslogd 程序记录日志的行为，该程序在启动时查询配置文件。该文件由不同程序或消息分类的单个条目组成，每个占一行。对每类消息提供一个选择域和一个动作域。这些域由制表符（TAB）隔开，选择域指明消息的类型和优先级，动作域指明 syslogd 接收到一个与选择标准相匹配的消息时所执行的动作。每个选项由设备和优先级组成。当指明一个优先级时，syslogd 将记录一个拥有相同或更高优先级的消息。因此如果指明"crit"，那所有标为 crit、alert 和 emerg 的消息将被记录。每行的行动域指明当选择域选择了一个给定消息后，应该把它发送到哪里。如果想把所有邮件消息记录到一个文件中，可以进行如下配置：

#Log all the mail messages in one place

Mail.* /var/log/maillog

其他设备也有自己的日志。UUCP 和 news 设备能产生许多外部消息。它把这些消息存到自己的日志（/var/log/spooler）中并把界别限为"err"或更高。例如以下配置：

#Save mail and news errors of level err and higher in a special file.

Uucp，news.crit /var/log/spooler

当一个紧急消息到来时，可以让所有的用户都得到，也可让自己的日志接收并保存，配置如下：

#Everybody  gets  emergency messages，plus log them on another machine

*．Emerg *

*．emerg@linuxaid.com.cn

Alert 消息应该写到 root 和 tiger 的个人账号中，配置如下：

#Root and Tiger get alert and higher messages

*.alert root，tiger

总之，建立日志对于保证系统的安全性非常重要，日志策略是整个安全策略不可缺少的一部分。对于日志系统本身而言，还需要保持日志的完整性和可用性，并能确保它们存储的位置。通常，对于系统而言，要广泛地记录日志，日志所记录的系统消息越多，入侵者消灭证据就越难，从而有利于系统安全。

## 12.1.3　Windows 操作系统日志

### 1. Windows 98 操作系统的日志文件

Windows 98 操作系统下的普通用户无须使用系统日志，除非有特殊用途。例如，利用 Windows 98 操作系统建立个人 Web 服务器时，就需要启用系统日志来作为服务器安全方面的参考。普通用户可以在 Windows 98 的系统文件夹中找到日志文件 schedlog.txt。可以启动"任务计划程序"，在"高级"菜单中单击"查看日志"命令来查看到它。Windows 98 操作系统的普通用户的日志文件很简单，只是记录了一些预先设定的任务运行过程，相对于作为服务器的 Windows NT 操作系统，攻击者很少对 Windows 98 操作系统产生兴趣。因此 Windows 98

操作系统下的日志不为人们所重视。

## 2. Windows NT 操作系统的日志系统

在 Windows NT 操作系统中，日志文件几乎对系统中的每一项事务都要做一定程度上的记录。Windows NT 的日志文件一般分为以下 3 类。

（1）系统日志

系统日志跟踪各种各样的系统事件，记录由 Windows NT 操作系统组件产生的事件。例如，在启动过程加载驱动程序错误或其他系统组件的失败记录在系统日志中。

（2）应用程序日志

应用程序日志记录由应用程序或系统程序产生的事件，例如，应用程序产生的装载 DLL（动态链接库）失败的信息将出现在日志中。

（3）安全日志

安全日志记录登录上网、下网、改变访问权限、系统启动和关闭等事件，以及与创建、打开或删除文件等资源使用相关联的事件。利用系统的"事件管理器"可以指定在安全日志中记录需要记录的事件，安全日志的默认状态是关闭的。

Windows NT 的日志系统通常放在下面的位置，根据操作系统版本的不同略有变化。

C:\systemroot\system32\config\sysevent.evt

C:\systemroot\system32\config\secevent.evt

C:\systemroot\system32\config\appevent.evt

Windows NT 操作系统使用了一种特殊的格式存放日志文件，这种格式的文件可以被"事件查看器"读取。"事件查看器"可以在"控制面板"中找到，系统管理员可以使用"事件查看器"选择要查看的日志条目，查看条件包括类别、用户和消息类型。

## 3. Windows 2000 操作系统的日志系统

与 Windows NT 操作系统一样，Windows 2000 操作系统中也一样使用"事件查看器"来管理日志系统，也同样需要用系统管理员身份进入系统后方可进行操作。在 Windows 2000 操作系统中，日志文件的类型比较多，通常有应用程序日志、安全日志、系统日志、DNS 服务器日志、FTP 日志、WWW 日志等，可能会根据服务器所开启的服务不同而略有变化。启动 Windows 2000 操作系统时，事件日志服务会自动启动，所有用户都可以查看"应用程序日志"，但只有系统管理员才能访问"安全日志"和"系统日志"。在系统默认的情况下会关闭"安全日志"，但可以使用"组策略"来启用"安全日志"开始记录。安全日志一旦开启，就会无限制地记录下去，直到装满时停止运行。

Windows 2000 日志文件默认位置如下。

应用程序日志、安全日志、系统日志、DNS 日志默认位置：%systemroot%\sys tem32\config，默认文件大小 512 kB，但有经验的系统管理员往往都会改变这个默认大小。

安全日志文件：c:\systemroot\system32\config\SecEvent.EVT。

系统日志文件：c:\systemroot\system32\config\SysEvent.EVT。

应用程序日志文件：c:\systemroot\system32\config\AppEvent.EVT。

Scheduler 服务器日志：c:\systemroot\schedlgu.txt。该日志记录了访问者的 IP、访问的时间及请求访问的内容。

FTP 日志以文本形式的文件详细地记录了以 FTP 方式上传文件的文件、来源、文件名等。

FTP日志文件和WWW日志文件产生的日志一般在c:\sys temroot\system32\ LogFiles\W3SVC1 目录下，默认是每天一个日志文件。

FTP 和 WWW 日志可以删除。Windows 2000 操作系统中提供了一个叫作安全日志分析器（CyberSafe LogAnalyst，CLA）的工具，有很强的日志管理功能，它可以使用户不必在让人眼花缭乱的日志中慢慢寻找某条记录，而是通过分类的方式将各种事件整理好，让用户能迅速找到所需要的条目。它的另一个突出特点是能够对整个网络环境中多个系统的各种活动同时进行分析，避免了一个个单独分析的麻烦。

### 4．Windows XP 操作系统日志文件

这里先介绍 Windows XP 操作系统中与安全相关的重要日志——Internet 连接防火墙（ICF）日志。ICF 日志的内容可以分为两类：一类是 ICF 审核通过的 IP 数据包，另一类是 ICF 抛弃的 IP 数据包。日志一般存于 Windows 目录之下，文件名是 pfirewall.log。其文件格式符合 W3C 扩展日志文件格式（W3C Extended Log File Format），分为两部分——文件头（Head Information）和文件主体（Body Information）。这与常用日志分析工具中使用的格式类似。文件头主要是关于 pfirewall.log 这个文件的说明。需要注意的是文件主体部分，文件主体部分记录有每一个成功通过 ICF 审核或者被 ICF 所抛弃的 IP 数据包的信息，包括源地址、目的地址、端口、时间、协议以及其他一些信息。理解这些信息需要较多的 TCP/IP 的知识。

在 Windows XP 操作系统的"控制面板"中，打开"事件查看器"，就可以看到 Windows XP 操作系统中同样也有系统日志、安全日志和应用日志 3 种常见的日志文件，当单击其中任一文件时，就可以看见日志文件中的一些记录。

## 12.1.4　日志分析工具

日志分析工具的作用是分析日志文件，解析其中的数据，并产生分析报告。

日志的记录工具多种多样，日志分析工具也有很多种。不同的日志分析工具适应的场合也有差异，不同的场合使用相同的分析工具时其效率也各不相同。日志分析工具一般都可运行在三类主流操作系统——Windows、UNIX/Linux 和 iOS 上。对单台主机系统的日志分析工具并不多见。针对一种网络服务的日志分析工具，可进行流量、用户等日志文件的综合分析，以确定服务器的运行状态、是否有攻击存在、是否有潜在的漏洞，以便为系统的正确响应做准备。还有一类日志分析工具用于收集和分析网络中多台主机上的日志文件，从而帮助网络管理员对网络的运行状态、安全状态进行判断，以便进一步做出正确响应。

以网络应用系统为例，目前常用的 Web 服务器有 Apache、Tomcat、Weblogic、Nginx 和 IIS 等，针对它们的日志分析工具也有一定差异。常用的 Web 服务器日志分析工具有很多种，如 IIS Log Viewer、Web Log Explorer、Nagios、Elastic Stack（通常称为 ELK Stack）、Fluentd 等。

值得注意的是，由于信息技术的快速发展，我们所列的工具仍处于动态变化之中。

### 1．NetTracker

NetTracker 是一个分析防火墙和代理服务器上日志文件的日志分析工具，具有可扩展的过滤功能和报告功能，并能将数据导出为 Excel 和 Access 文件格式。该产品也可以分析一般的访问日志，并形成图表格式的报告。

### 2．LogsUrfer

LogsUrfer 是一个综合的日志分析工具。它可以对普通的文本日志文件进行检查，并基于

检查的结果以及提供的规则产生各种行为，包括产生警报、执行外部程序，甚至将日志数据的一部分作为外部命令或过程的参数。

## 12.2 安全审计

### 12.2.1 安全审计的定义

CC 准则中对安全审计给出了如下的定义：信息系统安全审计主要是针对与安全有关活动的相关信息进行识别、记录、存储和分析；安全审计记录用于检查网络上发生了哪些与安全有关的活动，谁对这个活动负责。

美国国家标准《可信计算机系统评估超标准》（Trusted Computer System Evaluation Criteria）给出的定义是：一个安全的系统中的安全审计系统，是对系统中任一或所有安全相关事件进行记录、分析和再现的处理系统。它通过对一些重要的事件进行记录，从而在系统发现错误或受到攻击时能定位错误和找到攻击成功的原因。安全审计记录是事故后调查取证的基础。

在信息安全的三个基本要素——保护、检测与恢复中，安全审计属于检测的范畴。企业应根据具体的计算机应用，结合单位实际确定出保护对象，评估系统中容易被干扰或破坏的地方或安全薄弱环节，定位安全漏洞所在。企业应为实现其安全目标采用一系列安全的安全机制，制定系统配置方案及各种规范制度。安全审计是指将企业的各种安全机制或措施与预定的安全目标或策略进行一致性比较，确定各项控制机制是否存在，是否得到执行，对漏洞的防范是否有效，评价企业安全机制的可依赖程度。显然，安全审计作为一个专门的项目，要求相关人员必须具有较强的专业技术知识与技能。

因此，从广义上讲，安全审计是指对网络的脆弱性进行测试、评估和分析，以便最大限度地保障业务的安全正常运行的一切行为和手段。

前面了解到信息安全的目标分为系统安全、数据安全和事务安全。根据审计目标的不同，安全审计对应地分为以下 3 种针对性的类型。

（1）系统的安全审计。

（2）数据的安全审计。

（3）应用的安全审计。

通常的安全审计系统兼含上述 3 种类型的安全审计。为了保证信息系统安全可靠地运行，防止有意或无意的错误操作，防止和发现计算机犯罪，可利用审计方法对计算机信息系统的运行状态进行详尽的纪录（审计记录和审计日志），从中发现问题，调整安全策略并降低安全风险。安全审计是系统记录和活动的独立检查和验证。

### 12.2.2 安全审计的作用

安全审计由各级安全管理机构实施并管理，在定义的安全策略范围内提供。安全审计参与对安全事件的检测、记录和分析。它允许对安全策略的充分性进行评价，帮助检测安全违规，对潜在的攻击者产生威慑。但是，安全审计不直接阻止安全违规。安全审计和报警是不可分割的。安全报警是由个人或进程发出的，一般在安全相关事件达到某一或一些预定义阈值时发出。在这些事件中，有些事件也许需要立即采取矫正行动，另一些事件则可能需要进一步调查研究。

安全审计和报警服务在开放系统互联安全框架 ISO/IECl0181-7 中有定义，该安全框架只涉及应记录哪些信息，在什么条件下对信息进行记录以及用于交换安全审计信息的语法等，不涉及构成系统或机制的方法。安全审计和报警的实现，可能需要使用其他安全机制的支持，确保它们正确而有把握地运行。

正如安全的其他方面一样，安全审计要按需设计，这样才可以在系统运行中获得最大的安全效果。应用系统的设计和开发两个过程都需要有可审计性（即提供一种途径，进行检测和分析）。安全审计和报警服务与其他安全服务的不同之处在于没有单个的特定安全机制可以用于提供这种服务，审计机制可能是一组方法的综合。

安全审计对安全保护方案中的安全机制提供持续的评估。安全审计应为安全官员提供一组可进行分析的管理数据，以发现在何处发生了违反安全方案的事件。利用安全审计结果，可调整安全政策，堵住出现的漏洞，具体来说，安全审计具有下面的作用。

（1）辨识和分析非授权的活动或攻击。

（2）报告与系统安全策略不相适应的其他信息，提供一组可供分析的管理数据，用于发现何处有违反安全方案的事件，并可以根据实际情形调整安全策略。

（3）评估已建立的安全策略和安全机制的一致性，记录关键事件。

（4）对潜在的攻击者进行威慑或警告。

（5）提供有价值的系统使用日志，及时发现入侵行为和系统漏洞，以便知道如何对系统安全进行加强和改进。

（6）为系统的恢复或响应提供依据。

### 12.2.3　基于主机的安全审计系统

基于主机（或计算机）的安全审计是对每个用户在计算机系统上的操作进行一个完整的记录，如用户在计算机系统上的活动，上机/下机时间，与系统内敏感的数据、资源、文本等有关的安全事件的记录，便于发现、调查、分析及事后追查责任，同时也为加强管理提供依据。安全审计工作是保障计算机信息安全的重要手段。安全审计过程的实现可分成三步：第一步，收集审计事件，产生审计日志记录；第二步，根据记录进行安全违反分析（为采取恢复处理措施做准备）；第三步，生成报警信息。

在计算机系统中，审计通常作为一个相对独立的子系统来实现。审计范围包括操作系统和各种应用程序。

操作系统审计子系统的主要目标是检测和判定对系统的渗透及识别误操作。其基本功能是：审计对象（如用户、文件操作、操作命令等）的选择，审计文件的定义与自动转换，文件系统完整性的定时检测，审计信息的格式和输出媒体，报警阈值的设置与选择；审计日志记录及其数据的安全保护等。

应用程序审计子系统的重点是将应用程序的某些操作作为审计对象进行监视和实时记录，并据记录结果判断此应用程序是否被修改和控制，是否在发挥正确作用；判断程序和数据是否完整；依靠使用者身份、口令验证终端保护等办法控制应用程序的运行。

数据的安全审计工作的流程是：收集来自内核和核外的事件，根据相应的审计条件，判断是否是审计事件。对审计事件的内容按日志的模式记录到审计日志中。当审计事件满足报警阈值时，则向审计人员发送报警信息并记录其内容。当事件在一定时间内连续发生，满足逐出系统阈值，则将引起该事件的用户逐出系统并记录其内容。

常用的报警类型有用于实时报告用户试探进入系统的登录失败报警，用于实时报告系统中病毒活动情况的病毒报警等。

审计有人工审计，计算机手动分析、处理审计记录并与审计人员最后决策相结合的半自动审计，依靠专家系统做出判断结果的自动化的智能审计等。为了支持审计工作，要求数据库管理系统具有高可靠性和高完整性。数据库管理系统要为审计的需要设置相应的特性。

## 12.2.4  基于网络的安全审计系统

网络系统的安全是一个相对的概念，因为没有绝对的安全。安全审计系统是网络安全体系中的一个重要环节。

企业客户对网络系统中的安全设备和网络设备、应用系统和运行状况进行全面的监测、分析、评估是保障网络安全的重要手段。网络安全是动态的，对已经建立的系统，如果没有实时的、集中的可视化审计，就不能有效、及时地评估系统究竟是不是安全的，并及时发现安全隐患。因此安全系统需要集中的审计系统。在安全解决方案中，跨厂商产品的简单集合往往会存在漏洞，从而使威胁乘虚而入，危及安全。当某种安全漏洞出现时，如果不能针对不同厂商的技术和产品先进行人工分析，然后综合分析，提出解决方案，将降低安全系统对攻击的反应速度，并潜在地增加成本。如果不能将在同一网络中多个不同或者相同厂商的产品实现技术上互操作，实现集中的审计，就无法发挥有效的安全性，从而无法有效管理。安全审计系统可以满足这些要求，对网络中的各种设备和系统进行集中的、可视的综合审计，及时发现安全隐患，提高安全系统成效。

**1. 网络安全审计系统需要考虑的问题**

（1）日志格式兼容问题。一般情况下，不同厂商的设备或系统所产生的日志格式互不兼容，这为网络安全事件的集中分析带来了巨大的难度。

（2）日志数据的管理问题。日志数据量非常大，而且不断地增长，当超出限制后，不能简单地丢弃，因而需要一套完整的日志备份、恢复、处理机制。

（3）日志数据的集中分析问题。一个攻击者可能同时对多个网络中的服务器攻击，如果单个地分析每个服务器上的日志信息，不但工作量大，而且很难发现攻击。如何将多个服务器上的日志关联起来，从而发现攻击行为，是安全审计系统面临的重要问题。

（4）分析报告和统计报表的自动生成机制。网络中每天会产生大量的日志信息，管理员手工查看并分析各种日志内容是不现实的，因此必须提供一种直观的分析报告和统计报表的自动生成机制来保证管理员能够及时、有效地发现网络中各种异常状况及安全事件。

**2. 网络安全审计系统的主要功能**

（1）采集多种类型的日志数据。即能采集各种操作系统的日志、防火墙系统日志、入侵检测系统日志、网络交换及路由设备的日志、各种服务和应用系统日志。

（2）日志管理。多种日志格式的统一管理。自动将其收集到的各种日志格式转换为统一的日志格式，便于对各种复杂日志信息的统一管理与处理。

（3）日志查询。支持以多种方式查询网络中的日志记录信息，以报表的形式显示。

（4）入侵检测。使用多种内置的相关性规则，对分布在网络中的设备产生的日志及报警信息进行相关性分析，从而检测出单个系统难以发现的安全事件。

（5）自动生成安全分析报告。根据日志数据库记录的日志数据，分析网络或系统的安全性，并输出安全性分析报告。报告的输出可以根据预先定义的条件自动产生并提交给管理员。

（6）网络状态实时监视。可以监视运行有代理的特定设备的状态、网络设备、日志内容和网络行为等。

（7）事件响应机制。当审计系统检测到安全事件的时候，可以采用相关的响应方式报警。

（8）集中管理。审计系统通过提供一个统一的集中管理平台，实现对日志代理、安全审计中心和日志数据库的集中管理。

（9）网络安全审计系统作为一个独立的软件，与其他的安全产品（如防火墙、入侵检测系统、漏洞扫描系统等）在功能上互相独立，但是同时又能互相协调、补充，保护网络的整体安全。

# 12.3　计算机取证

随着信息技术的不断发展，计算机越来越多地参与到人们的工作与生活中，与计算机相关的法庭案例（如电子商务纠纷、计算机犯罪等）也不断出现。一种新的证据形式——存在于计算机及相关外围设备（包括网络介质）中的电子证据逐渐成为新的诉讼证据之一。大量的计算机犯罪，如商业机密信息的窃取和破坏，计算机欺诈，对政府、军事网站的破坏等案例的取证工作均需要电子证据。电子证据本身和取证过程的许多有别于传统物证和取证的特点，对司法领域和计算机科学领域都提出了新的挑战。作为计算机领域和法学领域的一门交叉科学，计算机取证（Computer Forensics）正逐渐成为人们研究与关注的焦点。

目前，打击计算机犯罪的关键是如何将犯罪者留在计算机中的"痕迹"作为有效的诉讼证据提供给法庭，以便将犯罪者绳之以法。计算机取证被用来解决大量的计算机犯罪和事故，包括网络入侵、盗用知识产权和 E-mail 欺骗等，它已成为所有公司和政府部门信息安全保证的基本工作。

计算机犯罪通常是指所有涉及计算机的犯罪。计算机本身在计算机犯罪中以"犯罪工具"或"犯罪对象"的方式出现，这一概念注重的是计算机本身在犯罪中的作用。计算机犯罪具有犯罪形式的隐蔽性、犯罪主体和手段的智能性、犯罪主体和对象的复杂性以及跨国性、匿名性等特点，有巨大的社会危害。如何对计算机犯罪进行举证，已经成为一个急需解决的问题。

面对计算机欺诈、网络犯罪行为，作为计算机学科和法律学科的交叉学科，计算机取证已经成为相关领域高度关注的课题。取证工作需要提取保存在计算机上的数据，甚至需要从已经被删除、加密或者破坏的文件中恢复证据信息。如何提取这些数据，并且能够证明这些数据的有效性，以及计算机取证本身在法律上是否有效等，正是计算机取证所要关注的重要问题。

计算机取证是指对具有潜在法律效力的，存在于计算机、相关外设和网络中的电子证据的保护、确认、提取和归档的过程。计算机数据往往处在动态环境或者网络环境之中，存储介质也容易破损和被破坏，因此需要在原始介质、原始环境中将电子证据予以固定，保持其初始状态，然后完整备份出来供后续的分析和证据查找所用。电子数据的动态性、存在方式的特殊性、复杂性、隐蔽性、不可见性、易损性以及易被伪造和篡改，使得电子证据的固定与保全成为一项综合了信息安全技术、存储访问技术和计算机网络技术等，并需要着重考虑如何确保证据法律效力的前沿研究课题。

对计算机取证的技术研究、专门的工具软件的开发以及相关商业服务出现于 20 世纪 90 年代中后期。从近两年的计算机安全技术论坛（FIRST 年会）上看，国外计算机取证分析日益成为计算机网络的重点课题。可以预见，计算机取证将是未来几年信息安全领域的研究热点。本节介绍计算机取证的基本概念、原则与步骤、工具软件以及由此带来的法律问题等。

## 12.3.1 计算机取证的基本概念

什么是计算机取证呢？作为计算机取证方面的一名专业及资深人士，Judd Robbins 曾给出了如下的定义：计算机取证是将计算机调查和分析技术应用于对潜在的、有法律效力的证据的确定与获取上。New Technologies 是一家专业的计算机紧急事件响应和计算机取证咨询公司，其进一步扩展了该定义：计算机取证是从计算机中收集和发现证据的技术和工具。实际上，计算机取证就是对存在于计算机及其相关设备中的证据进行获取、保存、分析和出示。或者说，计算机取证是指对能够为法庭接受的、足够可靠和有说服力的、存在于计算机和相关外设中的电子证据（Electronic Evidence）的确定、收集、保护、分析、归档，以及法庭出示的过程，包括了对以磁介质编码信息方式存储的计算机证据的保护、确认、提取和归档。计算机取证涉及分析硬盘驱动、光盘、软盘、Zip 和 Jazz 磁盘、内存缓冲以及其他形式的储存介质，或分析计算机审计日志、软件运行状态、网络通信运行状态等技术。

计算机取证也称为计算机法医学，它是把计算机看作是犯罪现场，运用先进的辨析技术，对计算机犯罪行为进行“法医式”的解剖，搜寻确认罪犯及其犯罪证据，并且据此提起诉讼。

就我国目前的实际情况，计算机取证的核心工作围绕着以下两个方面进行。一是目标介质内容的获取，也就是把目标介质的内容复制到调查员的计算机中，这一过程需要保证的是对原始介质不能有所改变，以及复制到调查员计算机的数据要和原始介质的数据一致。二是在成功获取了原始介质的内容后，针对不同的目的，运用各种分析工具来解析数据，用以获得线索和证据。

## 12.3.2 计算机取证的原则与步骤

### 1. 计算机取证的原则
根据电子证据的特点，计算机取证的主要原则有以下几点。
（1）尽早搜集证据，并保证其没有受到任何破坏。

（2）必须保证"证据连续性（Chain of Custody）"，即在证据被正式提交给法庭时，必须能够说明在证据从最初的获取状态到在法庭上出现状态之间的任何变化，当然最好是没有任何变化。

（3）整个检查、取证过程必须是受到监督的，也就是说，由原告委派的专家所做的所有调查取证工作，都应该受到由其他方委派的专家的监督。

**2. 计算机取证的步骤**

计算机取证一般包含以下的步骤，如图 12.1 所示。

（1）保护现场和现场勘查

现场勘查是获取证据的第一步，主要是物理证据的获取。这项工作可为下面的环节打下基础。包括封存目标计算机系统并避免发生任何的数据破坏或病毒感染，绘制计算机犯罪现场图、网络拓扑图等。在移动或拆卸任何设备之前都要拍照存档，为今后模拟

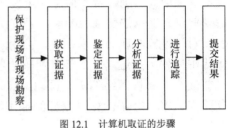

图 12.1　计算机取证的步骤

和还原犯罪现场提供直接依据。在这一阶段使用的工具软件由现场自动绘图软件、检测和自动绘制网络拓扑图软件等组成。

（2）获取证据

证据的获取从本质上说是从众多的未知和不确定性中找到确定性的事物。这一步使用的工具一般是具有磁盘镜像、数据恢复、解密、网络数据捕获等功能的取证工具。

（3）鉴定证据

证据的鉴定主要是解决证据的完整性验证和确定其是否符合可采用标准。计算机取证工作的难点之一是证明取证人员所搜集到的证据没有被修改过。而通过计算机获取的证据又恰恰具有易改变和易损毁的特点。例如，腐蚀、强磁场的作用、人为的破坏等都会造成原始证据的改变和消失。因此在取证过程中应注重采取保护证据的措施。在这一步骤中使用的取证工具包括含有时间戳、数字签名和水印等功能的软件，主要用来确定证据数据的完整性。

（4）分析证据

分析证据是计算机取证的核心和关键。证据分析的内容包括：分析计算机的类型，采用的操作系统，是否为多操作系统或有无隐藏的分区；有无可疑外设；有无远程控制、木马程序及当前计算机系统的网络环境。注意分析过程的开机、关机过程，尽可能避免正在运行的进程数据丢失或存在不可逆转的删除程序。分析在磁盘的特殊区域中发现的所有相关数据。利用磁盘存储空闲空间的数据分析技术进行数据恢复，获得文件被增、删、改、复制前的痕迹。通过将收集的程序、数据和备份与当前运行的程序数据进行对比，从中发现篡改痕迹。通过该计算机的所有者，或电子签名、密码、交易记录、信箱、邮件发送服务器的日志、上网 IP 等计算机特有信息识别体，结合全案其他证据进行综合审查。注意该计算机证据要同其他证据相互印证、相互联系起来综合分析。同时，要注意计算机证据能否为侦破该案提供其他线索或确定可能的作案时间和罪犯。用于进行计算机证据分析的工具必须完成这些任务之一。

（5）进行追踪

上面提到的计算机取证步骤是静态的，即事件发生后对目标系统的静态分析。随着计算

机犯罪技术手段的升级，这种静态的分析已经无法满足要求，发展趋势是将计算机取证与入侵检测等网络安全工具和网络体系结构技术相结合，进行动态取证，如图 12.2 所示。动态取证的整个取证过程将更加系统并具有智能性，也将更加灵活多样。对某些特定案件，如网络遭受黑客攻击，应收集的证据包括：系统登录文件、应用登录文件、AAA 登录文件（如 RADIUS 登录）、网络单元登录（Network Element Logs）、防火墙登录、HIDS 事件、NIDS 事件、磁盘驱动器、文件备份和电话记录等。对于在取证期间犯罪还在不断进行的计算机系统，采用入侵检测系统对网络攻击进行监测是十分必要的，也可以通过采用相关设备设置陷阱跟踪捕捉犯罪嫌疑人。

（6）提交结果

提交结果是计算机取证的最后一个阶段，即将所有的调查结果与相应的证据提交给法庭等司法机关。

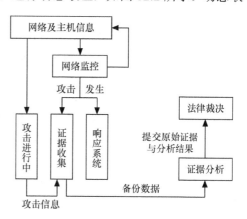

图 12.2　动态取证模型

## 12.3.3　电子证据的真实性

电子证据和其他证据一样，如果要作为定案依据的证据，应当具有 3 项要求：真实性、合法性和关联性。计算机犯罪中的证据与其他刑事犯罪中的证据一样，都是用于证明刑事案件真实情况的客观事实，因而也具有刑事证据的一般特点（客观性、特定性）和一般属性（关联性、合法性）。关联性主要是指证据与案件争议事实和理由的联系程度，这属于法官裁判范围；合法性主要是指证据形式是否合法的问题，即证据是否是通过合法手段收集的，是否存在侵犯他人合法权益的情况，取证工具是否合法等。电子证据要成为法定的证据类型，需要解决的关键问题就是"真实性"的证明问题。传统的证据有"白纸黑字"为凭，为了保证证据的真实性，民事诉讼法和相关司法解释均要求提供证据原件即书面文件，因为原件能够保证证据的唯一性和真实性，防止被篡改或假冒。但电子证据是以电磁介质为载体，与传统的证据完全不同，没有原件。

为了证明调查人员或其他可能介入的人员在取证过程中没有造成任何对原始证据的改变，或者即使存在对证物的改变，也是由于计算机的本质特征所造成的，国外提出的解决方案有两种。一种是对电子证据进行"数字签名"处理，通过数字签名保证电子证据的原始性和完整性。每个电子证据都具有一个代表其身份特征的电子密码。当证据产生时，电子密码结合证据内容自动生成一个新的特征码，即"数字签名"附加在电子证据之上，成为与证据内容不可分割的一部分。以后只要该电子证据发生了任何变化，其上的特征码就会与改变前的不符，这说明电子证据被篡改了。如果相符，则意味着电子证据未被改动过。另一种是采用"加盖时间戳"。虽然无法证明收集证物的准确时刻，但是通过时间戳至少可以保证证物在某一特定时刻是存在的。

电子证据的完整性验证和时间戳都是通过计算一种类似于电子指纹的值来实现的。这些电子指纹的对象可以是单个的文件，也可以是整张软盘或整个硬盘。电子指纹是一种密码学技术，这种指纹就是常说的 Hash 值。比较常用的两种算法就是 SHA 和 MD5，在可能的情况下，应该尽可能地计算整个驱动器上单个文件的 Hash 值。

除了采用数字签名之外，通常还需要从管理、服务角度配合才能解决好电子证据的有效性问题。

（1）权利登记。著作权法规定作品著作权的取得和保护以登记为前提。但应当注意到当侵权纠纷发生后，权利往往难以证明其计算机程序的权属，因此在诉至法院时，法院在认定是否侵权时就会出现很多困难。因此也有必要及时进行计算机软件的程序登记，其他人可以通过计算机程序登记部门发布的计算机程序登记公告，了解该计算机程序的著作权人和该计算机程序的主要性能和特征等。登记的计算机程序对外具有公告和公信的作用，同时更重要的是登记证明文件是计算机程序版权有效或者登记申请文件中所述事实确定的初步证明。

经过登记和封存的源程序，在发生侵权诉讼时，如果对方当事人不能提供足够的、确实的反驳证据时，法院就可把登记情况作为认定案件事实的直接根据。

（2）数字认证。数字认证服务是由各大认证中心来提供的，它是一个受信任的第三方机构，负责证书整个生命周期的管理。目前国内外正普遍进行着网上数字认证的试验，有些认证机构已经开始对网上交易提供认证服务。

（3）网络服务供应者的证明。用户可以向网络服务提供商申请对发送者所使用的电话号码、上网账号、上网计算机 IP 地址和代号、电子邮件的发送时间和历史记录等一系列电子证据出具证明，在涉及电子邮件相关的案例时，为证明其侵权事实做好准备。

（4）专家鉴定结论或咨询意见书。根据最高人民法院颁布的《关于审理科技纠纷案件的若干问题的规定》第 62 条：确定技术成果的鉴定机构除法定的鉴定单位外，可由当事人协商推荐共同信任的机构或专家进行鉴定；当事人不能协商一致的，由人民法院委托有关科委推荐的鉴定机构或聘请的有关部门专家组成的鉴定组进行鉴定。

因此，涉及电子证据的案件往往带有技术问题，聘请专家做鉴定是比较好的方法。另外，对案件事实方面存在的技术问题，及时聘请有关领域的专家，以提供专家咨询意见的形式向法院举证专家意见书，也是提高证明力度的办法。

### 12.3.4　取证工具的法律效力

计算机取证原则中一再强调保证计算机取证工具的法律效力。通常的做法是采用 Daubert 测试为指导方针来评估一个计算机取证工具，其主要包括 4 个方面。

（1）测试——确定是否能够测试和提供测试结果

美国国家标准和技术研究局（NIST）有一个计算机取证工具测试（CFTT）小组，他们对一些工具提出了标准化的测试方法，并使用特殊的输入用例来进行测试。磁盘映像工具的规范已经公布，对几种不同工具的测试也已经产生。目前，很多测试正在进行中，测试结果还没有完全公开。测试的目的就是为了确定一个程序是否可以被测试，并确定它所提供结果的精确性。

对某一工具的输出必须执行两类测试：漏判（False Negatives）测试和误判（False Positives）测试。漏判测试是确认取证工具是否可以从输入端提取所有可能得到的数据。当某一工具列出某一目录的内容列表时，就应当能显示所有的文件。因此，如果此工具能列出所有已删除文件的列表，就应当能显示已删除文件的文件名。取证工具应当能够把所有数据复制到目的介质。执行此类测试的一般做法是把已知的数据存储于某一系统，然后检验这些数据是否能被找到。误判测试是为了确认取证工具在输出端没有引入新的数据。当某一工具列出某一目录的内容列表时，不应出现不存在的文件名。一般通过比较两个取证工具的结果来进行误判测试，但这种方法不能取代标准化的测试方法。

（2）错误率——取证工具的错误率

计算机取证工具中可能存在两类错误：工具错误和提取错误。工具错误源自代码中的漏洞，提取错误则源自算法错误。给出每个程序的提取错误率比较容易，确定工具的执行错误率就比较困难。一种办法是由每个工具的漏洞数和严重程度来计算错误率。对一些公开源代码的工具来说，这么做相对容易，至少可以将最近发布的源程序和以前版本比较，发现哪些代码改变了。但是，对于封闭源程序的工具就很困难了，难以给出其错误率的值。另外一种解决办法是将市场占有率作为度量错误率的单位，因为用户不会花大量的金钱来购买错误率高的工具。但是把销售额作为定量单位也有缺陷，因为不能显示某一工具被使用的频率及其处理的数据的复杂度，这样还需要一个更科学的方法——采用第三方的测试工具来处理。

比较理想的测试取证工具的方法是使用开放式的方法。首先为每类工具创建需求，然后根据需求设计相应的测试方法。对于未知结构的测试环境，得到取证工具的错误率可能会导致很大的测试量。例如，因为 NTFS 文件系统的结构不是公开的，要为对其进行分析的工具设计一种综合测试需求是一项艰巨的任务。计算机取证的测试需求可能比原始应用程序或操作系统的测试更复杂。但是，开放工具的源代码可以提高测试进程的质量，利用基于软件的设计和流程而设计的测试可以通过代码回溯来确定程序的漏洞。有经验且公正的专家可以根据源代码较容易地构造巧妙的测试以发现程序的漏洞。

（3）公开性——取证工具是否已经公开并接受相关部门的评议

公开性是指工具在公开的地方有证明文件并经过对等部门的复查，这是允许作为证据的主要条件。然而在计算机取证领域中，最近才有对等部门复查刊物，而且尚未覆盖工具程序。在国际计算机取证期刊（International Journal of Digital Evidence）创刊前，技术杂志上的文章就被用来说明公开性。如有文章说某一工具被广泛使用并列举出它的某些特性，如磁盘获取和分析技术。

对于文件系统分析工具，把其用于处理文件系统类型的进程公开是至关重要的，尤其是处理那些没有正式说明文件的文件系统的进程。有些文件系统有详细的、公开的、规范的说明，如 FAT，但是其他的文件系统（如 NTFS）就没有。大多数计算机取证文件系统分析工具可以显示最近被删除、但可以被恢复的文件和目录。这些任务不属于原始的文件系统规范，没有标准的实现方法。已删除的文件名可以通过对未使用的空间处理，并利用特征数据来找到。如果特征数据的检查太过严格，有些已删除的文件名就无法找到，从而不能发现证据。如果要求不太严格，就会出现不正确的数据。因此这一进程的详细过程必须公开，这样检察官就能确定这一程序是如何执行的。值得注意的一点是，如果某一软件用于生成电子证据，软件开发商应该愿意公布他们的源代码。法庭也可以允许源代码被内行证人审查而不用公开。内行证人可以把源代码和已被接受的程序相比较并确定这些代码是否恰当地执行。

公开性在计算机证据分析中是非常必要的，然而已删除文件的恢复和文件系统分析程序的源代码几乎没有公开的。开放的工具通过源代码给出其所有进程，使人可以检验此工具确实遵循公开的进程，而不是仅仅公布了基本功能。公开源代码的工具还应该对程序提供详细规范的注释，而不仅仅是源代码。

（4）可接受性——取证工具是否被相关的科学团体广泛接受

取证工具的可接受性与普通程序的可接受性不同。可接受性方针要求取证工具已被相关的科学团体广泛接受，源代码不公开的工具很难符合可接受性准则。根据 Daubert 测试的指导思想，为了使计算机取证分析工具可以更好地被法律机构所认可，应当按以下步骤来操作。

① 开发商应该开发面向包括 NIST 和已经测试过的磁盘镜像工具在内的文件系统及其他分析工具。

② 提供工具的综合测试方案。

③ 公开工具的设计情况，便于创造更有效的测试方案。

④ 为工具和特殊的程序建立一个错误率计算标准。

⑤ 公布工具所使用的特殊程序，尽管公开源代码的工具可能已经公布了它们的源代码，但缺乏对程序的文字阐述。

### 12.3.5　计算机取证工具软件

在计算机取证过程中，相应的取证工具必不可少。下面介绍在国外计算机取证过程中比较流行的一般工具软件和专用工具软件。

**1. 一般工具软件**

一般工具软件指用于检测分区的工具软件、杀毒软件、各种压缩工具软件等。

**2. 取证专用工具软件**

（1）文件浏览器

这类工具是专门用来查看数据文件的阅读工具。其只用于查看而没有编辑和恢复功能，从而体积较小并可以防止对证据的破坏。比较好的软件是 Quik View Plus。它可以识别 200 种以上文件类型，可以浏览各种电子邮件文档。它比起 WordPerfect 的频繁转换要方便得多。Conversion Plus 可以用于在 Windows 操作系统下浏览 Macintosh 文件。

（2）图片检查工具

ThumbsPlus 是一个功能很全面的进行图片检查的工具。

（3）CD-ROM 工具

使用 CD-R Diagnostics 可以看到在一般情况下看不到的数据。

文本搜索工具：dtSearch 是一个很好的用于文本搜索的工具，特别是具有搜索 Outlook 的.pst 文件的能力。

（4）驱动器映像程序

可以满足取证分析（即逐位复制以建立整个驱动器的映像）的磁盘映像程序包括：SafeBack、SnapBack、Ghost、dd（UNIX 中的标准工具）等。

（5）磁盘擦除工具

这类工具主要用在使用取证分析机器之前，为了确保分析机器的驱动器中不包含残余数据，显然，只是简单的格式化肯定不行。

（6）取证软件

取证软件拥有收集和分析数据的功能。目前，国际上的主流产品有以下几种。

① Forensic Toolkit：是一系列基于命令行的工具，可以帮助推断 Windows NT 文件系统中的访问行为。这些程序包括的命令有 Afind（根据最后访问时间给出文件列表，而这并不改变目录的访问时间）、Hfind（扫描磁盘中有隐藏属性的文件）、Sfind（扫描整个磁盘寻找隐藏的数据流）、FileStat（报告所有单独文件的属性）。

② The Coroner's Toolkit（TCT）：主要用来调查被"黑"的 UNIX 主机，它提供了强大的调查能力，特点是可以对运行着的主机的活动进行分析，并捕获目前的状态信息。其中的 grove-robber 可以收集大量的正在运行的进程、网络连接以及硬盘驱动器方面的信息。TCT 还包括数据恢复和浏览工具 unrm&lazarus、获取 MAC 时间的工具 mactime 等。

③ EnCase：是一个完全集成的、基于 Windows 界面的取证应用程序，其功能包括：数据浏览、搜索、磁盘浏览、数据预览、建立案例、建立证据文件和保存案例等。

④ ForensicX：主要运行于 Linux 环境，是一个以收集数据及分析数据为主要目的的工具。它与配套的硬件组成专门的工作平台。它利用了 Linux 支持多种文件系统的特点，提供在不同的文件系统里自动装配映像等功能，能够发现分散空间里的数据，可以分析 UNIX 操作系统是否含有木马程序。其中的 Webtrace 可以自动搜索互联网上的域名，为网络取证进行必要的收集工作，新版本具有识别隐藏文件的工具。

⑤ New Technologies Incorporated（NTI）：NTI 以命令的形式执行软件，因此速度很快，软件包的体积小。该公司提供的取证工具包括以下几种。

● CRCMD5：可以验证一个或多个文件内容的 CRC 工具。

● DiskScrub：用于清除硬盘驱动器中所有数据的工具。

● DiskSig：CRC 程序，用于验证映像备份的精确性。

● FileList：磁盘目录工具，用来建立用户在该系统上的行为时间表。

● Filter_we：用于周围环境数据的智能模糊逻辑过滤器。

● GetSlack：一种周围环境数据收集工具，用于捕获未分配的数据。

● GetTime：一种周围环境数据收集工具，用于捕获分散的文件。

下面以 EnCase 作为一个计算机取证技术的案例来分析。EnCase 是目前使用最为广泛的计算机取证工具，至少超过 2 000 家的法律执行部门在使用它。它提供良好的基于 Windows 的界面，左边是 case 文件的目录结构，右边是用户访问目录的证据文件的列表。EnCase 是用 C++编写的容量大约为 1MB 的程序，它能调查 Windows、Macintosh、Linux、UNIX 或 DOS 操作系统机器的硬盘，把硬盘中的文件镜像成只读的证据文件，这样可以防止调查人员修改数据而使其成为无效的证据。为了确定镜像数据与原始数据相同，EnCase 会对计算机 CRC 校验码和 MD5 Hash 值进行比较。EnCase 对硬盘驱动镜像后重新组织文件结构，采用 Windows GUI 显示文件的内容，允许调查员使用多个工具完成多个任务。在检查一个硬盘驱动时，EnCase 深入操作系统底层查看所有的数据，包括未分配的空间和 Windows 交换分区（存有被删除的文件和其他潜在的证据）的数据。在显示文件方面，EnCase 可以用多种标准（如时间戳或文件扩展名）来排序。此外，EnCase 可以比较已知扩展名的文件签名，使得调查人员能确定用户是否通过改变文件扩展名来隐藏证据。对调查结果可以采用 html 或文本方式显示，并可打印出来。

应用的驱动使计算机取证得到快速发展。主要表现为取证的领域扩大，融合了磁盘数据恢复、密码、安全操作系统等技术，取证工具也在向着专业化和自动化方向发展。

由于计算机取证倍受关注，很多组织和机构都投入了人力对这个领域进行研究，并且已经开发出大量的取证工具。因为没有统一的标准和规范，软件的使用者很难对这些工具的有效性和可靠性进行比较。另外，到现在为止，还没有任何机构对计算机取证机构和工作人员的资质进行认证，使得取证结果的权威性受到质疑。为了能让计算机取证工作向着更好的方向发展，制定取证工具的评价标准、取证机构和从业人员的资质审核办法以及取证工作的操作规范是非常必要的。

# 小　结

安全审计的基础是审计日志，原理非常简单。但是因为与具体的操作系统、应用软件、网络协议等相关，所以安全审计涉及一些较为专门的技术。本章较为详细地介绍了这些技术。计算机取证是近年来发展起来的一门新技术，相关理论还不够完善，但因其应用价值吸引了人们的注意。

# 习　题　12

1．请举例说明安全审计在信息安全中的地位和作用。

2．安全审计采用的主要技术有哪些？

3．审计日志的作用是什么？审计日志有哪几种类型？

4．如何保护日志的安全性和完整性？

5．通过审计发现了系统的安全隐患时，报警机制采用给系统管理员发 E-mail 的处理方法。请说明这种方法的缺点，你会采用什么样的处理方法？

6．请比较基于主机的安全审计系统和基于网络的安全审计系统对日志管理的不同。

7．计算机取证的基本原则是什么？

8．假设在一次网上交易中，你受到了欺骗，你会如何处理这样的事情？结合这样的情况描述计算机取证的具体步骤。

9．如何保证电子证据的真实性？

# 第 13 章

# 信息安全评估与工程实现

前 12 章分别介绍了信息安全的理论和技术。但信息安全不仅是技术问题。本章将从安全产品（系统）评估、安全工程方面进行介绍。在信息安全评估方面首先介绍国家标准 GB 17859—1999 和可信计算机评估准则（TCSEC），然后重点介绍评估体系（CC）。在信息安全工程方面结合 SSE-CMM 介绍安全工程体系构成。

## 13.1 信息安全评估

信息安全评估在信息安全中占有重要地位。本节介绍信息安全评估的概念、信息安全评估的意义以及信息安全评估的 3 大内容：评估准则、评估方法和评估认证体系，重点介绍评估体系（CC）。

### 13.1.1 计算机信息系统安全保护等级划分准则

#### 1. 概述

国务院于 1994 年 2 月 18 日颁布的《中华人民共和国计算机信息系统安全保护条例》是我国在信息安全领域的重要法规。条例在第九条规定："计算机信息系统实行安全等级保护"，明确了对信息系统采取分安全等级的法定保护制度，因此具有强制性。该条例以国家制度推进信息和信息系统安全保护责任的落实，符合客观实际，具有科学性，是具有自我保护与国家保护相结合的长效保护机制。

为了对信息系统的安全等级进行明确划分和定义，国家质量技术监督局于 1999 年 9 月 13 日发布了国家标准 GB 17859—1999《计算机信息系统安全保护等级划分准则》（以下简称《准则》），并于 2001 年 1 月 1 日起实施。

《准则》是开展信息系统安全等级保护制度建设的核心，也是我国信息安全评估和管理的重要基础。对计算机信息系统的安全等级划分，体现了突出重点、兼顾一般的安全保护原则。政府在对涉及国计民生的信息系统、国家基础信息网络和重要信息系统进行全面保护的基础上，将重点保护其中 3 级以上的局域网和子系统，实现国家信息安全整体保障。

《准则》的用途包括以下几点。

（1）《准则》为计算机信息系统安全等级保护管理法规的制定和执法部门的监督检查提供依据。

（2）《准则》为信息安全产品的研制提出技术要求。

（3）《准则》为信息安全系统的建设和管理提供技术指导。

#### 2. 准则内容介绍

《准则》的核心内容是对安全保护等级的描述。按照计算机系统安全保护能力的大小，由低到高划分为 5 个等级。

第 1 级：用户自主保护级。

第 2 级：系统审计保护级。

第 3 级：安全标记保护级。

第 4 级：结构化保护级。

第 5 级：访问验证保护级。

为了准确理解标准的内容，《准则》对其中涉及的 9 个重要术语进行了定义。

（1）计算机信息系统（Computer Information System）：计算机信息系统是由计算机及其相关的和配套的设备、设施（含网络）构成的，按照一定的应用目标和规则对信息进行采集、加工、存储、传输和检索等处理的人机系统。[1]

（2）可信计算基（Trusted Computing Base of Computer Information System）：计算机系统内保护装置的总体，包括硬件、固件、软件和负责执行安全策略的组合体。它建立了一个基本的保护环境并提供一个可信计算系统所要求的附加用户服务。

（3）客体（Object）：信息的载体。

（4）主体（Subject）：引起信息在客体之间流动的人、进程或设备等。

（5）敏感标记（Sensitivity Label）：用来描述客体数据敏感性的一组信息，也称为客体安全级别。可信计算基中把敏感标记作为强制访问控制决策的依据。

（6）安全策略（Security Policy）：有关管理、保护和发布敏感信息的法律、规定和实施细则。

（7）信道（Channel）：系统内的信息传输路径。

（8）隐蔽信道（Covert Channel）：允许进程以危害系统安全策略的方式传输信息的通信信道。

（9）访问监视器（Reference Monitor）：监视主体和客体之间授权访问关系的部件。

### 3. 5 个安全保护等级

（1）用户自主保护级

《准则》：本级的计算机信息系统可信计算基通过隔离用户与数据，使用户具备自主安全保护的能力。它具有多种形式的控制能力，对用户实施访问控制，即为用户提供可行的手段，保护用户和用户组信息，避免其他用户对数据的非法读写与破坏。

第 1 级安全的信息系统具备对信息和系统进行基本保护的能力。在技术方面，第 1 级要求设置基本的安全功能，使信息免遭非授权的泄露和破坏，能保证基本的安全服务。在安全管理方面，第 1 级要求根据机构自身安全需求，为信息系统正常运行提供基本的安全管理保障。

（2）系统审计保护级

《准则》：与用户自主保护级相比，本级的计算机信息系统可信计算基实施了粒度更细的自主访问控制，它通过登录规程、审计与安全性相关事件和隔离资源，使用户对自己的行为负责。

第 2 级安全的信息系统具备对信息和系统进行比较完整的系统化的安全保护能力。在技

---

1 在本章中用楷体表示对相关标准的原文引用。

术方面，第 2 级要求采用系统化的设计方法，实现比较完整的安全保护，并通过安全审计机制，使其他安全机制间接地相连接，使信息免遭非授权的泄露和破坏，保证一定的安全服务。在安全管理方面，第 2 级要求建立必要的信息系统安全管理制度，对安全管理和执行过程进行计划、管理和跟踪。根据实际安全需求，明确机构和人员的相应责任。

（3）安全标记保护级

《准则》：本级的计算机信息系统可信计算基具有系统审计保护级所有功能。此外，还提供有关安全策略模型、数据标记以及主体对客体强制访问控制的非形式化描述；具有准确地标记输出信息的能力；消除通过测试发现的任何错误。

第 3 级安全的信息系统具备对信息和系统进行基于安全策略强制的安全保护能力。在技术方面，第 3 级要求按照完整的安全策略模型，实施强制性的安全保护，使数据信息免遭非授权的泄露和破坏，保证较高等级的安全服务。在安全管理方面，第 3 级要求建立完整的信息系统安全管理体系，对安全管理过程进行规范化的定义，并对过程执行实施监督和检查。根据实际安全需求，第 3 级安全的信息系统应建立安全管理机构，配备专职安全管理人员，落实各级领导及相关人员的责任。

（4）结构化保护级

《准则》：本级的计算机信息系统可信计算基建立于一个明确定义的形式化安全策略模型之上，它要求将第 3 级系统中的自主和强制访问控制扩展到所有主体与客体。此外，还要考虑隐蔽通道。本级的计算机信息系统可信计算基必须结构化为关键保护元素和非关键保护元素。计算机信息系统可信计算基的接口也必须明确定义，使其设计与实现能经受更充分的测试和更完整的复审。加强了鉴别机制；支持系统管理员和操作员的职能；提供可信设施管理；增强了配置管理控制。系统具有相当的抗渗透能力。

第 4 级安全的信息系统具备对信息和系统进行基于安全策略强制的整体的安全保护能力。在技术方面，物理隔离，第 4 级要求采用结构化设计方法，按照完整的安全策略模型，实现各层面相结合的强制性的安全保护，使数据信息免遭非授权的泄露和破坏，保证高等级的安全服务。在安全管理方面，第 4 级要求建立持续改进的信息系统安全管理体系，在对安全管理过程进行规范化定义，并对过程执行实施监督和检查的基础上，具有对缺陷自我发现、纠正和改进的能力。根据实际安全需求，采取安全隔离措施，限定信息系统规模和应用范围。建立安全管理机构，配备专职安全管理人员，落实各级领导及相关人员的责任。

（5）访问验证保护级

《准则》：本级的计算机信息系统可信计算基满足访问监视器需求。访问监视器仲裁主体对客体的全部访问。访问监视器本身是抗篡改的；必须足够小，能够分析和测试。为了满足访问监视器需求，计算机信息系统可信计算基在其构造时，排除那些对实施安全策略来说并非必要的代码；在设计和实现时，从系统工程角度将其复杂性降低到最低程度。支持安全管理员职能；扩充审计机制，当发生与安全相关的事件时发出信号；提供系统恢复机制。系统具有很高的抗渗透能力。

第 5 级安全的信息系统提供对信息和系统进行基于可验证安全策略的强制的安全保护能力。在技术方面，第 5 级要求按照确定的安全策略，在整体的实施强制性的安全保护的基础上，通过可验证设计增强系统的安全性，使其具有抗渗透能力，使数据信息免遭非授权的泄露和破坏，保证最高等级的安全服务。在安全管理方面，第 5 级要求由信息系统的主管部门和使用单位根据安全需求，建立核心部门的专用信息系统安全管理体系，对安全管理过程进行规范化的定义，并对过程执行实施监督和检查，具有对缺陷自我发现、纠正和改进的能力。采取安全隔离措施，限定信息系统规模和应用范围。建立安全管理机构，配备专职安全管理人员，落实各级领导及相关人员的责任。

### 4. 与《准则》配套的支持性标准系列

GB 17859—1999 是信息系统安全等级管理的基础标准。为了促进安全等级管理工作的开展和落实，公安部围绕技术、管理、工程实施及评测制定一系列行业标准，其中包括如下内容。

（1）GA/T 390—2002《计算机信息系统安全等级保护通用技术要求》：本标准是计算机信息系统安全等级保护要求系列标准的基础性标准，详细说明为了在计算机信息系统中实现GB 17859—1999 提出的安全等级要求应采取的通用的安全技术，为确保这些安全技术所实现的安全功能，以及为达到其要求应采取的保证措施，并对 5 个安全保护等级从技术要求方面进行了详细的描述。

（2）GA/T 388—2002《计算机信息系统安全等级保护操作系统技术要求》：本标准用以指导设计者如何设计和实现具有所需要的安全等级的操作系统，主要从对操作系统的安全保护等级进行划分的角度来说明其技术要求，即主要说明为实现《准则》中每一个保护等级的安全要求对操作系统应采取的安全技术措施，以及各安全技术要求在不同安全级中具体实现上的差异。对每一个保护等级，分别从安全功能、TCB 自身安全保护、TCB 设计和实现、TCB 安全管理等 4 方面进行描述。

（3）GA/T 389—2002《计算机信息系统安全等级保护数据库技术要求》：本标准用以指导设计者如何设计和实现具有所需要的安全等级的数据库管理系统，主要从对数据库管理系统的安全保护等级进行划分的角度来说明其技术要求，即主要说明为实现《准则》中每一个保护等级的安全要求对数据库管理系统应采取的安全技术措施，以及各安全技术要求在不同安全级中具体实现上的差异。与 GA/T 388—2002 类似，对每一个保护等级，分别从安全功能、TCB 自身安全保护、TCB 设计和实现、TCB 安全管理等 4 方面进行描述。

（4）GA/T 387—2002《计算机信息系统安全等级保护网络技术要求》：本标准用以指导设计者如何设计和实现具有所需要的安全等级的网络系统，主要从对网络系统的安全保护等级进行划分的角度来说明其技术要求，即主要说明为实现《准则》中每一个保护等级的安全要求对网络系统应采取的安全技术措施，以及各安全技术要求在不同安全级中具体实现上的差异。主要内容如下。

① 关于安全等级划分、主体、客体、TCB、密码技术和建立网络安全的一般要求，以及网络安全组成与相互关系。

② 网络基本安全技术及对应的技术要求，包括身份鉴别、自主访问控制、标记、强制访问控制、客体重用、安全审计、数据完整性、隐蔽信道分析、可信路径、可信恢复、抗抵赖和密码支持等。

③ 从安全功能和安全保证角度，对 5 个安全等级划分技术要求的分别描述。

（5）GA/T 391—2002《计算机信息系统安全等级保护管理要求》：本标准是《准则》的重要配套标准之一，与技术要求、工程要求和评估要求一起，共同组成计算机信息系统的安全等级保护体系。该体系从计算机信息系统的管理层面、物理层面、系统层面、网络层面、应用层面、运行层面对计算机信息系统资源实施保护，作为系统安全保护的支持服务。其中管理层面贯穿其他 5 个层面，是其他 5 个层面实施安全等级保护的保证。主要内容如下。

① 信息系统安全管理的内涵、主要安全要素、信息系统安全管理的基本原则、过程、安全管理组织、人员安全和安全管理制度等。

② 从管理目标和范围、人员和职责、物理安全管理、系统安全管理、网络安全管理、应用系统安全管理和运行安全管理等角度，对 5 个安全等级划分管理要求的分别描述。

（6）GA/T 483—2004《计算机信息系统安全等级保护工程管理要求》：本标准是按照《准则》及其上述相关配套标准对计算机信息系统安全等级管理要求，实施计算机信息系统安全等级保护工程的指南，也是实施等级保护工程、建立工程实施保证体系的依据，同时也是国家相应主管部门进行等级保护工程评审的依据。主要内容如下。

① 安全工程体系描述。

② 对资格保障要求、组织保障要求、工程实施要求、项目实施要求的描述，以及从工程目标、范围和前述 4 个要求角度，对 5 个安全等级划分工程要求的分别描述。

## 13.1.2　可信计算机系统评估准则

### 1．概述

由于信息产品的安全性直接涉及国家安全和利益，因此，各国政府纷纷采取颁布标准、实行测评和认证制度等方式，对信息技术和安全产品的研制、生产、销售、使用及进出口实行严格、有效的管理与控制，并建立了与自身的信息化发展相适应的测评认证体系。

美国政府早在 20 世纪 70 年代就开展了信息产品安全性评估、建立安全保密准则的工作，于 1983 年提出并于 1985 年正式公布了《可信计算机系统评估准则》（TCSEC），也称为"橘皮书"，为计算机安全产品的评测提供了测试准则和方法。随后又颁布了一系列的解释性文件，统称为"彩虹系列"，这些标准指导了美国信息安全产品的制造和应用，并建立了关于网络系统、数据库等的安全解释。

TCSEC 的发布主要有以下 3 种目的。

（1）为制造商提供一个安全标准，使得他们在开发商业产品时加入相应的安全元素，为用户提供广泛可信的应用系统。

（2）为国防部各部门提供一个度量标准，用来评估计算机系统或其他敏感信息的可信程度。

（3）在分析、研究规范时，为指定安全需求提供基础。

### 2．标准说明

在 TCSEC 中，安全级这个概念包含级别和类别两方面，安全级的级别之间具有可比性，高的级别要求大于低的级别，如 B2 级的安全要求高于 B1 级的安全要求。

美国国防部按处理信息的等级和应采用的相应措施，将计算机安全从高到低分为：A、B、C、D 4 类 8 个级别，共 27 条评估准则，从安全策略、可审计性、保证和文档 4 个不同的方面对不同安全级别的系统提出了不同强度的要求。随着安全等级的提高，系统的可信度随之增加，风险逐渐减少。

以下将分别说明各个不同的安全等级的要求。

（1）无保护级

D：最低安全性。

D 级为那些经过评估，但不满足较高评估等级要求的系统，只具有一个级别。该类是指不符合基本安全要求的那些系统，因此，这种系统不能在多用户环境下处理敏感信息。

（2）自主保护级

自主保护级具有一定的保护能力，采用的措施是自主访问控制和审计跟踪，一般只适用于具有一定等级的多用户环境，具有对主体责任及其动作审计的能力。

C1：自主存取控制。

C1 级系统通过隔离用户与数据，使用户具备自主安全保护的能力。它具有多种形式的控制能力，对用户实施访问控制，为用户提供可行的手段，保护用户和用户组信息，避免其他用户对数据的非法读写与破坏。C1 级系统适用于处理同一敏感级别数据的多用户环境。

C2：控制访问保护。

C2 级系统比 C1 级具有更细粒度的自主访问控制（DAC），C2 级通过注册过程控制、审计安全相关事件以及资源隔离，使单个用户为其行为负责。

（3）强制保护级

B 级为强制保护级，主要要求是 TCB 应维护完整的安全标记，并在此基础上执行一系列强制访问控制规则，B 级系统中的主要数据结构必须携带敏感标记，系统的开发者还应为 TCB 提供安全策略模型以及 TCB 规约，应提供证据证明访问监视器得到了正确的实施。

B1：强制访问控制（MAC）。

B1 级系统要求具有 C2 级系统的所有特性，在此基础上，还应提供安全策略模型的非形式化描述、数据标记以及命名主体和客体的强制访问控制，并消除测试中发现的所有缺陷。

B2：良好的结构化设计、形式化安全模型。

在 B2 级系统中，TCB 建立于一个明确定义并文档化、形式化的安全策略模型之上，要求将 B1 级系统中建立的自主和强制访问控制扩展到所有的主体与客体。在此基础上，应对隐蔽信道进行分析，TCB 应结构化为关键保护元素和非关键保护元素，TCB 接口必须明确定义。

其设计与实现应能够经受更充分的测试和更完善的审查，鉴别机制应得到加强，提供可信设施管理以支持系统管理员和操作员的职能，提供严格的配置管理控制，B2 级系统应具备相当的抗渗透能力。

B3：全面的访问控制、可信恢复。

在 B3 级系统中，TCB 必须满足访问监视器需求，访问监视器对所有主体对客体的访问进行仲裁，访问监视器本身是抗篡改的，访问监视器足够小，访问监视器能够分析和测试。

为了满足访问控制器需求，计算机信息系统可信计算基在构造时，排除那些对实施安全策略来说并非必要的代码。计算机信息系统可信计算基在设计和实现时，从系统工程角度将其复杂性降低到最低程度。B3 级系统支持安全管理员职能、扩充审计机制，当发生与安全相关的事件时，发出信号，提供系统恢复机制。系统具有很高的抗渗透能力。

（4）验证保护级

A 级的特点是使用形式化的安全验证方法，保证系统的自主和强制安全控制措施能够有效地保护系统中存储和处理的秘密信息或其他敏感信息，为证明 TCB 满足设计、开发及实现等各个方面的安全要求，系统应提供丰富的文档信息。

A1 级：验证设计。

A1 级系统在功能上和 B3 级系统是相同的，没有增加体系结构特性和策略要求。最显著的特点是，要求用形式化设计规范和验证方法来对系统进行分析，确保 TCB 按设计要求实现。从本质上说，这种保证是发展的，它从一个安全策略的形式化模型和设计的形式化高层规约（FTLS）开始。针对 A1 级系统设计验证，有 5 种独立于特定规约语言或验证方法的重要准则。

应通过形式化的技术（如果可能的话）和非形式化的技术证明 TCB 的形式化高层规约（FTLS）与模型是一致的。

通过非形式化的方法证明 TCB 的实现（如硬件、固件和软件）与形式化的高层规约（FTLS）是一致的。应证明 FTLS 的元素与 TCB 的元素是一致的，FTLS 应表达用于满足安全策略的一致的保护机制，这些保护机制的元素应映射到 TCB 的要素。

应使用形式化的方法标识并分析隐蔽信道，非形式化的方法可以用来标识时间隐蔽信道，必须对系统中存在的隐蔽信道进行解释。

A1 级系统要求更严格的配置管理，要求建立系统安全分发的程序，支持系统安全管理员的职能。

超 A1 级在 A1 级基础上增加了许多安全措施，超出了定义 A1 级时的技术状况。在这一级，设计环境将变得更重要，形式化高层规约的分析将对测试提供帮助，TCB 开发中使用的工具的正确性及 TCB 运行的软硬件功能的正确性将得到更多的关注。

超 A1 级系统涉及的范围包括系统体系结构、安全测试、形式化规约与验证、可信设计环境等。

### 3. TCSEC 的意义与局限

TCSEC 是美国最先开发的可信计算机系统评估准则，此后很长一段时间对操作系统安全内核的研制等都是以 TCSEC 为参考标准的。但应当注意到，美国国防部开发的这个标准是受到当时客观条件限制的。而且，TCSEC 标准 4 类 8 个级别的安全级别划分也过于笼统，缺乏灵活性。

在 TCSEC 开发后的十多年里，不同的国家都开始启动开发建立在 TCSEC 概念上的评估准则，其发展关系如图 13.1 所示。这些准则更灵活，更适应 IT 的发展。特别是国际标准化组织后来发布的 ISO/IEC15408 集中了 CTCPEC、FC、TCSEC 和 ITSEC 等标准的发起组织的力量，对安全的内容和级别给予了更完整的规范，为用户对安全需求的选取提供了充分的灵活性，成为信息系统安全技术评估的通用安全准则 CC。

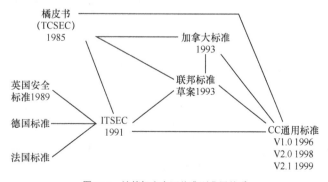

图 13.1　计算机安全评估准则发展关系

### 13.1.3 通用安全准则

#### 1. 基本信息

（1）发展历史

通用安全准则（CC）是国际标准化组织统一现有多种准则的结果，是目前最全面的评价准则。1996 年 6 月，CC 第一版发布；1998 年 5 月，CC 第二版发布；1999 年 10 月，CC V2.1 发布，并且成为 ISO 标准。CC 的主要思想和框架都取自 ITSEC 和 FC，并充分突出了"保护轮廓"的概念。

（2）面向的目标用户

CC 主要的目标用户包括消费者、开发者、评估者及其他用户，如系统管理员和系统安全管理员、内部和外部审计员、安全规划和设计者、认可者、评估发起者、评估机构等。

（3）文档组织

CC 是由一系列截然不同但又相互关联的部分组成的，分为 3 个部分。

其中，第 1 部分是简介和一般模型，介绍了 CC 中的有关术语、基本概念和一般模型，以及与评估有关的一些框架，附录部分主要介绍保护轮廓（PP）和安全目标（ST）的基本内容。

第 2 部分是安全功能要求，按"类-子类-组件"的方式提出安全功能要求，每一类除正文以外，还有对应的提示性附录，对正文进行进一步解释。

第 3 部分是安全保证要求，定义了评估保证级别，介绍了 PP 和 ST 的评估，并按"类-子类-组件"的方式提出安全保证要求。

（4）适用范围

CC 重点考虑认为的信息威胁，无论是有意的还是无意的。不过 CC 也可用于非人为因素导致的威胁。CC 适用于硬件、固件和软件实现的信息技术安全措施，而有些内容因涉及特殊专业技术或尽是信息技术安全的外围技术，因此不在 CC 的范围内，如与信息技术安全措施没有直接关联的属于行政管理的安全措施，虽然这类安全管理措施是安全技术措施的前提。

（5）术语

产品（Product）：IT 软件、固件或硬件的包，其功能用于或组合到多种系统中。

评估对象（Target of Evaluation，TOE）：用于安全性评估的信息技术产品、系统或子系统，如防火墙产品、计算机网络、密码模块等，以及相关的管理员指南、用户指南和设计方案等文档。

保证（Assurance）：实体达到其安全性目的的信任基础。

安全目的（Security Objective）：在对抗特定的威胁方面，满足特定的组织安全策略和假设的陈述。

保护轮廓（Protect Profile，PP）：满足特定用户需求，与一类 TOE 实现无关的一组安全要求。

安全目标（Security Target，ST）：作为制定的 TOE 评估基础的一组安全要求和规范。

类（Class）：具有共同目的的子类的集合。

组件：可包含在 PP、ST 或一个包中的最小可选元素集。

元素：不可再分的安全要求。

依赖关系：各种要求之间的关系，一种要求要达到其目的必须依赖另一种要求的满足。

包（Packet）：为了满足一组确定的安全目的而结合在一起的一组可重用的功能或保证组件。

安全组件包：把多个安全要求组件合在一起所得到的结果就称为一个安全组件包，安全组件包可用于构造更大的安全组件包或者 PP 和 ST。

评估保证级：由 CC 第 3 部分保证组件构成的包，该包代表了 CC 预先定义的保证尺度上的某个位置。

**2. 思想**

对 IT 安全性的信任是通过开发、评估和操作过程汇总各种措施获得的。CC 作为国际标准，对信息系统的安全功能、安全保障给出了分类描述，建立了分级评估的标准。

CC 为多数大家所公认的安全需求提供了通用的组件库，使得用户和开发者可以根据具体的安全需求，从库中选择所需的组件——安全功能组件与安全保证组件来构建特定系统的安全需求。

CC 有利于在产品或系统的开发初期确定合适的需求，提出建立安全规范的过程。该过程的基础是将安全要求细化成安全目标中的 TOE 概要规范，每个低层次的细化代表更为详细设计的设计分解，并给出了保护轮廓（PP）及安全目标（ST）等概念和文档的组织规则。因此，可以将 CC 作为一个知识库，其中包含了常用的安全技术。每个具体的信息系统或产品都会有特定的需求，这些需求是知识库中的子集。如何将从知识库中选取的组件子集合理、有序地表达出来，使这些表达能够符合既定的安全目标，需要一种描述方式。PP 和 ST 正是这种描述方式，按照 CC 给定的 PP 与 ST 的文档组织规则，用户和开发者就能充分表达自己的需求，使得这些需求覆盖既定的安全目标。

在开发者和委托方有一个相关的评估方法和双方对评估结果的认可协定的前提下，CC 可以指导开发者进行相关的评估准备。CC 还可以对用户和评估者提供支持，以便更准确地实现对产品或系统的 TOE 评估。

CC 通过对 TOE 的评估来影响 TOE 的开发过程，CC 并不规定任何特定的开发方法和声明周期模型。CC 对于安全工程的意义表现在两个方面：一是体现在开发阶段建立确定合适的需求，安全要求对于满足用户的安全目的意义重大；二是在评估中对于安全保障的要求，确保安全工程过程中实现了安全的保障。

**3. 一般模型**

（1）一般安全上下文

CC 认为，安全就是保护资产不受威胁。威胁可依据滥用被保护资产的可能性分类，所有的威胁类型都应该考虑到。但在安全领域内，被高度重视的威胁是和人们的恶意攻击及其他的人类活动密切相关的。

如图 13.2 所示，保护资产是资产所有者的责任，而实际或假定的威胁者试图以与资产所有者初衷相反的方式来滥用资产，资产所有者会意识到这种威胁可能致使资产损坏。对资产所有者而言，资产的价值将会降低。资产所有者必须分析可能的威胁并确定哪些存在于他们的环境中，从而导致风险。这种分析有助于选择对策，把风险降低到一个可以接受的水平。

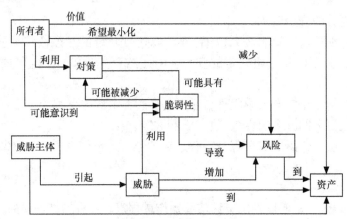

图 13.2　相关概念之间的关系

对策用以减少脆弱性，并满足资产所有者的安全策略。在安全策略使用后仍会有残余的弱点，这些弱点仍可以被威胁者利用，从而造成了资产的残余风险，资产所有者将通过给出其他的约束来寻求残余风险的最小化。在将特定的资产暴露于特定威胁前，所有者要确信其对策足以应付所面临的威胁。所有者自身可能没有能力判断对策的所有方面，但可以寻求对对策的评估。评估结果对安全保证的可达程度做出描述，即对策能否被信任用于降低风险，保护资产。该描述还将对对策的保证进行分级。资产所有者可以根据此描述决定是否接受将资产暴露给威胁者所冒的风险。

（2）TOE 评估

TOE 的评估过程可能与 TOE 的开发过程同步进行或有所滞后。评估过程的期望结果是对 TOE 满足 ST 安全要求的确认，即一个或多个由评估准则规定的评估对 TOE 的裁决报告。这些裁决报告对 TOE 所代表的产品或系统的用户和潜在用户将非常有用，对开发者也同样有用。

通过评估获得的信任度依赖于所达到的保证要求（即评估保证级别）。评估过程会通过两种途径来改进安全产品。首先，评估过程能发现开发者可以纠正的 TOE 错误或弱点，从而减少将来在操作中安全失效的可能性；其次，为了通过严格的评估，开发者在 TOE 设计和开发时也将更加细心。总之，评估过程对最初需求、开发过程和最终产品以及操作环境都将产生积极的影响。

（3）CC 安全概念

① 建立规范的过程。

只有在 IT 环境中考虑 IT 组件保护资产的能力时，CC 才是可用的。为了标明资产是安全的，必须在各个层面考虑安全性，包括从最抽象的设计到最终的 IT 实现。

CC 要求在某层次上的表述包含在该层次上 TOE 描述的基本原理。也就是说，这个层次必须包含合情合理令人信服的论据，表示其与更高层次是一致的，而且它自己也是全面的、正确的、内部一致的。通过陈述与安全目标的符合程度及其基本原理，可以表明 TOE 在对抗威胁、执行安全策略时的有效性。

如图 13.3 所示，CC 将表述分成不同的层次，包括安全环境、安全目的、安全需求和安全规范等。它给出了一种满足安全需求和规范的 PP 或 ST 的描述方法。所有的 TOE 安全要求根本上都来源于对 TOE 目的和环境的考虑。这个图并不限制 PP 和 ST 的开发方法，仅用来阐明一些与 PP 和 ST 的内容相联系的分析方法。

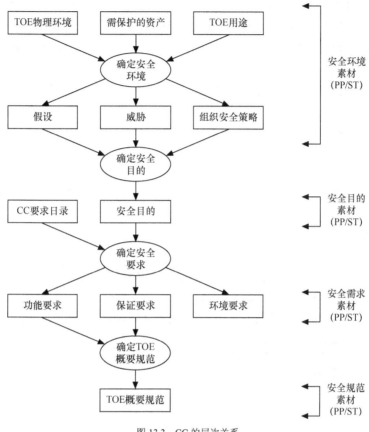

图 13.3  CC 的层次关系

② 安全环境。

安全环境包括所有相关的法规、组织的安全策略、习惯、专门技术和知识等。它定义了 TOE 使用的上下文，同时也包括了环境中出现的安全威胁。为了建立安全环境，PP 和 ST 的作者必须考虑 TOE 的物理环境、需要保护的资产以及 TOE 的目的等。安全环境的分析结果用来阐明如何对抗已标识的威胁，说明组织安全策略和假设的安全目的。

③ 安全目的。

安全目的应和已说明的 TOE 运行目标、产品目标以及有关的物理环境是一致的。确定安全目的的意义是为了阐明所有的安全考虑，并指出安全方面关心的各种问题是由 TOE 直接处理还是由它的环境来处理。这种划分需要工程判断、安全策略、经济因素和可接受风险决策之间的协作。

环境安全目的在 IT 领域内将用非技术的或程序化的方法来实现。IT 安全需求只涉及 TOE 安全目的和它的 IT 环境。

④ IT 安全要求。

IT 安全要求将安全目的细化为一系列的 TOE 及其环境的安全要求，一旦这些要求得到满足，就可以保证 TOE 达到其安全目的。CC 会在不同种类功能要求和保证要求下提出安全要求。

对于给定的一组功能要求，其保证程度是可以变化的。这种变化表现为保证组件级别严格增加。CC 的第 3 部分使用这些组件定义了保证要求和一个评估保证级别的尺度。

通过选择合理的安全功能，可以确保达到一定的安全目的，这种保证来源于以下两个因素：对安全功能正确实现的信任，也就是评估其是否被正确实现，以及对安全功能有效性的信任，达到所陈述的安全目的。

安全要求通常包括出现期望行为和避免不期望行为。通过使用和检验，一般可以证明期望行为的存在，但不太可能明确证明不期望行为是不存在的。检验、设计检查、实现审查都有助于减少存在不期望行为的风险。另外，恰当的基本原理也有助于证明不存在不期望的行为。

⑤ TOE 概要规范。

ST 中提供的 TOE 概要规范定义了 TOE 安全要求的实现方法，它提供分别满足功能需求和保证需求的安全功能及保证措施的高层定义。

### 4．安全要求的组织

（1）安全要求的结构

CC 中的安全要求主要分为安全功能要求和安全保证要求。CC 的安全要求是以"类-子类-组件"这种层次方式组织而成的，如图 13.4 所示。这种组织方式可帮助用户定位特殊的安全要求，在描述安全功能和保证要求时，CC 使用相同的风格、组织方式和术语。

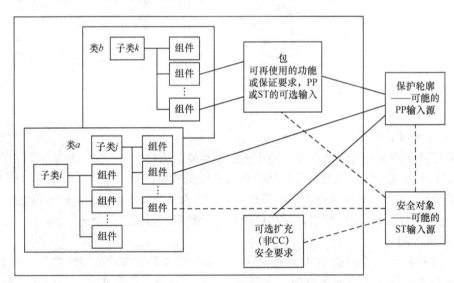

图 13.4 "类-子类-组件"层次组织

类：类是最通用的安全要求的组合，其所有的成员关注共同的安全焦点，但覆盖不同的安全目的。类的成员被称为子类。

子类：子类是若干安全要求的组合，这些要求有共同的安全目的，但侧重点和严格性有所区别，子类中的成员被称为组件。

组件：组件描述一组特定的安全要求集，它是 CC 定义结构中所包含最小的可选安全要求集。子类中具有相同目标的组件可以以安全要求强度（或能力）逐步增加的顺序排列，也可以部分地按相关非层次集合的方式组织。

组件由单个元素组成，元素是安全需求最低层次的表达，也是能被评估验证的不可分割的安全要求。组件间的关系可能存在依赖，当一个组件无法充分表达安全要求并且依赖另一个组件的存在的时候，依赖关系就产生了。组件间的依赖关系是描述 CC 组件定义的一部分。为了保证达到 TOE 要求的完备性，把组件加入到适当的 PP 和 ST 中时应满足相应的依赖关系。

CC 组件可以像在 CC 中定义一样使用，或者通过使用组件允许的操作，对组件进行裁剪，以满足特定的安全策略或对付特定的威胁。

（2）安全功能要求

CC 的第 2 部分是安全功能要求，对满足安全需求的一系列安全功能提出了详细的要求。CC 中所描述的相关安全功能要求，并不是所有 IT 安全的确定答案，而是提供一组广为理解的安全功能要求，用于创建反映市场需求的可信产品或系统。这些安全功能要求的给出，体现当前要求规范和评估技术发展的水平。这里并不是包括了所有可能的安全功能要求，而是包含了那些在发布时作者已知并认为有价值的要求。

如果有超出第 2 部分的安全功能要求，开发者可以根据"类-子类-组件-元素"的描述结构表达其安全要求，并附加在其 ST 中。

CC 中共包含了 11 个安全功能类：安全审计类、通信类、密码支持类、用户数据保护类、标识和鉴别类、安全管理类、隐秘类、TSF 保护类、资源利用类、TOE 访问类、可信路径/信道类。

这些安全类又分为子类，子类中又分为组件。组件是对具体安全要求的描述。从叙述上看，每一个类中的具体安全要求也是有差别的，但 CC 没有以这些差别作为划分安全等级的依据。

（3）安全保证要求

安全产品或系统应该具备安全功能，但这些安全功能是否正确有效地实施也是需要考虑的问题。安全保证是采用软件工程、开发环境控制、交付运行控制和自测等措施使得用户、开发者和评估者对这些功能正确有效地实施产生信心。

与安全功能要求的组织相似，安全保证要求也按"类-子类-组件"的层次结构定义，包括 PP 和 ST 评估 2 个保证类、7 个评估保证类和 1 个保证维护类。每个保证要求组件中均包含了开发者行为、产生的证据以及评估者行为 3 方面的内容，分别如下。

① PP 和 ST 评估类。

APE 类：PP 评估。

ASE 类：ST 评估。

② 评估保证类。

ACM 类：配置管理。

ADO 类：交付和运行。

ADV 类：开发。

AGD 类：指导性文档。

ALC 类：生命周期支持。

ATE 类：测试。

AVA 类：脆弱性评定。

③ 保证维护类。

AMA 类：保证维护。

（4）评估保证级

评估保证级（EAL）是由 CC 的第 3 部分保证组件构成的包，该包代表了 CC 预先定义的保证尺度上的某个位置。由此可见，CC 对安全产品可信度的衡量是与产品的安全功能相对独立的。EAL 在产品的安全可靠度与获取相应的可信度的可行性及所需付出的代价之间给出了不同等级的权衡。

CC 中定义的 7 个评估保证级按照级别排序，每个 EAL 都比较低的 EAL 表达更多的保证。从 EAL 到 EAL 的保证的不断增加，靠替换成同一保证子类中的一个更高级别的保证组件（即增加严格性、范围或深度）和添加另外一个保证子类的保证组件（如添加新的要求）得以实现。EAL 是由保证组件的一个适当组合组成的，每个保证 EAL 仅仅包含每个保证子类中的一个组件，以及罗列了每个组件的所有保证依赖关系。

同时，EAL 也可以"增强"或者"扩展"，通过向 EAL 中增加保证组件，或对一个 EAL 替换其保证组件，但仅可以用一个保证子类的其他更高级别的保证组件来进行替换。

7 个安全保证级如下。

EAL1：功能测试级。

EAL2：结构测试级。

EAL3：系统测试和检查级。

EAL4：系统设计、测试和复查级。

EAL5：半形式化设计和测试级。

EAL6：半形式化验证的设计和测试级。

EAL7：形式化验证的设计和测试级。

**5. 安全要求的使用**

CC 定义了 3 种类型的安全要求的使用：包、PP 和 ST。CC 还定义了一系列表达大多数团体需要的 IT 安全准则，作为主要的专业知识用于产生上述结构。CC 的中心观念是尽可能地使用 CC 中定义的安全要求组件，这些组件都代表众所周知的、易于理解的领域。图 13.5 所示表明了这些不同结构间的关系。

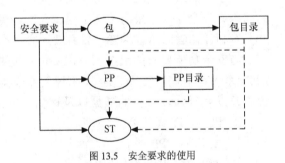

图 13.5 安全要求的使用

（1）包（Packet）

包是组件的特定组合，它可以描述一组满足部分指定安全目的的功能和保证要求。包可以重复使用，可以用来定义那些公认有用的、对满足特定安全目的有效的要求。包可以用于构造更大的包、PP 和 ST。评估保证级（EAL）就是在 CC 第 3 部分中预先定义的保证包。一个保证级别是评估保证要求的一个基线集合，每一个评估保证级别定义一套一致的保证要求，这些评估保证级别合起来构成一个预定义的 CC 保证级别尺度。

（2）保护轮廓（Protect Profile，PP）

PP 是 CC 中最关键的概念之一。一个 PP 为一类 TOE 定义了一组与实现无关的 IT 安全要求，不管这些要求具体是如何实现的。PP 是抽象层次较高的安全要求说明书，CC 对 PP 的格式有明确的规定。

PP 中应包括一个评估保证级别 EAL，它可以使用 CC 中定义好的组件或由这些组件构成的组件包，同时，也可以使用自行定义的要求组件。在安全产品的开发过程中，PP 通常在 ST 的定义中被引用。PP 可反复使用，还可以用来定义那些公认有用的、能够有效满足特定安全目标的 TOE 要求。PP 也包括安全目的和安全要求的基本原理。

PP 的开发者可以是用户团体、IT 产品开发者和其他对定义这样一系列要求有兴趣的团体。PP 为用户提供了一套引用一组特定安全要求的方法，有助于将来对这些要求进行评估。

（3）安全目标（Security Target，ST）

安全目标包括一系列安全要求，这些要求可以引用 PP，可以直接引用 CC 中的功能或保证组件，也可以明确阐述。ST 可以对特定的安全要求进行描述，通过评估可以证明这些要求对满足指定目标是有用和有效的。

作为指定的 TOE 评估基础的一组安全要求和规范，ST 是一份安全要求与概要设计的说明书，CC 对其格式也有明确的定义。ST 的安全要求定义和 PP 非常相似，不同的是，ST 是为了某一特定安全产品而定义的，ST 的安全要求可以通过引用一个或多个 PP 来定义，也可以采用与定义 PP 相同的方法从头定义。ST 是进行 TOE 评估的重要基础。

ST 包括 TOE 的概要规范，同时还包括安全要求和目的，以及其基本原理。ST 是所有团体对 TOE 提供的安全性达成一致的基础。

（4）安全需求的构造

TOE 安全需求可以通过下列输入来构造。

① 已有的 PP。PP 的安全要求可用来充分地表达和完全满足 ST 中的 TOE 安全要求，已有的 PP 可以作为一个新 PP 的基础。

② 已有的包。PP 或 ST 中部分 TOE 安全要求可能已在一个被使用的包中表述过了。GB/T 18336 第 3 部分定义的 EAL 是一组预定义的包，PP 或 ST 的 TOE 保证要求应包括第 3 部分的某个 EAL。

③ 已有的功能或保证要求组件。PP 或 ST 中的 TOE 功能或保证要求可以用 GB/T 18336 第 2 部分或第 3 部分的组件直接表达。

④ 扩展的要求。GB/T 18336 第 2 部分没有的功能要求或者第 3 部分没有的保证要求可以包括在 PP 或 ST 中。应尽可能使用 GB/T 18336 第 2 部分已有的功能要求或者第 3 部分已有的保证要求。

### 6. CC 框架下的评估

CC 将评估过程划分为功能和保证两部分，其定义了 3 种类型的评估，分别针对安全需求（PP）、安全方案（ST）和开发完成的安全产品或系统，并将系统的保证级别分为 EAL1、EAL2、EAL3、EAL4、EAL5、EAL6 和 EAL7 共 7 个等级。

（1）PP 评估

PP 评估是依照 CC 第 3 部分的 PP 评估准则进行的。PP 评估类-APE 类提出了 TOE 描述、安全环境、安全目的和安全要求等方面的评估要求。评估的目标是证明 PP 是完备的、一致的、技术合理的，并适合于表达一个可评估的 TOE 要求。评估结果表示为"通过"或"不通过"，只有通过的 PP 才可以编目。

（2）ST 评估

针对 TOE 的 ST 评估是依照 CC 第 3 部分进行的，ST 评估具有双重目的：首先是为了证明 ST 是完备的、一致的、技术合理的，因而适合于表达一个可评估的 TOE 要求；其次，当某一 ST 宣称与某一 PP 一致时，证明 ST 能正确满足 PP 的要求。

ST 评估类（ASE 类）提出了 TOE 描述、安全环境、安全目的、任何 PP 声明、安全要求和 TOE 概要规范等方面的评估要求。

ST 评估结果是 TOE 评估的前提。

（3）TOE 评估

TOE 评估结果应说明对 TOE 满足指定要求的可信程度。证明 TOE 满足 ST 中的安全要求。TOE 评估的结果为"通过"或"不通过"。只有通过评估的 TOE 才能等级注册，获得认证证书。

（4）评估结果

通过评估可以产生评估结果，PP 和 TOE 评估将分别产生评估过的 PP 或 TOE 目录。ST 评估与特定 TOE 相关的，ST 评估将产生在 TOE 评估框架中使用的中间结果。

（5）通用评估方法学

为了使评估结果达到更好的可比性，评估应在权威的评估体制下执行，该框架定义了标准、监控评估质量并管理评估的工具，以及评估者必须遵守的规则等。CC 并不规定对管理框架的要求，但是不同评估机构的管理框架必须是一致的。通用评估方法学（CEM）有助于提供结果的可重复性和客观性。

通用评估方法是为 CC 评估而开发的一种国际公认方法，CEM 支撑着 CC 评估的国际互认，但并没有包含对 EAL5~EAL7 的评估。CEM 是专门针对评估者开发的，其他的团体也可以从 CEM 中获得一些有用的信息。

CEM 的结构和 CC 的组织结构非常相似，其中保证类和活动、保证组件与子活动、评估者行为元素和行为分别是意义对应的。在 CEM 结构中没有与保证子类的对应者，这是因为在安全保证等级的选择中，每个子类只会有一个保证组件出现，所以在 CEM 中省略了这个层次。在 CEM 结构中，每个活动包含了若干个子活动，每个子活动包含若干个行为，每个行为包含着若干个动作。动作是指评估者确定评估者行为元素的结果所必须做的工作。每个行为所包含的所有动作就是对这个行为的细化和进一步分解。几个动作可能由开发者行为元素或证据的内容和形式元素影射而来。由此可见，CEM 只是为评估者更为详细地解释了 CC 安全保证要求，更利于评估者进行评估。

作为本小节的结束，我们注意到各个标准的等级之间具有一定的对应关系。CC、TCSEC、ITSEC 3 大标准的等级对照如表 13.1 所示。

表 13.1 　　　　　　　　　　　三大标准的等级关系

| CC | TCSEC | ITSEC |
| --- | --- | --- |
| - | D | E0 |
| EAL1 | - | - |
| EAL2 | C1 | E1 |
| EAL3 | C2 | E2 |

| CC | TCSEC | ITSEC |
|---|---|---|
| EAL4 | B1 | E3 |
| EAL5 | B2 | E4 |
| EAL6 | B3 | E5 |
| EAL7 | A1 | E6 |

## 13.2　信息安全工程

### 13.2.1　安全工程概述

随着网络、计算机的迅速发展以及应用的迅速普及，信息共享和互动成为信息系统、产品和安全服务的主要推动力。信息安全的重点已从维护保密的政府数据扩展到更为广泛的领域，包括金融交易、合同协议、个人信息和互联网。因此，必须综合考虑和确定各种应用的潜在安全需求，包括机密性、完整性、可用性、抗抵赖、身份识别和访问控制等。

对安全关注点的变化提高了安全工程的重要性，安全工程正在成为工程组织中的一个关键部分。安全工程涉及系统和应用的开发、集成、操作、管理、维护和进化，以及产品的开发、交付和升级等方面。在企业商务过程的定义、管理和重建中必须强调安全的因素。这样安全工程就能够在系统、产品或服务中得到体现。

安全工程是一个正在进化的学科，目前业界还没有一个一致认可的精确定义。但我们可以对这个概念进行一些概括。安全工程的目标主要包括以下几点。

（1）获取对企业的安全风险的了解。

（2）根据已识别的安全风险建立一组平衡的安全要求。

（3）将安全要求转化成安全指南，将其集成到一个项目实施的活动或系统配置或运行的定义中。

（4）在正确有效的安全机制下建立信心和保证。

（5）判断系统中和系统运行时残留的安全脆弱性对运行的影响是否可以容忍（即可接受的风险）。

（6）通过可共同理解的信息系统安全概念的建立，将所有的项目和专业活动集成到一个统一目标之下，便于评估和增加用户的信心。

在目前的业务环境下，安全工程和信息技术安全受到关注，但其他安全问题，如物理安全、人员安全也不容忽视。安全工程必须要吸取这些内容和规范。

目前国际上已形成的信息安全工程标准 ISO/IEC DIS 21827（即 SSE-CMM），是指导工程实践的重要标准，其用途如下。

（1）过程改善：可以使一个安全工程组织对其安全工程能力的级别有一个认识，以改善安全工程过程，提高其安全工程能力。

（2）能力评估：使一个客户组织可以了解其提供商的安全工程过程能力。

（3）保证：通过声明提供一个成熟过程所应具有的各种依据，使得产品、系统、服务更具可信性。

下面围绕 SSE-CMM 介绍信息安全工程的要点。

## 13.2.2　SSE-CMM 概述

能力成熟度模型（Capability Maturity Model，CMM）作为改善和评估工程能力的模型，已经在信息工程技术开发领域有广泛应用。SSE-CMM（System Security Engineering Capability Maturity Model）是在 CMM 的基础上，通过对安全工程进行管理，将系统安全工程转化成一个具有良好定义的、成熟的、可测量的工程学科。尽管 SSE-CMM 是一个用以改善和评估安全工程能力的独特的模型，但这不意味着安全工程将游离于其他工程领域之外实施。SSE-CMM 强调的是一种集成，它认为安全性问题存在于各种工程领域之中，同时也包含在模型的各个组件之中。

### 1. 发展历史

1993 年 4 月，由美国国家安全局（NSA）资助，安全工业界、美国国防部办公室和加拿大通信安全机构共同组成 SSE-CMM 项目研究组，将 CMM 用于安全工程。经过项目组深入研究，验证了 CMM 可用于安全工程，并于 1996 年 10 月出版 SSE-CMM 第 1 版，1999 年 4 月 SSE-CMM 模型和相应评估方法 2.0 版发布。2001 年，美国将 SSE-CMM 2.0 提交给 ISO JTC1 SC27 年会，申请作为国际标准。2002 年，ISO 正式批准采纳该标准成为国际标准 ISO/IEC DIS 21827《信息技术-系统安全工程-能力成熟度模型》（ISO/IEC 21827:2002 Information technology-Systems Security Engineering-Capability Maturity Model）。SSE-CMM 描述文档现版本为 V3.0，于 2003 年发布。

### 2. SSE-CMM 模型的目标用户

（1）工程组织

这里所说的工程组织包括系统集成商、应用开发商、产品提供商和服务提供商等。

工程组织可以使用 SSE-CMM 来做自我评定，以使得本组织可以通过可重复和可预测的过程和实施减少返工、提高质量、降低成本、获得真正工程能力的认可、量度组织资格（成熟度）、明确过程和实施不断改进的方法。

（2）采购组织

采购组织包括政府采购部门、服务组织和最终用户。

采购组织可以使用 SSE-CMM 来判别一个供应商的安全工程能力，进一步判别该组织供应的产品和系统的可信任性，完成一个工程的可信任性。这可以减少选择不合格投标者的风险（包括性能、成本和工期等风险），同时因为有了工业标准的统一评估，可以减少争议。其还可以在产品生产或提供服务过程中，建立起可预测性和可重复性的可信度。有了可重用的标准评定方法，可以利用可重用的标准提案请求（RFP）语言对供应者迅速而准确地提出要求等。

（3）评估机构

评估机构包括认证机构、系统授权机构、产品评价机构和产品评估机构。

评估结构将 SSE-CMM 作为工作基础，以建立被评组织整体能力的信任度。这个信任度是系统和产品的安全保证要素，包含以下几方面。

① 与系统或产品无关的可重用的过程评定结果。

② 工程能力的可信度，减少评估工作量。

③ 建立安全工程中的可信任度。

④ 建立安全工程集成于其他工程中的可信任度。

**3. SSE-CMM 中的基本概念**

为了有助于理解 SSE-CMM，下面将介绍组织、项目、系统、工作产品、顾客、过程、过程区、角色独立性、过程能力、制度化、过程管理和能力成熟度模型等概念。

（1）组织和项目

组织和项目这两个术语在 SSE-CMM 中使用的目的是区分组织结构的不同方面，约定了在所有商务组织可共同接受的术语。其他结构的术语如"项目组"也存在于商务实体中，但缺乏区分度。这两个术语的理解对期望使用 SSE-CMM 的人们是基本的。

① 组织（Organization）。就 SSE-CMM 而言，组织被定义为公司内部的单位、整个公司或其他实体（如政府机构或服务分支机构）。在组织中存在许多项目并作为一个整体加以管理。组织内的所有项目一般遵循上层管理的公共策略。一个组织机构可能由同一地方分布的或地理上分布的项目与支持性基础设施所组成。

术语"组织"的使用意味着一个支持共同战略、商务和过程相关功能的基础设施。为了产品的生产、交付、支持及营销活动的有效性，必须存在一个基础设施并对其加以维护。

② 项目（Project）。项目是各种实施活动和资源的总和，这些实施活动和资源用于开发或维护一个特定的产品或提供一种服务。产品可能包括硬件、软件及其他部件。一个项目往往有自己的资金、成本账目和交付时间表。为了生产产品或提供服务，一个项目可以组成自己专门的组织，或是由组织建立项目组、特别工作组或其他实体。

在 SSE-CMM 的域中，过程区划分为工程、项目和组织 3 类。组织类与项目类的区分是基于典型的所有权。SSE-CMM 的项目是针对一个特定的产品的，而组织结构则拥有一个或多个项目。

（2）系统

在 SSE-CMM 中，系统（System）的含义包括以下几方面。

① 提供某种能力用以满足一种需要或目标的人员、产品、服务和过程的综合。

② 事物或部件的汇集形成了一个复杂或单一整体（即用来完成一个特定或一组功能组件的集合）。

③ 功能相关的元素相互组合。

一个系统可以是一个硬件产品、硬软件组合产品、软件产品或是一种服务。在整个模型中，"系统"是指需要提交给顾客或用户产品的总和。当某个产品是一个系统时意味着必须以规范化和系统化的方式对待产品的所有组成元素及接口，以便满足商务实体开发产品的成本、进度及性能（包括安全）的整体目标。

（3）工作产品

工作产品（Work Product）是指在执行任何过程中产生出的所有文档、报告、文件和数据等。SSE-CMM 不为每一个过程区列出各自的工作产品，而是按特定的基本实施列出"典型的工作产品"，其目的在于对所需的基本实施范围做进一步定义。列举的工作产品只是说明性的，目的在于反映组织机构和产品的范围。这些典型的工作产品不是"强制"的产品。

（4）顾客

顾客（Customer）是需要第三方为其提供产品开发或服务的个人或实体组织，顾客也包括使用产品和服务的个人和实体组织。SSE-CMM 涉及的顾客可以是经商议的或未经商议的。经商议是指依据合同来开发基于顾客规格的一个或一组特定的产品；未经商议是指市场驱动的，即市场真正的或潜在的需求。如果一个顾客代理面向市场或产品，那么这个顾客代理也代表一种顾客。

注意，在 SSE-CMM 环境中，使用产品或服务的个人或实体也属于顾客的范畴。这是和经商议的顾客相关的，因为获得产品和服务的个人和实体并不总是使用这些产品或服务的个人或实体。SSE-CMM 中"顾客"的概念和使用是为了识别安全工程功能的职责，这样，需要包括使用者这样的全面顾客概念。

（5）过程

一个过程（Process）是指为了一个给定目的而执行的一系列活动，这些活动可以重复、递归和并发地执行。有的活动将输入工作产品转换为输出工作产品提供给其他活动；输入工作产品和资源的可用性以及管理控制制约着允许的活动的执行顺序。一个充分定义的过程包括活动定义、每个活动的输入/输出定义以及控制活动执行的机制。

在 SSE-CMM 中涉及几种类型的过程，其中包括"定义"和"执行"过程。定义过程是为了组织或由组织为它的安全工程师使用而正式描述的过程。这个描述可以包含在文档或过程资料库中。定义的过程是组织安全工程师计划要执行的过程。执行工程是安全工程师实际实施的过程。

（6）过程区

一个过程区（Process Area，PA）是一组相关安全工程过程的特征，当这些特征全部实施后，将能够达到过程区定义的目的。过程区由一些基本实施（Base Practices）组成。这些基本实施是安全工程过程中必须存在的特征，只有当所有这些特征完全实现后，才能满足这个过程区的要求。

（7）角色独立性（Role Independence）

SSE-CMM 的过程区是由许多实施活动组成的，当把它们结合在一起时，会达到一个共同目的，但实施组合的概念并不意味着一个过程的所有基本实施必须由一个个体或角色来完成。所有的基本实施均以动-宾格式构造（即没有特定的主语），以便尽可能淡化一个特定的基本活动属于一个特定的角色的理解。这种描述方式可支持模型在整个组织环境中广泛应用。

（8）过程能力

过程能力（Process Capability）是指遵循一个过程而达到的可量化范围。SSE-CMM 评定方法（SSAM）是基于统计过程控制的概念，这个概念定义了过程能力的应用。SSAM 可用于项目或组织内每个过程区能力级别的确定。SSE-CMM 的能力为安全工程能力的改进提供了指南。

一个组织的过程能力可帮助预见项目目标的可能结果。低过程能力组织的项目在达到预定的成本、进度、功能和质量目标上会有很大差距。

（9）制度化

制度化（Institutionalization）是建立方法、实施和步骤的基础设施，即使最初定义的人已离开，制度化仍会存在。SSE-CMM 的过程能力通过实施活动、量化管理和持续改进的途径，实现制度化。按照这种方式，SSE-CMM 组织需明确地支持过程定义、管理和改进。制度化保证完善的安全工程质量，从而使组织获得最大益处。

（10）过程管理

过程管理（Process Management）是一系列用于预见、评估和控制过程执行的活动和基础设施。过程管理意味着过程已定义好，因为无人能够预见或控制未加定义的东西。注重过程管理的含义是项目或组织在计划、执行、评估、监控和校正活动中既要考虑产品相关因素，也要考虑过程相关因素。

（11）能力成熟度模型

当过程定义、实现和改进时，SSE-CMM 描述了过程推进的阶段。能力成熟度模型通过确定当前特定过程的能力和在一个特定域中识别出关键的质量和过程改进问题，来指导和选择过程改进策略。能力成熟度模型可以以参考模型的形式来指导开发和改进成熟的和已定义的过程。

能力成熟度模型也可用来评定已定义的过程的存在性和制度化，该过程是否包含了相关的实施。能力成熟度模型覆盖了用以执行特定领域（如安全工程）任务的所有过程，也可用以覆盖确保有效的开发和人力资源使用的过程，以及将产品及工具引入适当的技术来加以生产的过程。

## 13.2.3 SSE-CMM 体系结构

### 1. 安全工程过程

SSE-CMM 将安全工程划分为 3 个主要的区域，即风险过程、工程过程和保证过程，如图 13.6 所示。人们可以独立地考虑它们，但这决不意味它们之间有截然不同的区分。在最简单的级别上，风险过程识别出所开发的产品或系统的危险性，并对这些危险性进行优先级排序。针对危险性所面临的问题，安全工程过程要与其他工程一起来确定和实施解决方案。最后，由安全保证过程来建立对最终实施的解决方案的信任并向顾客转达这种安全信任。

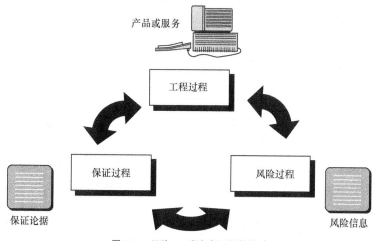

图 13.6 风险、工程与保证间的关系

总的来说，这 3 个部分共同实现了安全工程过程所要达到的安全目标。

（1）风险过程

安全工程的主要目标是降低风险。风险就是有害事件发生的可能性，风险评估的过程如图 13.7 所示。一个不确定因素发生的可能性依赖于具体情况，这就意味着这种可能性仅能在某种限制下预测。此外，对一种具体风险的影响评估也要考虑各种不确定因素，就像有害事件并不一定产生一样，因此大多数因素是不能被综合起来准确预报的。在很多情况下，不确定因素的影响是很大的，这会使安全工程的计划和判断工作变得非常困难。

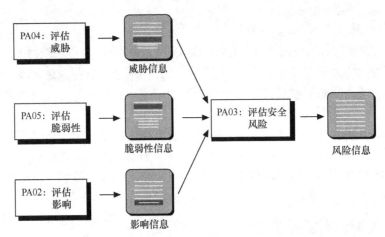

图 13.7  风险评估的过程

风险分析中，有害事件由 3 个部分组成，即威胁、脆弱性和影响。如果不存在脆弱性和威胁，则不存在有害事件，也就不存在风险。风险管理是调查和量化风险的过程，而且建立了组织对风险的承受级别，它是安全管理的一个重要部分。

安全措施的实施可以减轻风险。安全措施可以针对威胁、脆弱性、影响和风险自身，但并不能消除所有威胁或根除某个具体威胁，这主要是因为风险消除的代价和相关的不确定性。因此，必须接受残留的风险。在存在很高的不确定情况下，风险不精确的本质使得接受残留的风险成为很大的难题。SSE-CMM 过程区包括实施组织对威胁、脆弱性、影响和相关风险进行分析的活动保证。

（2）工程过程

安全工程与其他项目一样，是一个包括概念、设计、实现、测试、部署、运行、维护和退出的完整过程。工程过程如图 13.8 所示。在这个过程中，安全工程的实施工程组必须紧密地与其他部分的系统工程组合作。SSE-CMM 强调安全工程师是一个大的项目队伍中的一部分，需要与其他项目工程师的活动相互协调。这会有助于保证安全成为一个大项目过程中的一部分，而不是一个分开的独立活动。

安全工程师可以使用上述风险过程的信息和关于系统需求、相关法律和政策的其他信息，与顾客一起提出安全需求。一旦需求被提出，安全工程师就可以识别和跟踪特定的安全需求。

对于安全问题，创建安全解决方案一般包括提出可能选择的方案，然后评估决定哪一种更可以被接受等过程。将这个活动与后面工程活动相结合的难点是解决方案不能只考虑安全问题，还需要考虑其他因素，其中包括成本、性能、技术风险和是否容易使用等。这些决定应加以收集，尽可能减少重复。这些分析也将成为安全保证结果的重要基础。

在生命期后面的阶段，安全工程师根据监控到的风险来适当地配置系统，以确保新的风险不会使系统运行处于不安全状态。

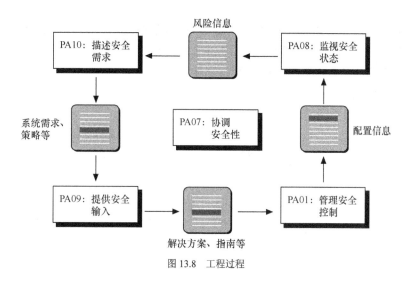

图 13.8　工程过程

（3）保证过程

保证是指安全需求得到满足的信任程度，它是安全工程非常重要的产品。得到保证的过程如图 13.9 所示。SSE-CMM 的信任程度来自于安全工程过程可重复性的结果质量。这种信任的基础是成熟组织比不成熟组织更可能产生出重复结果的事实。

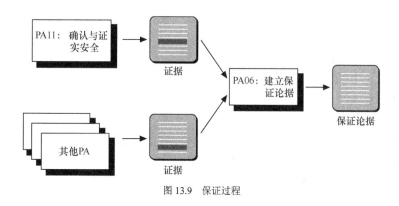

图 13.9　保证过程

安全保证并不能添加任何额外的对安全相关风险的抗拒能力，但它能为预期安全风险控制的执行提供信心。

安全保证可以看作是安全措施按照要求运行的信心，这种信心来自于正确性和有效性。正确性保证了安全措施按设计实现需求；有效性则保证了提供的安全措施可充分地满足顾客的安全需要。安全机制的强度也会起作用，但会受到保护级别和安全保证程度的制约。

安全保证通常以安全论据的形式出现。安全论据包括一组系统性质的要求，这些要求都要有证据来支持。证据是在安全工程活动的正常过程期间获得的，并常常记录在文档中。SSE-CMM 活动本身涉及与安全相关证据的产生。例如，过程文件能够表示开发遵循一个充分定义的、成熟的工程过程，这个过程需要进行连续改进。安全验证和证实在建立一个可信产品或系统中起到主要的作用。

过程区中包括的许多典型工作产品可作为证据或证据的一部分。现代统计过程控制表明，如果注重产品生产过程，则可以较低的成本重复地生产出较高质量和安全保证的产品。组织实施活动的成熟能力将会对这个过程有影响和帮助。

**2. 能力成熟度级别**

能力成熟度被划分为 5 个级别，如图 13.10 所示。

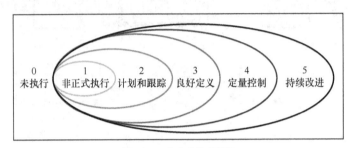

图 13.10　能力成熟度级别

（1）Level 1：非正式执行级

这个级别注重一个组织或项目执行了包含基本实施的过程。这个级别的特点可以描述为"你必须先做它，然后才能管理它"。

（2）Level 2：计划和跟踪级

这个级别注重项目层面的定义、计划和执行。这个级别的特点可描述为"在定义组织层面的过程之前，要弄清楚与项目相关的事项"。

（3）Level 3：良好定义级

这个级别着重于规范化地裁剪组织层面的过程定义。这个级别的特点可描述为"用项目中学到的最好的东西来定义组织层面的过程"。

（4）Level 4：定量控制级

这个级别着重于测量。测量是与组织业务目标紧密联系在一起的。虽然以前级别数据收集和使用项目测量是基本的活动，但只有到达高级别时，数据才能在组织层面上应用。这个级别的特点可以描述为"只有知道它是什么，才能测量它"和"当测量的对象正确时，基于测量的管理才有意义"。

在这一能力级别中，详细的性能度量会被收集并加以分析。这有助于定量地理解过程能力，提升性能的预见性，性能被客观地管理，工作产品的质量被定量地了解。这一级别与良好定义的级别的最主要的区别在于，定义的过程已被定量地了解与控制。

（5）Level 5：持续改进级

这个级别对前面各级管理活动的力度进一步加强，并加强了组织文化来保持这个力度。该级别强调文化的转变，这种转变又会使方法更有效。这个级别的特点可以描述为

"一个连续改进的文化需要以完备的管理实施、已定义的过程和可测量的目标作为基础"。

### 3. 基本实践（Base Practice）

组织可以对单个的过程区或过程区的组合进行评估，然而，集合在一起的过程区覆盖了安全工程的所有基本实施，并且在 PA 之间存在着许多相互关联。目前，SSE-CMM 由 11 个安全过程区（PA）组成，每个过程区包括了若干个基本实施。

（1）过程区格式

过程区的通用格式如图 13.11 所示。每个过程区被分解成一系列的基本实施（Base Practice，BP）。BP 是强制项目，它们必须被成功地实现以完成它们所支持的过程区的目的。

（2）安全基本实践

因为 SSE-CMM 并不指定过程顺序，这里的过程区排列按照字母先后顺序。

PA01：管理安全控制（Administer Security Controls）。

PA02：评估影响（Assess Impact）。

PA03：评估安全风险（Assess Security Risk）。

PA04：评估威胁（Assess Threat）。

PA05：评估脆弱性（Assess Vulnerability）。

PA06：建立安全论据（Build Assurance Argument）。

PA07：协调安全性（Coordinate Security）。

PA08：监视安全状态（Monitor Security Posture）。

PA09：提供安全输入（Provide Security Input）。

PA10：确定安全要求（Specify Security Needs）。

PA11：确认与证实安全（Verify and Validate Security）。

（3）项目与组织基本实践

下面列出 SSE-CMM 在安全基本实践上附加的项目与组织实践过程区格式。

PA12：保证质量（Ensure Quality）。

PA13：管理配置（Manage Configurations）。

PA14：管理项目风险（Manage Project Risks）。

PA15：监视和控制技术努力（Monitor and Control Technical Effort）。

PA16：计划技术努力（Plan Technical Effort）。

PA17：定义组织的系统工程过程（Define Organization's Systems Engineering Process）。

PA18：改进组织的系统工程过程（Improve Organization's Systems Engineering Processes）。

PA19：管理产品线演进（Manage Product Line Evolution）。

PA20：管理系统工程支持环境（Manage Systems Engineering Support Environment）。

PA21：提供最新技能和知识（Provide Ongoing Skills and Knowledge）。

PA22：协调供应商（Coordinate with Suppliers）。

```
过程区名（如PA01）
    简要描述
    目标
    基本实践列表
    过程区注释

基本实践名1（如BP.01.01）
    描述性名字
    基本实践描述
    示例性工作产品列表
    基本实践注释

基本实践名2（如BP.01.02）
    ……
……  ……
```

图 13.11　过程区的通用格式

### 13.2.4 SSE-CMM 的应用

SSE-CMM 适用于所有从事某种形式安全工程的组织，而不必考虑产品的生命周期、组织的规模、领域及特殊性。SSE-CMM 本身并不是安全技术模型，但它给出了信息系统安全工程需考虑的关键过程区，可以知道安全工程从单一的安全设备设置转向系统的解决整个工程的风险评估、安全策略形成、安全方案提出、实施和生命周期控制等问题。这一模型通常以下述 3 种方式来应用。

**1. 改进组织的安全工程过程**

过程改进：可以使一个安全工程组织对其安全工程能力的级别有一个认识，因此可设计出改善的安全工程过程，这样就可以提高其安全工程能力。

**2. 使用 SSE-CMM 进行能力评估**

能力评估：使一个客户组织可以了解其提供商的安全工程过程能力。

SSE-CMM 没有为 SSE-CMM 的评定规定特殊方法。目前，使用 SSE-CMM 最有效的评定组织能力的方法是 SSAM（SSE-CMM Appraisal Method）。SSAM 要求为评定收集的数据广泛、严格，每个数据有充分的证据。此方法在评定过程中最大限度地发挥了 SSE-CMM 模型的功效。

**3. 通过实施 SSE-CMM 来获取安全保证**

安全保证：通过声明提供一个成熟过程所应具有的各种依据，使得产品、系统和服务更具可信性。

## 小　结

安全评估是对信息系统安全性的一种评价方法。通常安全评估是在设定的体系结构下进行的，涉及第 2 章所讲的技术体系、组织体系与管理体系。安全评估的目的是回答给定的系统"是否安全"并给出让人信服的理由。本章的信息安全工程部分实际上是描述如何开发一个令人信服的安全系统。目前安全评估和安全工程已经有比较系统的"国际标准"，本章仅进行了抛砖引玉式的介绍。感兴趣的读者如果想系统了解这方面的知识，需要结合一些具体工作阅读相关标准。

## 习　题　13

1. 多年以来，人们一直在争论一个问题，是将安全保障需求和功能需求绑定，还是将它们作为单独的实体来处理？你如何看待这个问题？

2. 进行形式化评估的意义是什么？你认为评估的困难是什么？

3. 中国 GB 17859—1999 划分为哪几级？请比较各级之间的主要差别。

4. 请比较中国 GB 17859—1999 的第 4 级要求与美国 TCSEC 的 B2 级的异同。

5. 验证机制、可信计算基和 TOE 安全功能之间的概念性差异是什么？

6. 选择一个通用标准的保护规范和某个产品实现该规范的一个安全目标，指出 PP 与该 PP 的 ST 之间的区别。

7．CC 主要分为哪几个部分？请简要描述。

8．请将 CC 的安全功能需求映射为 TCSEC 的安全功能需求。

9．能否用 CC 的保护轮廓定义书来对应编写 TCSEC 相应评价级的安全需求？请说明理由。

10．描述一种 CC 中没有定义的安全功能需求族。使用 CC 的风格和格式来开发若干需求。

# 参 考 文 献

[1]  徐茂智等，信息安全概论[M]，北京：人民邮电出版社，2007.

[2]  徐茂智等，信息安全与密码学，北京：清华大学出版社，2007.

[3]  Bruce Schneier. 应用密码学——协议、算法与 C 源程序. 2 版. 吴世忠等译. 北京：机械工业出版社，2000.

[4]  Matt Bishop，计算机安全学——安全的艺术与科学. 王立斌等译. 北京：电子工业出版社，2005.

[5]  Doglars R.Stinson，密码学原理与实践. 3 版.冯登国等译，北京：电子工业出版社，2009.

[6]  Joe Casad, TCP/IP 入门经典，井中月等译，北京：人民邮电出版社，2015.

[7]  中国信息安全产品测评认证中心，信息安全工程与管理，北京：人民邮电出版社，2003.

[8]  中国信息安全产品评测认证中心，信息安全理论与技术，北京：人民邮电出版社，2004.

[9]  中国信息安全产品测评认证中心，信息安全标准与法律法规，北京：人民邮电出版社，2003.

[10]Charles P. Pfleeger、Shari L.Pfleeger，信息安全原理与应用 .4 版. 李毅超等译，北京：电子工业出版社，2007.

[11] William Stallings，密码编码学与网络安全，孟庆树等译，北京：电子工业出版社，2009.

[12] Jack J.Champlain，审计信息系统，张金城、李海风等译. 北京：清华大学出版社，2004.

[13] 谢冬青等，PKI 原理与技术，北京：清华大学出版社，2004.

[14] 张敏等，数据库安全，北京：科学出版社，2005.

[15] Warren G.Kruse II、Jay G.Heiser，计算机取证，CCERT 段海新等译. 北京：人民邮电出版社，2003.

[16] 中国国家质量技术监督局，中华人民共和国国家标准：信息技术-安全技术-信息技术安全性评估准则（第一部分：简介和一般模型），GB/T 18336.1-2001，2001.

[17]  蔡皖东，系统安全工程能力成熟度模型（SSE-CMM）及其应用，西安：西安电子科技大学出版社，2004.

[18]  科飞，信息安全风险评估，北京：中国标准出版社，2005.

[19] 李德全等，信息系统安全事件响应，北京：科学出版社，2005.

[20] Christopher C.Elisan，恶意软件、Rootkit 和僵尸网络，北京：机械工业出版社，2013.